LA CIENCIA ACTUAL

LA CIENCIA ACTUAL

Conocimientos científicos recientes
para poder reflexionar sobre el presente
y el futuro de nuestra Sociedad.

Manuel Suárez García

STONBERG
EDITORIAL

Primera edición: marzo 2025

© Manuel Suárez García

© de las características de esta edición: Stonberg Editorial
Gran Via de les Corts Catalanes 636 - 08007 Barcelona (Catalunya)
Tel. 933 175 412
stonberg@stonbergeditorial.com
www.stonbergeditorial.com

ISBN: 978-84-129909-6-6
DEPÓSITO LEGAL: B 5472-2025

ÍNDICE

INTRODUCCIÓN

La sociedad progresa, eso es indudable. Pero es poco habitual que se hable de las cosas que van bien. Con más frecuencia se habla de la percepción generalizada de crisis y deterioro de las condiciones de vida. Progreso si, pero no debemos olvidar las todavía notables deficiencias o problemas en salud, alimentación, violencias, desigualdades, derechos, educación, uso de tecnologías, conservación del medio, etc.

Este progreso y el bienestar de que disponemos se debe, en gran medida, a lo que nos han aportado los conocimientos científicos. Pensar, por un momento, en todo tipo de instrumentos tecnológicos y en los materiales que nos rodean, en todo lo que usáis cada día (luz, electricidad, móvil, ordenador, libros, frigorífico, ascensor, guitarra, medicamentos, robots, gafas, cuadros, ropa, etc.). A menudo olvidamos que son productos fabricados, sobretodo, a partir de los conocimientos científicos.

Claro que la ciencia también genera algunos efectos adversos, como por ejemplo los humos de los coches que matan a mucha gente, los aerosoles que han dañado la capa de ozono, los venenosos plaguicidas o los residuos radiactivos de la energía nuclear o los plásticos o algunos transgénicos... Sin ciencia no tendríamos el calentamiento global actual y tampoco seríamos capaces de poder reducirlo.

Me resulta increíble que sólo el 54'4% de nuestra sociedad consi-
dere que los beneficios de la ciencia son superiores a los perjuicios
que genera. Olvidamos que nos aporta la forma de vivir o de estar
en el mundo, con la inmensa cantidad de descubrimientos que nos
ha aportado, por lo que nos ayuda a ser activos, a construir nuestra
sociedad y nuestro futuro porque podemos adaptar el entorno a
voluntad.

Ocurre que los conocimientos científicos y la sociedad no van al
mismo ritmo porque vivimos en un mundo demasiado acelerado.
La ciencia, sobre todo con los nuevos útiles tecnológicos, no deja
de producir nuevos comportamientos sociales. Por eso son necesarios divulgadores de la cultura científica, divulgadores de todos los
niveles de conocimientos, para que los ciudadanos sean capaces de
incorporarlos a su vida cotidiana. Siento que, en temas científicos,
más que en otras disciplinas, se ha perdido el gusto por las conversaciones lentas y razonadas y que deberían recuperarse.

Hay una leyenda que nos esplica que, en 1990, el gran físico británico William Thomson, más conocido como lord Kelvin, llegó
a decir que los grandes principios de la ciencia ya estaban todos
descubiertos. La frase, que nunca dijo Kelvin, quedó ridiculizada inmediatamente, porque el mismo año 1900 y en el 1905, Max Planck
(1858-1947) y Albert Einstein (1879-1955) descubrieron la mecánica cuántica y la relatividad, que son los dos fundamentos de la física
actual. Por lo tanto, es evidente que no estaba todo descubierto.

La Ciencia no lo sabe todo ni lo sabrá nunca. Lo que sí va haciendo
es dando explicaciones a lo que tenemos. Podemos hablar de ciencia
como un conjunto de conocimientos contrastados, presuntamente

ciertos, y que son cada vez más. La ciencia es un procedimiento sistemático para generar nuevos conocimientos y que mantiene la duda permanente.

La ciencia no es neutra, tiene dueños que eligen estrategias e intereses y determinan los principales objetivos de la investigación. De hecho, el futuro de la sociedad está bastante determinado por los intereses dominantes del presente. Los científicos investigadores pueden decidir el trabajo que desarrollarán, pero son los gobiernos o las empresas para las que trabajan, sean públicas o privadas, aquellas que realmente darán su apoyo a una u otra investigación.

Sólo el 16,3% de la ciudadanía tiene un interés espontáneo por los temas de ciencia y de tecnología, según la encuesta que realiza cada 2 años, la Fundación Española de Ciencia y Tecnología (FECYT). Interés que baja a medida que subimos de edad, 17% entre los de 15 a 21 años y el 7'4% entre los mayores de 64. El dato científico, en si, no es opinable, habla por sí mismo y debe explicarse bien para poder valorar su trascendencia o su impacto social.

El siglo XX ha sido sobre todo el siglo de la física (la gravedad, el magnetismo, la electricidad...) pero ya en la segunda mitad del siglo XX las ciencias de la vida, no han relevado a las ciencias de la física y de la materia, pero sí son punteras en la creación de ideas científicas, como es el caso de intentar erradicar la pobreza, de incrementar la salud de los humanos, del acceso al agua y a la energía, de conservar los equilibrios del planeta, de reducir las desigualdades, etc. Son los principales Objetivos del Desarrollo Sostenible (ODS) creados por las Naciones Unidas el 2015 y para desarrollarlos hasta el 2030.

¿Qué pretendo explicar en este libro?

Quiero dar a conocer lo que la ciencia está descubriendo en la actualidad en la mayoría de los campos del conocimiento. Eso no es nada fácil, lo que sí intento es que, con la gran cantidad de información que aporto, el lector entienda por dónde va la ciencia actual y explicarlo de forma que todo el mundo lo pueda comprender. Ese es el objetivo de un buen divulgador científico y yo, con mis libros, aspiro a serlo.

En cada capítulo daré información sobre avances recientes y, también, conocimientos y datos de estudios que nos pueden ayudar a entender el presente y el futuro.

Como veréis en el sumario, os hablaré de los últimos estudios y avances científicos en tecnologías, en salud, en la conservación del medio ambiente, de los nuevos materiales, de lo que la ciencia sabe sobre las modas actuales, de las soluciones al problema del agua o de la agricultura, de los nuevos conocimientos en microbios, en sexualidad, en genética, de las nuevas energías, etc.

Os pueden interesar más unos capítulos que otros, pero en conjunto se pueden obtener bastantes conclusiones de por dónde va la ciencia actual y así poder aventurar cómo será nuestro futuro.

El premio Nobel de física de 2023 lo han obtenido tres investigadores: Anne L'Huiller (1958), Pierre Agostini (1941) y Ferenc Krausz (1962) por crear impactos o pulsaciones de luz que tienen lugar en un tiempo de *attosegundos*, que son trillonésimas partes de un segundo. Un electrón tarda 150 *attosegundo*s en dar una vuelta a un átono de hidrógeno y, al trabajar en estas dimensiones, se puede ver cómo se mueve un electrón. Este hecho nos sitúa en otras propiedades de la materia y que, seguramente, nos aportarán beneficios importantes que ahora desconocemos. ¿Ha nacido la attoquímica o la attotecnología? ¿cómo nació, hace años, la nanociencia y la nanotecnología? que trabajan en unas dimensiones de millonésimas partes y que hoy tienen tantísima importancia en nuestras vides (nanotubos de carbono, semiconductores y tantísimas nanopartículas en aplicaciones infinitas). ¿Por qué os explico esto? Para deciros que la ciencia se basa en descubrimientos increíbles como este, que en un principio no le vemos ninguna aplicación. Sólo los que no saben nada de ciencia se atreven a negar el valor de estos avances.

Igual que la importancia de estos descubrimientos, también son importantes las tomas de decisiones, como la aprobación (Londres, 16 de noviembre de 2023) de la primera terapia de *edición del ADN* con la *tecnología CRISPR* que abre la puerta a una revolución al tratamiento de muchísimas enfermedades, el cáncer entre otras. O el hecho de poder conocer la estructura de 200 millones de proteínas, gracias a los avances en IA de la compañía inglesa *DeepMind*, con su *AlphaFold2*, que ha recibido el premio Nobel de química del 2024 i que también será clave para poder tratar enfermedades como el Alzheimer y otras. O la *terapia denominada CAR-T* contra el cáncer u otros avances que explico en el libro y que son noticias científicas espectaculares. Hoy mismo, cuando estoy escribiendo esto, aparece la noticia de una nueva vacuna para la malaria y nuevos avances contra la tuberculosis con una vacuna española. Repito, la ciencia es el principal motor del progreso.

La información que aporto sobre todos estos nuevos conocimientos científicos, está validada por Instituciones de referencia mundial (CSIC,

OMS, MIT, CNIO, BSC, I. Pasteur, I. Sloan Cattering, I. Ramón y Cajal, VHIO, EFSA, IPBES, AEM, EMA, I. Josep Carreras, I. Roslin, NIH, SEOM, I. Max Planck, FECIT, CREAF, etc.). También por Universidades y Hospitales de referencia en investigación científica, por las publicaciones de Revistas Científicas (*Science, Nature, New England Journal of Medicine, Cell, The Lancet, JMIR, PNAS, Our World in Data, La Recherche, Mètode...*), por Libros (que os cito en la bibliografía) y por Artículos de autores importantes (R. Dawkins, A. Damasio, S. Paavo, T. Piketty, C. Valls, C. Lalueza, V. Fuster, M. Blasco, D. Bueno, M. Marzo, M. del Val, C. Duarte, R. Yuste, etc.

Acabaré esta introducción con dos frases, dichas por personas destacadas y que a mí me parecen importantes en la vida.

"Saber escuchar y saber responder es una de las más grandes perfecciones que pueden darse en el trato entre humanos". Eso ya lo dijo en el siglo XVII, el escritor francés François de La Rochefoucauld (1613-1680).

Y como no todo tiene que ser ciencia en nuestra vida, recojo lo que nos dejó un gran naturalista y científico:

"Si volviera a vivir mi vida otra vez, me impondría una regla, la de leer poesía y escuchar música, al menos una vez por semana" Charles Darwin (1809-1882).

CAPÍTULO 1
¿QUÉ ES ESO DE LA CIENCIA?

Seguimos buscando a tientas la verdad. La ciencia consiste en mejorar y volver a mejorar lo que ya había sido útil en el pasado
Vera Rubin (1928-2016)

La ciencia es la herramienta más útil inventada por la humanid
Richard Dawkins (1941)

El método científico, tipos de conocimientos y de disciplinas científicas, diferencia entre ciencia y tecnología, diferencia entre ciencia y pseudociencia, el conocimiento de la ciencia y de los científicos, el valor de investigar y de divulgar.

La ciencia es una disciplina del saber que se basa en lo observable, medible, capaz de ser puesto a prueba con la experimentación, sobre todo, siguiendo el método científico. Así el conocimiento que se deriva tendrá rigor, no ambigüedad, porque la ciencia investiga los fenómenos naturales, sociales o artificiales para intentar dar respuestas a aquello que no conocemos. Hay muchas definiciones de ciencia y que a lo largo del libro iré precisando. El conocimiento científico se crea con sucesivos descubrimientos que van corrigiendo y completando todo aquello que se conocía hasta ese momento.

La ciencia no pretende sustituir ni explicar ninguna creencia, repito que consiste en un proceso en el que se plantean una serie de preguntas con las que se formulan unas hipótesis o predicciones para luego investigar con demostraciones experimentales y así llegar a obtener conclusiones valiosas sobre los hechos estudiados. Y eso debe hacerse con algún método fiable.

Y... ¿qué es el método científico?

Es la mejor forma de proceder y que nos permite llegar a un conocimiento que sea considerado válido desde el punto de vista de la ciencia. El procedimiento que sigue es el siguiente: la observación del hecho o los hechos a investigar, el planteamiento de una hipótesis de trabajo que deberemos demostrar, la experimentación oportuna para ponerla a prueba, que incluye comparaciones con grupo o grupos de control y, finalmente, elaborar las conclusiones resultantes. Si se confirma la hipótesis, hay que ponerla a prueba nuevamente con otros grupos o hacer réplicas, lo que implica repetir el experimento más veces para garantizar el resultado. La ciencia debe seguir estas pautas estrictas del método científico. Los grupos de control y las réplicas son imprescindibles.

Si el resultado de las conclusiones es positivo dejan de ser teorías para pasar a ser hechos demostrados. Aunque a veces se siga hablando de teorías, como ha pasado con la teoría de la evolución o de la relatividad. Hoy, por ejemplo, sabemos que sólo estudiando los fósiles tenemos suficientes pruebas para afirmar que la evolución es un hecho y no una teoría

Os pondré un ejemplo que conozco, de un estudio bien hecho por profesionales del MIT (Instituto de Tecnología de Massachusetts).

Es un estudio sociológico, para poner remedio a un problema escolar. Estos profesionales pensaban que las decisiones políticas deben basarse en evidencias científicas. El estudio diseñado, parecido al que se utiliza en estudios epidemiológicos, lo hicieron para descubrir, y así poder corregir, el rendimiento escolar de los estudiantes de una zona determinada de Kenia. Intentaban descubrir la forma de mejorar la asistencia a la escuela; porque una mayor asistencia mejoraría el rendimiento escolar. Seleccionan un buen número de escuelas con características similares y de la misma región. A unas les regalan los libros, a otras les proporcionan profesores complementarios, a otras la comida gratis para los alumnos que vayan a clase, a otras uniformes al inicio de curso, a otro grupo los desparasitan regularmente y, finalmente, a grupos de control, que eran escuelas a las que no les aportaban nada, para así poder comparar resultados. Controlan todos los factores posibles y, al cabo de dos años, analizan los resultados, incluyendo el coste en cada caso. Dar libros atraía sólo a un 5% más de niños a la escuela. El profesor adicional era un poco más efectivo pero caro. Regalar uniformes aumentaba la escolarización un 15% al principio de curso. La comida gratuita reducía el absentismo un 30%. Pero los resultados más notorios los obtuvo el programa de desparasitar a los niños: era el más barato y los niños sin gusanos intestinales perdían menos días de clase y tenían mejor rendimiento escolar. Allí lo que funcionaba era eso. Por lo tanto, son necesarias recetas diferentes según el lugar. Hace falta menos ideología y más ciencia. Utilizan una muestra ancha, con condiciones o variables parecidas y grupos de control para hacer las comparaciones. Esto es seguir un método científico.

Tenemos diferentes tipos de conocimientos y de disciplinas científicas.

El *conocimiento empírico* (el que se obtiene por observación e interacción con el entorno), *el científico* (el que obtenemos sobre todo con la aplicación del método científico, el *matemático* (razonamiento abstracto y lógico con fórmulas matemáticas), *el intuitivo* (o del sentido común), *el afectivo* (el de las emociones y los sentimientos), *el analítico* (por reflexión lógica), *el sintético* (el de utilizar visiones diferentes para crear nuevos conceptos), *el teológico* (el de los dogmas de fe de los textos sagrados) o *el filosófico* (el de la reflexión).

En la época griega no se hablaba de ciencia y la separación entre ciencia y filosofía tardó siglos en completarse. Es a partir del siglo XVII que se constituye tal como la consideramos en la actualidad. Galileo, primero, en 1632, con la publicación de los: *Diálogos sobre los dos máximos sistemas del mundo* y Isaac Newton con los *Principios matemáticos de la filosofía natural* (5 de julio de 1687) marcan los principios de la ciencia moderna. Charles Darwin (1809-1882) todavía es considerado como naturalista. La palabra científico, de hecho, aparece o empieza a ser utilizada a principios del siglo XIX. En épocas antiguas había pocos especialistas y la mayoría, como es lógico, desconocían lo que a lo largo de los tiempos se ha ido descubriendo. Aristóteles creía que las mujeres tenían más dientes que los hombres, Galeno pensaba que todos teníamos un hueso en el corazón, Newton y Kepler creían en la astrología. Esto no cuestiona la importancia de estos grandes sabios que ha tenido la humanidad.

Mucha gente mira la ciencia con desconfianza debido a que se le atribuyen algunas desgracias que ha sufrido la humanidad, como es el caso de las armas nucleares o de los efectos secundarios de algunos fármacos o los que piensan que los robots nos quitaran puestos de trabajo o que los robots por lo que piensan que nos quitaran puestos de trabajo. Pero afortunadamente sabemos que sólo el mal uso es el responsable, no la ciencia en sí misma.

Podemos hablar de ciencias naturales, ciencias puras, ciencias instrumentales, ciencias aplicadas, ciencias sociales, etc.

Las ciencias naturales, las ciencias puras (la física, la química, la biología y la geología) se basan en la experimentación, siguiendo siempre el método científico. También las matemáticas, aunque se acostumbran a nombrar como ciencias exactas o instrumentales.

¿Sabemos distinguir entre ciencias puras y ciencias aplicadas o tecnologías?

La farmacología o la climatología son ciencias aplicadas, como tantas otras disciplinas tecnológicas, mientras que la astrofísica, la electrónica, la termodinámica, la geofísica, la paleontología, la bioquímica, la microbiología, la ecología o la genética, entre otras, forman parte de las ciencias naturales o ramas incluidas dentro de las 4 básicas nombradas antes como ciencias puras.

No estoy catalogando el valor de las diferentes disciplinas. Decir, por ejemplo, que la informática, la ingeniería genética o la radiología son tecnologías o ciencias aplicadas, es hablar con propiedad. La tecnología se basa en un proceso o una capacidad para transformar un conocimiento ya existente en algo nuevo o bien darle otra función. Diferentes formas de radiación descubiertas por las ciencias físicas ahora las sabemos usar para conseguir desde bombas hasta radiografías. También el conocimiento de los genes conseguido por las ciencias biológicas nos ha permitido aprender ahora a manipularlos y desarrollar la ingeniería genética con tantas utilidades.

Nathan Myhrvold, 1959, es un matemático, paleontólogo (asesor de la producción de *Parque Jurásico*), geofísico, director de tecnología de Microsoft, astrónomo, inventor (con más de 900 patentes) y ahora cocinero de fama mundial y me sorprende cuando dice "la cocina es una ciencia creativa" porque la cocina no es una ciencia. Liofilizar un tomate, escanear un bizcocho o freír patatas con ultrasonidos son tecnologías; creatividad si, pero ciencia no, se debe distinguir la ciencia de la tecnología.

Los descubrimientos científicos se van produciendo lentamente y las aplicaciones para hacerlos de utilidad, a veces son rápidas, pero a menudo tardan más de lo que quisiéramos.

Las ciencias sociales, que estudian el ser humano y el funcionamiento de la sociedad, relacionadas con la conducta individual y colectiva, tienen más limitaciones para establecer leyes y teorías generales por la dificultad de la experimentación con todas las variables posibles y menor capacidad de predicción con encuestas, cuestionarios, documentos, fotografías, grabaciones y otros análisis observables. Son resultados muy susceptibles de hacer interpretaciones diferentes. El control de las variables es más complejo. No siempre es posible realizar experimentos, hay fenómenos que no se pueden repetir para volverlos a observar.

Historia, política, economía, derecho, lingüística, psicología, criminología, biblioteconomía, demografía, sociología, geografía o arqueología, las llamamos ciencias sociales.

Me referiré, a partir de ahora, a la ciencia que más conozco, a la ciencia pura y aplicada, la ciencia experimental, basada en demostraciones con la aplicación del método científico. Son aceptables todas las otras formas de hacer o llamar "ciencia" pero la fiabilidad con el método científico como herramienta de trabajo acostumbra a ser inferior.

La ciencia incorpora los nuevos avances. Os explico un caso. Para conocer el pasado humano, hasta hace poco, no disponíamos de los avances en genética que ahora nos permiten recuperar restos de ADN antiguo, de hasta decenas de miles de años de antigüedad. Es una revolución genética que da más precisión sobre la reconstrucción del pasado. Ahora ya no serán sólo *la arqueología y la paleontología* las únicas fuentes de conocimiento del pasado, porque ha aparecido la llamada *paleogenética*, que complementa con mucha más precisión científica estos conocimientos.

¿Sabemos distinguir la Ciencia de la Pseudociencia?

La pseudociencia o falsa ciencia es aquella afirmación, creencia o práctica que se presenta como científica pero que es incompatible con el método científico. La *homeopatía*, por ejemplo, apareció en el siglo XIX, no pasó a ser pseudociencia hasta que los defensores rechazaron asumir el método científico. Para entender bien la diferencia entre ciencia y pseudociència, lo podemos hacer con un ejemplo, el de comparar la *astronomia* con la *astrologia*. La observación del firmamento de hace 4.000 años llevó a dar significados mitológicos y a supersticiones que explicaban desde el carácter de las personas a los fenómenos naturales e, incluso, a predecir el futuro. Mientras que los astrónomos, iban midiendo, observando y conociendo los cuerpos celestes, que a menudo contradecían las creencias religiosas, razón por la cual eran castigados (como Copérnico, Bruno o Galileo). La astronomia es ciència, la astrologia no.

Parapsicología (videncias, telepatías), psicoanálisis, poligrafía, zahories, hipnosis, biocomunicación, flores de Bach, numerología, terraplanistas, cienciología, acupuntura, frenología, ciencia ficción, negacionistas del cambio climático, astrología, ufología, alquimia, grafología, homeopatía, ayurveda, osteopatía, quiromancia, creacionismo, diseño inteligente, reiki, respiración consciente, dieta macrobiótica, luminoterapia, musicoterapia, aromaterapia, MMS (Suplemento Mineral Milagroso), reflexología podal, sanación cuántica, brujería, exorcismo y unas cuantas más, son pseudociencias. No pasan el filtro de la comprobación científica. La música puede mejorar el estado de ánimo de una persona enferma pero no le cura la enfermedad. ¿Os acordáis de las tiras de caucho que colgaban de la parte trasera de los coches y que se decía que eliminaban la electricidad estática y a la vez evitaban que los conductores se marearan? ¿O las pulseras biomagnéticas (sólo de venta en las farmacias) que lo curaban todo? ¿Y las sangrías o cortes en la piel o los hechos con sanguijuelas que chupan la sangre para liberarnos de los males? ¿Dónde están las sirenas? ¿Y el monstruo del Lago Ness? ¿Y los marcianos que decían ver algunas personas, cuando sólo eran *objetos no identificados,* ahora llamados *Fenómenos Anómalos No Identificados (FANI)*? Tampoco sirve decir que Newton (1643-1727) y Kepler (1571-1630), los grandes descubridores de las leyes del Universo, en un primer momento, creían en la *astrología,* sin ninguna base científica, pero que era una idea dominante en su época. Son opciones respetables, lo que no es respetable es negar la Ciencia.

¿Conocemos gran cosa de ciencia? ¿Y de los científicos?

Sólo al 16% de la población española le interesa la ciencia. Sólo la mitad de la población piensa que los beneficios de la ciencia son mayores que los perjuicios. Hay pocas vocaciones científicas porque la ciencia no se explica bien. La mejor forma de ponerle remedio sería con la orientación escolar, profesional o laboral y universitaria, que debería hacerse de manera individualizada, descubriendo los talentos o las capacidades o aptitudes de cada alumno. Deberíamos abrir los laboratorios o los centros de investigación a los alumnos de bachillerato y también hacer que los científicos sean caras visibles, con participación activa en la sociedad para que los jóvenes se identifiquen con ellos y quieran imitarlos.

Que, prácticamente, nadie haya oído hablar de los nombres de algunos ilustres y cercanos, ya desaparecidos, como Santiago Ramón y Cajal (1852-1934), Severo Ochoa (1905-1993), Ramón Margalef (1919-2004), Joan Oró (1923-2004) o el de Margarita Salas (1938-2019), es preocupante, en una sociedad que se considera avanzada. ¿Y si hablamos de científicos actuales o de científicos catalanes o españoles o de las mujeres científicas?

¿Le damos el valor que se merecen la investigación y la divulgación científica?

Hay más de 4.000 investigadores españoles que trabajan en equipos multidisciplinarios esparcidos por todo el mundo y, en muchos casos como directores. Sin buena investigación no tenemos universidades entre las primeras del mundo. Y tampoco tenemos muchos periodistas que sepan explicar noticias importantes, de forma sencilla, como son las referentes a los premios nobel científicos de cada año. Hay muchas revistas especializadas y pocas de carácter popular. La revista valenciana *Mètode*, con veinticinco años de vida, en lengua catalana, es uno de los pocos y buenos ejemplos de la divulgación científica.

Hay que hacer buena divulgación para entender todo lo que se va descubriendo, porque la sociedad ve que la ciencia está demasiado lejos de su alcance. La buena divulgación científica sigue siendo una asignatura pendiente

CAPÍTULO 2
¿SABEMOS LO QUE PASA CON LA SEXUALIDAD ACTUALMENTE?

El sexo forma parte de la naturaleza y yo me llevo
de maravilla con la naturaleza
Marilyn Monroe (1926-1962)

¿Se puede activar el deseo sexual? ¿Existen los afrodisíacos? Doctor, soy asexual. ¿Por dónde va la repro*ducción asistida, la infertilidad o la congelación de óvulos? ¿Por qué sexo se sienten atraídos los jóvenes en la actualidad? Y qué pasa con la pornografía. ¿La homosexualidad es hereditaria? ¿La pubertad es ahora más precoz? ¿Qué sabemos de los fluidos sexuales? ¿Conocemos la andropausa y la menopausía? ¿Y los mitos sobre los tipos de orgasmos o sobre la virginidad ¿Cómo está el tema del poliamor? ¿El amor romántico, existe? Terapia y educación sexual.*

¿Hablamos del deseo sexual?

En ciencia todo va muy deprisa y los conocimientos sobre este tema también. Os hablaré de uno de los últimos descubrimientos, para empezar a situar la cuestión. Unos neurólogos de la Universidad de Stanford han publicado un estudio en la revista *Cell* donde muestran haber descubierto un circuito cerebral que se activa en machos de rata, cuando detectan la presencia de una hembra, para despertar en ellos el deseo sexual, que induce al apareamiento y les produce el placer. Se ha detectado el cable del deseo que sugiere la posibilidad de conectarlo o desconectarlo a voluntad. Sabemos que después de la eyaculación, en los mamíferos masculinos, se da un periodo de inapetencia sexual durante un tiempo. En los ratones es de unos 5 días, pero al activar este circuito, que ahora se ha descubierto, puede reducirse a un segundo. Se abren, así, las puertas a nuevos medicamentos que funcionen como interruptores de este mecanismo. Potenciar el impulso sexual y repetirlo unas 200 veces seguidas, ¿que maravilla, ¿no? Esto funciona en ratones, pero la investigación casi siempre empieza así.

Especialistas en salud mental y sexual explican que la edad no es un factor determinante para sufrir una caída de la libido, una realidad que, estadísticamente, es menos frecuente en hombres. Son el estrés, el modelo machista sexual imperante y las cargas laborales y familiares el que más penaliza la sexualidad femenina. Los problemas sexuales más frecuentes son la falta de interés, la incapacidad para llegar al orgasmo y las relaciones no satisfactorias. La medicación, sobre todo los antidepresivos en mujeres, son una de las causas de la falta de deseo. El aburrimiento, es uno de los grandes enemigos del sexo, junto con el sentimiento de culpa.

Vale la pena, también, conocer algunos datos como, por ejemplo, que 7 mujeres de cada 10 tienen orgasmo después de una estimulación directa del clítoris o que el 90% de las mujeres que llegan al orgasmo, sólo la mitad o incluso menos, lo alcanzan mediante el coito sin una estimulación del clítoris. Es un problema cuando tu pareja tiene otro ritmo sexual. Un problema, afortunadamente, con solución. Si se dan los estímulos necesarios, se pasará a la excitación y al deseo. La satisfacción, además, no depende tanto del orgasmo sino de otros factores: intimidad, afecto, sentirse deseado o de dar y recibir placer.

Os anotaré unes frases que son pronunciadas por especialistas en psicología sexual y sexología, sobre la asimetría sexual o las diferencias de deseo sexual en las parejas, como por ejemplo: la menopausia no entierra el deseo, se puede estimar profundamente y tener pocas ganas de intimidad, no se debe asociar el amor al número de relaciones sexuales, la falta de deseo no tiene nada que ver con la falta de amor y de atracción, no es verdad que los hombres siempre están dispuestos y las mujeres no, mantener relaciones sin ganas es contraproducente para ambos, los cuerpos se pueden comunicar de muchas maneras y no es solamente con una penetración o un orgasmo, etc.

La actividad sexual puede caer en picado a partir de cierta edad. El estrés, el cansancio, el trabajo, la menopausía y andropausa, etc. pueden acabar con el deseo. Pero ¿Se puede vivir sin sexo? Por supuesto, pero ¿por qué deberías renunciar a algo tan beneficioso, saludable y placentero? El sexo es deseable, aunque no es una necesidad vital, como comer o respirar, pero aporta complicidad, comunicación, placer y otros beneficios como el equilibrio hormonal y mental..

Las parejas con exito sexualmente no lo son porque no tengan problemas, sino por cómo los abordan y cómo se comunican para encontrar la forma de convivir con estos desacuerdos. Porque la sexualidad no lo soluciona todo, como creen la mayoría de las personas que han respondido a una encuesta del CIS. La misma encuesta no pregunta sobre la frecuencia de las relaciones sexuales. El de las tres o cuatro veces por semana no responde a nada. Las estadísticas sobre el número de veces que los españoles tienen sexo no son fiables y los expertos en psicología y sexualidad aseguran que no son útiles. Si hablamos de sexo, el concepto considerado "normal" no es sano. ¿Qué es normal? La sexualidad varía a lo largo de la vida, de la semana y casi del día. Tradicionalmente reducimos la sexualidad al sexo y el sexo a los genitales. Se da con mucha frecuencia en personas mayores que piensan que tener sexualidad es tener penetración. Hay que saber que las etapas de las relaciones sexuales evolucionan: atracción, enamoramiento, amor maduro...

SI se cuida la relación de pareja, la complicidad y se le dedica tiempo, entonces, la sensualidad, el erotismo y el juego sexual más explícito agradarán mucho más que sí, sencillamente, se piensa en la cantidad de veces que quieres tener sexo. Por todo ello parejas y personas a título individual van cada vez más a consulta, en busca de una terapia que les permita tener sexo de manera más placentera o recuperar el deseo sexual.

La falta de deseo sexual, sobretodo en las mujeres, llena las consultas de psicología. Hay que recordar que, es cada día más frecuente la necesidad de pedir consejos o ayuda para todo lo relacionado con la sexualidad. Desde si se quieren tener hijos, hasta si se mantienen los límites de la monogamia. Incluso, parejas que vemos como ejemplares o admirables que desbordan felicidad como es el caso de Barack y Michelle Obama, han confesado que la terapia salvó su matrimonio. Infidelidades, conflictos familiares, abrir la relación, celos, etc. Los motivos pueden ser múltiples.

En la terapia de pareja, en la que se enseñan palabras, técnicas y tratamientos, el porcentaje de éxito es de entre un 80% y 90%, según los expertos.

Los afrodisiacos no existen

A pesar de las creencias populares tan difundidas. Lo que si existe es la sugestión, la imaginación, la fantasía o los preliminares y, hasta ahora sólo la famosa pastilla azul de *sildenafilo o Viagra* ayuda para mantener la erección. Si las fresas o el marisco tuvieran sustancias excitantes, la ciencia ya las habría concentrado en pastillas. El ejemplo, que os he explicado al empezar el artículo, podría ser una solución de futuro.

Doctor soy asexual.

Son cada día más conocidas las variantes sexuales, tanto de género como de orientación. En el capítulo sobre el deporte os comentaré cuestiones actuales relacionadas con la asignación del género (masculino o femenino) en una competición deportiva. Os hablaré de una de ellas que pienso que es interesante, la asexualidad, porque el número va en aumento. El número en porcentaje ya era del 0,4% en 2023. Es una cifra minoritaria comparada con la de otras orientaciones (el 90% se declara heterosexual, el 3,7% bisexual y el 1,9% homosexual), pero destaca otro dato: un 5,5% de los españoles reconoce que mantiene una relación sentimental sin sexo. Asimismo, la estadística del INE indica que el 3,4% de los matrimonios y el 1,9% de divorcios que tuvieron lugar en 2021, fue entre personas del mismo sexo. Son cifras que se pueden ir actualizando, pero estas marcan la tendencia actual. Ser asexual no significa no tener sexo en tu vida, sino no tener impulso sexual, pero te puedes enamorar y practicar la masturbación o tener relaciones sexuales por afecto a otras personas. Además, hay personas que han tenido experiencias traumáticas con el sexo y usan el concepto pensando que son asexuales, cuando su deseo está bloqueado por el trauma. La frigidez se refiere a no tener orgasmo durante una relación sexual; es minoritaria en hombres y de, aproximadamente, el 10% en mujeres, pero que se puede tratar. La mayoría de estos problemas están motivados porque no hay una educación sexual adecuada y las relaciones se basan en la práctica y no en la vivencia.

Reproducción assistida, infertilidad, congelación de óvulos.

Cada vez más personas quieren planificar el momento concreto de ser padres. Las estadísticas ya indican que 1 de cada 10 nacimientos, en España, es fruto de *la reproducción asistida*. Es más eficaz que otros tratamientos para mejorar la fertilidad. El 22% de las parejas en edad reproductiva ya tiene dificultades para tener hijos y, cuando esto ocurre muy a menudo, las parejas no quieren esperar unos meses de tratamiento y optan por la reproducción asistida que es más rápida.

La esterilidad (icapacidad para conseguir un embarazo) y *la infertilidad* (incapacidad para conseguir tener un descendiente), igual que pasa con la sexualidad, siguen siendo todavía temas tabúes y hoy se sabe que el 30% se debe a la mujer, el 30% al hombre, el 20% son causas mixtas y otro 20% en que no sabemos el porqué del problema. Estamos asistiendo a una alarmante pérdida de fertilidad. Las causas son los cambios de hábitos y los contaminantes presentes en los plaguicidas, en el aire o el agua, en los alimentos, medicamentos,etc. Son bien conocidos los efectos perjudiciales del estrés, la obesidad, el tabaquismo o el alcohol.

La producción de espermatozoides, en cantidad y calidad, ha caído en picado. La cantidad y calidad del esperma de los occidentales ha bajado a la mitad en 40 años. Un dato ya antiguo pero que nos da una idea. De un promedio de 99 millones de espermatozoides por mililitro en 1973 se pasó a 47,1 mill/ml en 2011. Y ha seguido cayendo.

Sobre la calidad del esperma, los trabajos actuales, incluyen información de más de 42.000 hombres de 50 países de los cinco continentes recogida desde el año 1973. Los trabajos seleccionados ofrecían cifras sobre la concentración de espermatozoides por mililitro, su densidad, así como el número total por eyaculación. De seguir esta tendencia a la baja, en unas pocas décadas la mayoría de los hombres podrían ser subfértiles o acercarse al umbral de la fertilidad. Los hombres pueden ser considerados subfértiles con concentraciones espermáticas inferiores a los 40 mill/ml e infértiles por debajo de los 15 mill/ml

Un estudio mucho más reciente, realizado por el equipo de Melissa J. Perry de la Universidad de George Mason de los Estados Unidos, nos dice lo siguiente: los hombres adultos que han estado expuestos a dos de los tipos de insecticidas más comunes (los organofosforados y los carbamatos de N-metil) tienen un esperma de menor calidad y de concentración más baja que la media. Son datos de 25 investigaciones llevadas a cabo en diversos puntos del planeta durante los últimos 50 años. Estos *insecticidas* los ingerimos a través del agua y los alimentos. Estas sustancias químicas incluyen: *ftalatos* (en plásticos y productos de cuidado personal como esmaltes de uñas, champús y aerosoles para el cabello), *bisfenol A* (en plásticos duros, adhesivos y el revestimiento de algunas latas de alimentos), *retardantes de llama* (en muebles y alfombras), *sustancias perfluoroalquiladas* (en utensilios de cocina antiadherentes y alfombras resistentes a las manchas) y *pesticidas* (en alimentos de origen vegetal y productos para el cuidado del césped). Hay estudios estadísticos, de hace bastantes años, sobre la de la calidad del esperma de los trabajadores del polígono industrial de Tarragona que ya confirmaban estas cifras.

Según el bioquímico de la Universidad de Granada, Nicolas Olea, hemos asistido durante décadas a "una pasividad irritante en la toma de decisiones preventivas, suponiendo siempre que los problemas inherentes a los hábitos, modos y exposiciones de nuestra vida moderna se solucionarían con más ciencia y tecnología". Y plantea una paradoja: en lugar de disminuir la exposición a contaminantes ambientales, como posible causa de la mala calidad del esperma, acudimos a una clínica de fertilización.

Según la OMS, entre el 30% y el 50% de los hombres en edad fértil tienen un semen de baja calidad y, la mayor parte de las alteraciones del esperma tiene solución. Hay multitud de pruebas para analizar la calidad y la cantidad del esperma, desde el cariotipo, el seminograma, el test de fragmentación del ADN espermático, los cultivos de semen o las ecografías. Hay que perder el miedo a acudir a una clínica de fertilidad, donde te pueden recomendar el tratamiento que más se ajusta a tu caso.

Una acción que está creciendo es la del hecho de *la congelación de óvulos* que practican las mujeres jóvenes. La causa se debe, sobre todo, por el aumento de las parejas de mujeres o de mujeres solas que buscan la maternidad en solitario, sin pareja o de las que, simplemente, quieren posponer la maternidad. Se sabe que la calidad de los óvulos de mujeres de 40, 45 años o más, no es la misma que la de los 20 o 30 años. Un estudio avalado por Julio Herrero, responsable del Área de Reproducción Asistida del Hospital Vall Hebron de Barcelona, sobre 15.000 embriones del año 2014, mostró que a partir de los 35 años se dispara el número de alteraciones genéticas del ovocito; en mujeres de 40 un 60% de los embriones estaban alterados y eso reduce la fertilidad porque estas alteraciones genéticas reducen la implantación del óvulo y elevan el riesgo de aborto.

¿Qué tipo de atracción sexual sienten los jóvenes actuales?

Una encuesta sobre convivencia escolar en Cataluña, realizada por los Departamentos de Interior y de Educación, en el curso 2021-2022, con alumnos de secundaria, ha dado que el 22% de las chicas se sienten atraídas por hombres y por mujeres indistintamente. La mayoría, el 72%, manifestaron que tenían preferencia por los hombres. El 90% de los chicos sienten atracción por las chicas. Los chicos que elegirían una pareja de cualquier tipo son un 4,5% del total. Lo que se advierte es un índice más alto de homosexualidad en la ESO, un 8%. Entre los adolescentes si sumamos los que son homosexuales y los bisexuales sería un 16%, segun reconocen las estadísticas. Aunque no sean datos recientes, son orientativos.

Sobre las nuevas formas de ligar encontrareis explicaciones en el capítulo que os hablo de las modas actuales.

¿Y que pasa con la pornografia?

Provoca excitación, placer, imitación, adicción, machismo, violencia, complejos... La pornografía de acceso libre, fácil, gratuito y de forma anónima, que da una visión irreal o teatralizada de las relaciones, en general cargada de machismo y, a menudo, de violencia, aporta más problemas que beneficios, sobre todo a los niños y adolescentes.

La media de edad de iniciación al visionado de porno en España son los 12 años, aunque el 20% ya empiezan a los 8, y entre los 13 y los 17 años, al menos 7 de cada 10 adolescentes consumen vídeos porno, según el mayor estudio publicado en 2018 por investigadores de la Universidad de las Islas Baleares. La huella que esto deja en los niños y adolescentes, sin contraste con experiencias previas, es mayor que en edades superiores al ser, sobre todo, un producto que quema etapas de su desarrollo afectivo-sexual que es un proceso que va mucho más lento.

La conexión con el otro puede fallar. Un estudio realizado con 3.400 barones de entre 18 y 35 años, publicado por la revista científica JMIR Public Health and Surveillance, en el que se relaciona la respuesta sexual y el consumo de pornografía, da que el 20% de los participantes sufrían disfunción eréctil y que a mayor frecuencia de visionado mayor disfunción.

En España no hay datos oficiales de cómo afecta al visionado de porno en parejas jóvenes, pero explican los sexólogos e investigadores (como la ginecóloga Raquel Tulleada) que ven pacientes en clínicas, que observan nuevos y abundantes patrones de conducta procedentes de los primeros encuentros sexuales. A través del consumo de pornografía, los adolescentes destierran de su vida sexual la seducción y el erotismo. Observan que el *petting* (obtener placer con los besos y las caricias) se practica menos, la penetración y la felación son como más urgentes. No entro en la valoración de la buena y la mala pornografía, os comento en términos genéricos, como esta actividad puede llevar a la adicción y a empeorar algunas conductas sexuales. Resulta triste que parejas jóvenes vean rota su vida sexual por culpa de la pornografía.

No podemos dejar a los adolescentes y jóvenes en manos de los teléfonos inteligentes, se necesitan límites. Por ejemplo, se pueden poner más filtros para poder ver contenido pornográfico, como por ejemplo la necesidad de una identificación digital para acceder a ella. Hay soluciones tecnológicas, los límites son posibles.

Incluso la prostitución se traslada a las plataformas en línea y que, a menudo, los jóvenes no son conscientes del todo. Onlyfans, la más popular, creada en 2016 en el Reino Unido, creada por artistas independientes para mostrar contenidos, en 2018 fue comprada por un productor de cine para adultos, convirtiéndose en un servicio porno y de prostitución de cámara web. España es el quinto país del mundo con más jóvenes creadores de contenido sexual en Onlyfans. Tiene 239 millones de usuarios registrados, 8 de cada 10 son hombres de entre 25 y 44 años. La pornografía también afecta a cómo los adolescentes ven su cuerpo. No les gusta, comparado con lo que ven en las escenas. Y no es sólo una cuestión que se refleja en el aumento de las operaciones estéticas de pecho o glúteos entre menores, sino también de plastias vaginales, alargamientos de pene, etc. El artículo sobre las modas amplía las explicaciones sobre estas prácticas.

Sabemos que la principal solución para mejorar los problemas relacionados con la sexualidad está en la educación afectiva-sexual, y para ello se deben incorporar profesionales con dedicación horaria específica a los sistemas educativos, que por ahora no existen. Hasta que esto no sea una asignatura autónoma no empezaremos a ver mejoras. No puede quedar, como ahora, en manos del equipo directivo, de los profesores, del presupuesto o de unos gobiernos poco resolutivos con estas cuestiones tan urgentes.

Homosexualidad y transexualidad

No son hereditarias, pero se empiezan a desarrollar durante la segunda parte del embarazo y continúa durante las primeras edades. Por lo tanto, hay que saberlo para que las podamos atender lo antes posible tal y como se merecen. La atención debe basarse, sobre todo, en el apoyo emocional de estas criaturas.

Las variantes que existen, tanto en identidad de género como en orientación sexual, son muchas (sexo no binario, intersexuales, asexuales, lesbianismo, queer, transgénero, etc.) y hay que conocerlas para entenderlas y ayudar, si fuera el caso.

Como biólogo me gusta recordar que se han documentado alrededor de 1.500 especies con conductas homosexuales en el reino animal, desde insectos hasta primates, pasando por gusanos, arañas o delfines. 261 especies de mamíferos de las 4.300 existentes, que van desde la cópula hasta tener pareja estable del mismo sexo. Machos con machos son 199 especies y hembras con hembras son 163. Lo escribo para constatar que en la naturaleza esto también pasa y no entro en más detalles.

Pienso que también vale la pena saber esta cifra: del 40% del alumnado que reconoce haber sido víctima de violencia sexual, el 22,2% corresponde a chicos y el 58,5% a chicas. En secundaria (ESO) el 34'9% y en el bachillerato y Ciclos de Grado Medio el 50'4%. Según datos de la misma encuesta de la Generalitat de Cataluña del curso 2021-2022. Tampoco entro en más detalles de lo que está pasando con el aumento de esta violencia ejercida por menores contra menores o no menores. Aquí, sólo expongo lo que es la realidad actual y que cada uno de vosotros saqueis vuestras propias conclusions de como se tienen que tratar estos temas·

¿Pubertat más precoz?

Pues si. Los casos de pubertad precoz han aumentado significativamente en las últimas décadas, según constatan los pediatras y un estudio reciente de Harward publicado en Jama Network Open. Pesticidas, sobrepeso, microplásticos, sustancias químicas, son algunas de las razones de este problema y no es bueno, ni psicológica ni físicamente. Al empezar la pubertad se cierran los cartílagos de crecimiento y eso conlleva menos crecimiento corporal. La pubertad precoz suele darse en niñas alrededor de los 8 años, y en niños alrededor de los 9. "Como médico tengo la percepción de que, cada vez más, la menstruación llega entre los 10 y los 11 años, y antes lo hacía a los 12 y 13", dice la eminente endocrinóloga Carme Valls Llobet, que ha estudiado la relación entre la pubertad precoz y los microplásticos. Como la menarquía, o primera regla, la telarquía o aparición del botón mamario (que precede a un par de años a la llegada de la primera menstruación) también se ha adelantado tres meses por década, entre 1977 y 2013. De media, la menarquia se produce en las adolescentes medio año antes de lo que se producia en sus madres.

¿Que sabemos de los fluidos vaginales femeninos? ¿Y de los masculinos?

Lo primero que hay que saber es que hay diferentes fluidos. Todas las mujeres desprenden una especie de *líquido blanco mucoso, transparente o amarillento* por la vagina (flujo vaginal) cuya finalidad es limpiar, humidificar y proteger la zona de posibles infecciones. Este varía según la cantidad, aspecto y color dependiendo de la mujer, así como de su edad. Igualmente se puede ver modificado en los ciclos menstruales debido a los cambios hormonales.

Hay otro *fluido,* el que produce la lubricación cuando hay excitación sexual. Este fluido espeso y blanquecino, se segrega de forma involuntaria por las *glándulas de Skene* (la próstata femenina), las cuales expulsan el fluido por los orificios situados a ambos lados de la uretra. La uretra es el conducto que traslada la orina desde la vejiga hasta el exterior del cuerpo, en el acto de la micción.

La eyaculación femenina hace referencia a la expulsión de fluidos desde la uretra durante el orgasmo o durante la excitación sexual. Existen *dos fluidos diferentes.* Uno, más parecido al semen masculino, más espeso y lechoso y de composición diferente y otro, más incoloro e inodoro, mucho más abundante (*squirting*), cuando hay excitación u orgasmo y que se produce en pocos casos. La eyaculación femenina más frecuente no es más que un líquido espeso que sale, o no, durante el orgasmo y, con un volumen muy escaso, llega a representar la décima parte del semen que expulsan los hombres durante la eyaculación masculina. El *squirting* es la expulsión desde la uretra de líquido abundante, es como una orina diluida, con urea, creatinina y ácido úrico, es también una respuesta orgánica natural que genera el cuerpo femenino y responde a la estimulación del clítoris, la vagina y la uretra. Un estudio de 2014 determinó que el fluido se acumula en la vejiga durante la excitación y sale a través de la uretra antes o durante la eyaculación o el orgasmo. Lo experimentan pocas mujeres y tiene cierta relación con cierta incontinencia urinaria. Aunque este líquido no es exactamente orina y no estaba en la vejiga antes de la excitación.

En el caso de los hombres, habitualmente sólo se habla del semen y de los espermatozoides. Pero menos de un 10 % del volumen del semen de una eyaculación corresponde a los espermatozoides, y más del 90 % es plasma seminal. Las vesículas seminales aportan entre el 40 y el 60 % del volumen del semen y sus secreciones contienen una gran variedad de sustancias. Aportan un líquido alcalino que lubrica y neutraliza la acidez de la uretra antes del paso del semen en la eyaculación.

El último elemento que se añade al semen es un fluido que secretan las glándulas bulbo uretrales (de Cowper) y periuretrales (de Littre) que aportan el *líquido preseminal*. Las glándulas de Cowper están bajo la próstata y aportan la secreción mucosa al semen, que representan del 3 % al 6 % del semen. Las glándulas de Littre contribuyen con mucosa y la hormona oxitocina. *El líquido preseminal o fluido de Cowper*, es una secreción viscosa, incolora que *actúa como* lubricante sexual y sale cuando el hombre está excitado, mojando las paredes de la uretra para facilitar la expulsión del líquido seminal, mucho más viscoso, y como neutralizador de la acidez residual de restos de orina que pudieran haber quedado en la uretra, facilitando de esta manera la supervivencia de los espermatozoides.

Todavía sigue siendo un problema el escaso conocimiento anatómico y de funcionamiento del clítoris. Su anatomía completa no se conoció hasta 1998. En realidad, la sexualidad nunca se ha estudiado a fondo desde un punto de vista científico y, sobre todo, no se ha explicado bien. ¿Cómo puede ser que sepamos si hay agua en la Luna y no que son y de dónde salen los diferentes líquidos que producen las mujeres y los hombres por el aparato reproductor?

La sexualidad es un tema importantísimo en nuestra vida y la mayoría de gente no sabría definir, por ejemplo, estos diez términos: ovulación, próstata, trompa de Falopio, anovulatorio, ogino, orgasmo, fimosis, himen, clítoris o escroto.

El padre del fracasado método del psicoanálisis, el filósofo austríaco Sigmund Freud (1856-1939), afirmó que las mujeres tenían una especie de pene deteriorado y que, si no sentían el orgasmo a través de la penetración, es que eran infantiles, disfuncionales, frígidas y enfermas. Con estas lecciones de los respetados sabios, a la ciencia se le ha hecho poco caso. Y asi estamos.

¿Existe también la andropausia?

A partir de los 40 años, entre un 2% y un 6% de los hombres sanos van perdiendo testosterona, que baja a un ritmo anual de entre el 0,4% y el 1%. Es completamente normal y para la inmensa mayoría de los hombres no supone ningún problema grave aparente. Se le conoce con el nombre de andropausia o hipogonadismo. En andropausia pueden aparecer los síntomas específicos como: pérdida de masa ósea y muscular, aumento de grasa abdominal, alteraciones del estado anímico y del humor, sofocaciones, reducción del deseo sexual con problemas de erección, pérdidas de orina y falta de concentración. El 30% de los casos de disfunción eréctil están también asociados con bajos niveles de la hormona masculina. A partir de un análisis se sabe lo que al paciente le falta y el chip de tratamiento que necesita, siendo un tratamiento personalizado. El chip libera la sustancia hasta que se agota, que suele ser al cabo de seis meses. En casos concretos se deben valorar efectos secundarios no deseados.

La menopausia tiene que salir del armario, porque se vive, todavía, como un cataclismo. El adiós a la regla, que acompaña a la mujer entre un tercio y la mitad de su vida, sigue provocando miedo y vergüenza. La regla se ha normalizado en la conversación, incluso una ley permite la baja laboral por menstruaciones dolorosas; la menopausía no.

Aquí haré, de nuevo, mención a las savias explicaciones de Carme Valls-Llobet, experta en endocrinología y medicina con perspectiva de género, que explica que la mayoría de las mujeres se presentan a consulta con miedos, porque han sentido que la terapia hormonal para la menopausia (THM) provoca cáncer de mama, osteoporosis, enfermedades cardiovasculares, la aparición del flotador de grasa en el abdomen, la cancelación del sexo, la exclusión social, etc. Es más, han recibido información negativa de las abuelas y las madres e informaciones financiadas por laboratorios que les quieren vender algo. Señala la endocrinóloga, autora de *Mujeres invisibles para la medicina*.

No todo lo que le pasa a la mujer a partir de los 50 años es culpa de la menopausia. Valls-Llobet asegura que un 25% ni lo nota. Las ventajas de los tratamientos superan de lejos los riesgos y, aclara que los medicamentos para la disfunción eréctil masculina, por ejemplo, provocan ceguera a tres de cada 100.000 hombres, y a nadie les da miedo. Nos dice que el cáncer de mama es multifactorial al estar influenciado por el sedentarismo, el alcohol, el tabaquismo, la mala alimentación, la exposición a tóxicos o al estrés. Y, prosigue: el 70% no tendrán osteoporosis y las enfermedades cardiovasculares están relacionadas con el envejecimiento de las arterias, con el aumento del colesterol, etc.

Sabiendo que hay tantos tipos de menopausias como de mujeres, lo que necesitan es ser informadas y escuchadas para decidir cuál será la mejor solución, si es que es necesaria alguna. Hay tratamientos hormonales, no hormonales, fitoterapia, láser, etc. para recuperar la libido, la sequedad vaginal, para controlar el peso.... Siempre atendiendo al especialista y no a los peligros que comportan las redes sociales. Si comparas la menopausía y la andropausia, ves que, en diferente grado, ellos también tienen sofocaciones, aumento de grasa abdominal, problemas de erección, pérdidas de orina y falta de concentración. La diferencia es que las mujeres pueden determinar el momento exacto y actuar.

Orgasmos y virginidad ¿también mitos?

Sabemos que no existen dos tipos de orgasmos, el de clítoris y el de vagina. Las terminaciones nerviosas que reciben la excitación se encuentran esparcidas con una mayor concentración en el clítoris. No existe tampoco un único tipo de orgasmo, hay tantos como mujeres diferentes. De hecho, puede haber orgasmos sin contacto, por la simple estimulación mental de una fantasía erótica porque el organo sexual mas importante es el cerebro

El hecho de sangrar durante la primera relación sexual con penetración, nos dice muy poco sobre la virginidad. Este sangrado se ha atribuido a la ruptura del himen, un repliegue mucoso ubicado entre la vulva y la entrada de la vagina y que se puede dar por otros motivos, como las pequeñas erosiones por falta de lubricación. De hecho, el himen ya está, parcialmente perforado para poder menstruar y se va rasgando, poco a poco, a lo largo de los años, introduciendo un tampón, un consolador o los dedos o, tambiés, sin introducir nada.

¿Como está el tema del poliamor?

Cuatro de cada diez españoles están a favor de las relaciones abiertas en la pareja. El Centro de Investigaciones Sociológicas (CIS) ha publicado en 2023, una encuesta que indica que casi el 50% de los españoles (en concreto el 47,6%) está de acuerdo o muy de acuerdo con que una persona pueda mantener dos o más relaciones afectivas a la vez, que es lo que se conoce como poliamor. En octubre de 2021 este porcentaje era inferior al 40%.

La cuestión es que está aumentando la comprensión social hacia las relaciones que rompen con la tradicional monogamia, pero, al mismo tiempo, se está produciendo una polarización, dado que la otra mitad de la población rechaza las uniones que desafían las normas y que ponen de manifiesto que los vínculos afectivos sexuales puedan ser de más de dos personas. Una división social que ya se produjo cuando el colectivo LGTBI salió del armario. Todavía hoy se siguen produciendo delitos de odio o violencia hacia las personas gays, lesbianas, trans y otros.

El CIS, en su encuesta, no pregunta sobre esta cuestión, pero los Estados Unidos revelan que alrededor del 20% de la población ha practicado alguna vez la poligamia consentida (es decir, con conocimiento de la pareja y que no se trata de una infidelidad puntual), pero sólo un 4,5% lo practica actualmente. Una investigación del *Journal of Sex and Marital Therapy* revela, además, que es una opción que eligen más los hombres y las personas gays, lesbianas o bisexuales. En el colectivo LGTBI, hay más apertura hacia esta diversidad.

El poliamor o las relaciones abiertas no son un camino de rosas y los malentendidos, los celos, los desacuerdos, también están presentes. El poliamor implica también responsabilidad afectiva. Y, una vez que la sociedad ha empezado a normalizar el poliamor, ¿es la hora de que las leyes lo contemplen? Las activistas consultadas afirman rotundamente que sí. Matrimonios de varias personas o uniones múltiples estables que ostenten la custodia de un menor deberían abrirse paso, sostienen. Las relaciones entre los humanos van cambiando y ya 6 de cada 10 españoles consideran infidelidad algunas conversaciones que un miembro de la pareja realiza por Internet.

Ni siquiera nos queda el amor romántico

En 1774 se publicó *Las tribulaciones del joven Werther* del escritor alemán Johann Wolfgang von Goethe, donde se explican los males de amor de un pobre artista con poca suerte en la vida. Werther se suicida al final del libro de un disparo en la cabeza porque sabe que su amor por la bella Charlotte no será nunca correspondido. Este sentimiento romántico, seguramente tan antiguo como la humanidad, ha sido el eje central de creaciones de todo tipo y de todas las épocas desde que tenemos constancia, lo que demuestra hasta qué punto es importante para nosotros. Y, a pesar de todo, siempre ha sido un gran engaño.

Nuestros apareamientos no han tenido nunca nada de místico ni aleatorio, como difunde el ideal romántico, sino que parece que son parte de un plan definido por milenios de selección natural. "El amor, en todas las formas, es una construcción cultural para explicar una atracción eminentemente genética y, por qué no, también para reforzar la monogamia como modelo reproductivo preferente para nuestra especie". No lo digo yo, lo dice Salvador Macip, director de Ciencias de la Salud y Catedrático de Medicina en la Universidad de Leicester.

Diversos estudios han analizado científicamente el proceso de enamorarse y han encontrado bases químicas que justifican las sofocaciones que describen los poetas. Quizás lo más interesante es el descubrimiento de lo que podríamos definir como una atracción genética: acabamos juntándonos con personas que tienen una combinación de genes que encaja bien con la nuestra porque hay una serie de similitudes relevantes. Un estudio de 2015 demostró similitudes entre amantes, más allá de la altura o del color de los ojos, que revelaban un patrón de coincidencias genéticas. Desde entonces se ha continuado trabajando para comprobar la influencia de los genes en el apareamiento y un conjunto de artículos posteriores parece que lo han confirmado, al menos en poblaciones europeas, que son las más estudiadas. El amor, pues, sería una manera instintiva de reconocer un genoma bastante cercano. Se ha encontrado que entre el 82% y el 89% de los rasgos analizados (como las actitudes políticas y religiosas, el nivel de educación y ciertas medidas de coeficiente intelectual), mostraron correlaciones particularmente altas, las parejas tenían más probabilidades de ser personas afines. Sólo en el tres por ciento de los rasgos, los individuos tendían a asociarse con personas que eran diferentes.

Terapia y educación sexual

El mito del amor para toda la vida ya no es una norma general. De la misma manera, igual que ha aumentado el número de personas que van al psicólogo y se ha normalizado pedir ayuda para mejorar la salud mental, se ha disparado la cifra de personas que van a terapia sexual, individual o de pareja, buscando el bienestar o la resolución de problemas concretos afectivos, sexuales o, simplemente, las vicisitudes del día a día.

En este punto, quiero recordar que los delitos de odio contra los que tienen una sexualidad diferente continúan aumentando. Aunque, afortunadamente, en este país, tenemos leyes bastante avanzadas respecto a la tolerancia sexual.

La salud sexual y reproductiva se define como un estado de bienestar físico, mental y social en relación a la sexualidad y la reproducción, el cual va más allá de la ausencia de enfermedades y la capacidad de reproducirse. Solo en Cataluña, hay tres millones de afectados, de los cuales el 80% son jóvenes y, cada año aparecen 200 mil nuevos casos de alguna patología sexual y reproductiva, sobretodo en mujeres. Hay que abordar los desafíos que nos presentan la endometriosis, la preclamsia, disfunciones sexuales, cánceres, infertilidad, así como infecciones de transmisión sexual como clamidias, virus del papiloma humano, herpes genital y VIH, etc. Y si añadimos los problemas de las personas mayores, la lista es enorme.

La solución primera es la educación, que, por el hecho de ser un proceso lento, entiendo que mientras tanto se tengan que hacer campañas informativas, conferencias, talleres, maratones televisivos sobre el tema, etc. La educación afectiva sexual aún no llega de forma sistematizada a las escuelas, con horas de dedicación y con especialistas.

La educación sexual, es el verdadero pilar en el que se debe basar el respeto a la sexualidad, porque la sexualidad actual no la entendemos como la de hace unos años. El tabú sigue existiendo porque la educación falla.

CAPÍTULO 3
¿HACIA UN MUNDO FELIZ CON LAS NUEVAS TECNOLOGÍAS?

Temo por el día en que la tecnología ultrapase la interacción humana.
El mundo solo tendrá una generación de idiotas.
Albert Einstein (1879-1955)

IA, ChatGPT, nanotecnología y nanorobots, úso del móvil, SIRI, ALEXA, DALLE-E, fusión nuclear, hidrógeno verde, Xipps, AlphaFold, edición genética, terapia CAR-T, tranvía sin cables ni railes, Chatbots, MareNostrum 5...

Aldous Huxley (1894-1963), publicó su gran obra *Un mundo feliz*, en 1931, pero en 1958, viendo con mucha preocupación la deriva en que la sociedad se estaba convirtiendo, entregada a un cruel hedonismo y a la que no le importan ni siquiera las crueles dictaduras, publica una serie de ensayos titulados: *Nueva visita a un mundo feliz*. En la obra original, los ciudadanos son felices, creen que lo tienen todo resuelto con las nuevas tecnologías, pero su felicidad es artificial, sin alma, es la pura deshumanización. Por mucho que mejore la digitalización, si me siento solo, necesito a alguien de carne y hueso cerca y para eso las pantallas no sirven. Pensó que era una obligación de los seres humanos luchar contra esta deshumanización.

No es más humana una pareja que tiene hijos naturales que la que los tiene con ayudas tecnológicas. Desde el arte rupestre somos humanos tecnológicos. Si es cierto que los móviles nos han vuelto narcisistas con demasiada vanidad con esta arma en el bolsillo, pero qué máquina tan increíble, tan maravillosa.

Quien hable mal de las nuevas tecnologías no es de este mundo. Son todas maravillosas porque aportan beneficios de todo tipo y, por lo tanto, son herramientas de progreso y de bienestar. Otra cosa es que se utilicen de forma adecuada, tienen muchas virtudes y algunos defectos. Las *cibervirtudes* y los *ciberpecados* deben conocerse. Las nuevas tecnologías nos aportan más sociabilidad al mejorar la comunicación con muchas personas, ocio y entretenimiento, ganancia de tiempo, ganamos autonomía, rápido y fácil acceso a la información, cambios de patrones de conducta, desarrollamos habilidades de aprendizaje, generan más puestos de trabajo de los que destruyen, etc. Pero no hay que olvidar que con ellas perdemos interacción humana, perdemos privacidad, generamos dependencia de las redes y casos de ansiedad y adicción, la información excesiva conlleva más superficialidad, más consumo de novedades, nuevas vías de acoso sexual, también llamado *ciberbullying,* información inapropiada para los niños y adolescentes, como la pornografía y el acceso a los juegos con dinero, también aportan toxicidad, aumento del sedentarismo y de sobrepeso, dificultad para poder dormir, enfermedades mentales, generación de noticias falsas, etc. Cuando digo que aportan toxicidad quiero decir que mueren personas en las minas de donde se extraen muchos de los materiales tóxicos que llevan. Por ejemplo nuestro móvil contiene algunos de estos materiales y que después no reciclamos.

La Inteligencia Artificial (IA) es una rama de la computación que busca resolver problemas y tomar decisiones imitando las capacidades cognitivas humanas. Se compone de programas informáticos que han acumulado grandes volúmenes de datos. Sobre esta base la tecnología adquiere la facultad de aprender, de planificar y de crear.

Si *Internet* fue la tecnología disruptiva propia de finales del siglo XX, la IA lo será en buena parte de este siglo.

La IA nos está aportando tantos beneficios que, efectivamente, está cambiando nuestra vida. Desde predecir las condiciones idóneas para mejorar una reacción química o la estructura tridimensional de una proteína, hasta el diseño de nuevos medicamentos y materiales, hacer predicciones meteorológicas y climáticas, solucionar problemas matemáticos, generar poesías, canciones, cuadros o nanorobots que transportan medicamentos a una zona cancerosa localizada.

Esto, que parece ciencia-ficción, ya es una realidad. La ciencia ficción tiene mucho éxito porque explora los cambios que nos aporta la imaginación. Lo virtual aumenta la deshumanización y se debería imponer lo que es más esencial y lo esencial pienso que es lo que hay, lo que queda, cuando la pantalla se apaga.

La IA es un conjunto de sistemas o de tecnologías que nos permiten crear máquinas que imitan la inteligencia humana. Ya lleva décadas entre nosotros, pero nunca ha estado tan presente en nuestras vidas como lo es ahora. Hace un tiempo los superordenadores, después los asistentes virtuales y en el año 2022 han llegado estos sistemas generativos que pueden crear, en segundos, textos e imágenes, que no existían antes, con una simple petición de los usuarios.

Los generadores de textos e imágenes como el *ChatGPT*, DeepSeek, *DALLE-E* o *Sora*, abrían la puerta a un nuevo mercado.

En noviembre de 2022, la compañía OpenAI lanzó al mercado *ChatGPT*, un sistema capaz de conversar y dar respuesta a las preguntas de los usuarios simulando el razonamiento humano. GPT son las siglas de Generative Pre-trained Transformer (transformador generativo pre entrenado. *GPT-4* es su versión posterior.

Sistemas programados para aprender de *Internet* y crear textos, imágenes, música, poesía... Microsoft ha reforzado su millonaria inversión en la empresa creadora de un *chatbot* que ha integrado sus servicios, abriendo una batalla empresarial con otros gigantes como *Alphabet* (propietaria de Google), *Amazon o Meta (matriz de Facebook, Instagram o WhatsApp)*.

OpenAI, es una organización, fundada por los multimillonarios Elon Musk y Sam Altman, que está liderando la investigación en este campo. El *ChatGPT* fue entrenado con una ingente base de datos de texto extraídos de *Internet*. En base a estos datos, el sistema crea estadísticas y las utiliza para predecir qué palabras debe juntar para crear una frase determinada. Esto le permite responder de forma natural y precisa. Para hacer esto, se sirve de aprendizaje profundo (*Deep Learning*), como se conoce a un conjunto de algoritmos programados para aprender de forma automática, mejorando constantemente para ser más creíble. La posibilidad de elaborar cualquier texto que le pidas, desde resumirte un libro a componer la letra de una canción o hacer una poesía está a nuestro alcance. Eso es impresionante. Su capacidad creando textos es tal que amenaza con reemplazar profesiones enteras como juristas o periodistas e incluso el buscador de Google.

La máquina no razona por sí misma, sino que ha sido programada específicamente por humanos para simular una capacidad de creación en base a una serie de datos. Su alta capacidad ha hecho que académicos, tecnólogos y periodistas especializados se hayan mostrado fascinados con lo que han descrito como la mayor novedad tecnológica actual, pero también hay escepticismo. El *ChatGPT* no sólo puede cometer errores, sino que puede generar respuestas verosímiles pero falsas, una combinación peligrosa. Italia y Alemania fueron los primeros países es proponer prohibir o frenar temporalmente, la entrada *ChatGPT* con el fin de controlar su alcance.

Las aplicaciones de la IA van mucho más allá de *ChatGPT*. Y es que *la* IA es el motor de la llamada *Industria 4.0*, una nueva fase industrial marcada por la automatización de procesos mediante la robótica y por el procesamiento de grandes volúmenes de datos para optimizar la logística productiva. *ChatGPT* sigue siendo el buscador más importante, pero hay más: *Gemini y Claude 3... Gemini* de *Google,* es la más actualizada de todas y la de más rápidas respuestas. Y ahora el nuevo competidor chino DeepSeek, más barato y eficiente. Todas pueden funcionar con versiones gratuitas y responden a resumir textos, a correos electrónicos, que hagan cálculos, que expliquen todo lo que ven en una imagen, etc. Esta gran base de datos piratea contenidos de multitud de fuentes y los presenta en una interfaz que va combinando las citas de acuerdo con ejercicios de mimesis más o menos afortunados. El salto tecnológico es espectacular, algunos lo comparan con la invención de la imprenta por Gutenberg en el siglo XV, que fue el elemento difusor y multiplicador de conocimientos que hizo crecer Europa y prevalecer en el mundo durante siglos. Este software que está haciendo eclosión ahora enfrenta a las grandes compañías (la Microsoft japonesa con la americana Google, la china Baidu, etc).

Poner en el mercado un producto, sin manual de instrucciones, sin haber previsto los efectos secundarios, que todavía no está bien acabado, sin los controles que tendría, por ejemplo, un coche o un medicamento, y decirle a la gente que lo pruebe y después ya arreglaremos las deficiencias, no es lo correcto y eso es lo que está pasando. La IA tiene potencial para entender nuestro cerebro, frenar el calentamiento global, curar enfermedades o cuidar a nuestra gente mayor con robots casi humanos, pero también tiene poder para destruir la democracia y para causar cierta regresión tecnológica y científica según las decisiones que se tomen. Los errores y las falsedades pueden conseguirlo.

Ya es una realidad el daño que se está produciendo en la salud mental de las personas. Como ejemplo sirva el suicidio reciente de un adolescente de 14 años ocurrido tras enamorarse de un robot inteligente.

Hay que progresar, pero con control. El Centro Europeo de Transparencia Algorítmica de Sevilla, puede liderar el *sandbox* regulador de todas las plataformas digitales, un entorno de pruebas que incluye el estudio de algoritmos con el que se pretende probar la eficacia del futuro reglamento europeo sobre IA. Un *sandbox* es un procedimiento de seguridad del sistema, que estudia y aísla algunos programas del resto del sistema, sin riesgo de afectarlo. La Unión Europea, ha aprobado, en marzo de 2024, la primera ley sobre la *IA* en el mundo con una serie de claves sobre categorización y riesgos (manipulaciones, reconocimiento facial, derechos de autor...).

Parece ser que con el *ChatGPT* se ha podido diagnosticar una rara enfermedad de la columna vertebral de un niño de 4 años que 17 médicos especialistas no habían conseguido averiguar. Increíble,

¿no? Y pronto el robot "doctor Google" será el médico electrónico quien hará la consulta del paciente y diagnosticará enfermedades respiratorias y cardiovasculares mejor que el médico de cabecera. Por ahora, todavía es un procedimiento experimental.

En la enseñanza, la IA puede usarse para predecir el rendimiento de los alumnos y detectar posibles problemas de aprendizaje. Los *chatbots* son paquetes inteligentes que responden preguntas de los usuarios o que pueden dar más recursos y, por lo tanto, pueden ayudar en tareas docentes, como plantear actividades interesantes, poner problemas de matemáticas para que los estudiantes los resuelvan, etc. El futuro del trabajo, los plagios y la igualdad de oportunidades, son algunos de los desafíos que nos plantea el uso de la IA. Hoy ya no tiene sentido que nuestras clases sean siempre magistrales. Deberíamos dedicarnos mucho más a lo que los expertos llaman "el aprendizaje activo", con proyectos, trabajos en equipo, problemas, discusiones de casos prácticos... Sin olvidar que los seres humanos somos quienes hemos creado la IA. El aprendizaje sigue siendo una experiencia social, una interacción entre personas que comparten el reto de aprender guiadas por alguien (el profesor) que filtra el contenido, corrige y conduce la conversación.

Dos tercios de los docentes norteamericanos ya usan la IA generativa para planificar sus clases, encontrar actividades creativas o elaborar una base sobre la que desarrollar el resto de su temario, y también la usan un 42% de los estudiantes. Una inmensa mayoría (el 84%) de los docentes que ya han usado *ChatGPT*, consideran que su impacto en la enseñanza es muy positivo. Los estudiantes serán más autónomos, pero son herramientas que aún no pueden sustituir al profesor.

También me gusta recordar que la tecnología creará más puestos de trabajo de los que destruirá. La OCDE nos dice que entre 2016 y 2030 se perderán en España 1,6 millones de puestos de trabajo sustituidos por la tecnología, pero, al mismo tiempo, se crearán 2,3 millones más. Es cierto que sobrarán contables, auditoras, técnicos de nóminas y analistas financieros y faltarán especialistas en *Internet* de les cosas, en ciberseguridad, en IA, en comercio electrónico... Amazon España tenía en 2023 a 22.000 empleados fijos y prevé llegar a los 25.000 este 2025. Uno de los sabios de la *IA*, el matemático Ben Goertzel, dijo que podía destruir el 80% de los puestos de trabajo, de los trabajos actuales, pero puede crear un 90% de trabajos nuevos.

La popularización de herramientas como la IA generativa afectará prácticamente a todos los campos profesionales y educativos. La IA viene a cambiar las reglas del juego, pero no a eliminar a los jugadores. El alcance de las herramientas basadas en IA incluye, virtualmente, todas las áreas productivas, desde el campo y la agricultura al ejercicio del derecho, la medicina, la enseñanza, el diseño, el arte, los procesos de calidad, el acompañamiento a las personas mayores, la conservación del medio, la investigación, etc. Descifrar la estructura de una molécula era cuestión de años, hoy se puede hacer en minutos.

Por ahora tenemos *Inteligencias artificiales específicas*, pero no tenemos todavía una IA *generalista*. Los proyectos para desarrollarla los lideran Google (*DeepMind*) y OpenAI. No sabemos si esto se podrá alcanzar porque todavía desconocemos mucho de la inteligencia humana y de cómo funciona el cerebro.

Ahora, nos encontramos al inicio de la cuarta revolución industrial impulsada por la IA, por la robótica y por la biotecnología. Las otras tres, la de la máquina de vapor y energía hidráulica (1784), la de la electricidad y el petróleo (1870) y la de la informática (1969), aportaron cambios espectaculares y ahora, por lo tanto, estamos en tiempos de grandes cambios.

Dice Ramón López de Mantarás, fundador del Instituto de Investigación en IA del CSIC, que la IA no tiene objetivos propios, los objetivos los damos nosotros. Conocemos poco la inteligencia humana y por lo tanto es difícil poderla imitar. Y el neuro científico David Bueno nos recuerda que "La IA es previsible, nosotros no".

La IA, repito, puede generar mucha riqueza, pero, como está pasando con el turismo, también mucha desigualdad. Y añado que la IA dispara el consumo energético, el consumo de agua y las emisiones de CO_2. Las últimas cifras disponibles del informe sobre sostenibilidad dicen que Google ha aumentado el 16'2% el consumo energético en 2023, respecto al año anterior y Microsoft el 28'7%. Para refrigerar toda la maquinaria se utiliza agua pulverizada, muchos miles de millones de litros, de los cuales, más de la mitad se evaporan y no se pueden recuperar. Las emisiones de CO_2 han crecido de forma exagerada en los cuatro últimos años.

La intensa demanda energética de la IA y sus limitados márgenes de beneficio hacen que, de momento, su modelo de negocio sea insostenible. Las grandes compañías tecnológicas, las Big Tech (americanas Google, Apple, Facebook, Amazon y Microsoft (GAFAM) y chinas Baidu, Alibaba y Tencent (BAT), insisten en asegurar que la IA será una revolución similar a *Internet* o los *Smartphone*, pero que lo será a largo plazo.

Nanociencia y nanotecnología

La nanotecnología es la tecnología de los materiales y de las estructuras en la que el orden de magnitud se mide en nanómetros. Un nanómetro o milimicra equivale a una millonésima parte de un milímetro. La nanotecnología está impactando de manera muy importante en nuestras vidas y puede ser que no nos demos cuenta. Los 3 Premios Nobel científicos de 2023 se concedieron por descubrimientos referidos a la tecnología de la escala nanométrica, aquella escala que se mueve entre 1 y 100 nanómetros. El de química, otorgado a Moungi G. Bawendi, Louis E. Brus y Alexei I. Ekimov por el descubrimiento de los "puntos cuánticos", unas partículas minúsculas o nanocristales, con propiedades especiales. Difunden su luz y propiedades en los televisores y lámparas LED, y también pueden guiar a los cirujanos cuando extirpan tejido tumoral, entre muchas otras cosas.

El Premio Nobel de Medicina de 2023, para Katalin Karikó y Drew Weissman por el desarrollo de la tecnología de ARN mensajero, abrió las puertas a las vacunas contra la COVID. Una de las claves para llegar a aplicar el ARN a las vacunas fue la nanotecnología. Así, el ARN se nanoencapsuló en nanopartículas de lípidos, convirtiéndose en el principio activo de algunas vacunas, como las de Moderna y Pfizer/BioNTech, tan importantes en la reciente pandemia COVID. Y el Nobel del 2024 ha sido por el descubrimiento de unas minúsculas partículas de ARN. Más de mil partículas de micro ARN, enganchadas a otro ARN, el mensajero, condicionan la producción de proteínas i, por lo tanto, controlan una gran variedad de procesos como el desarrollo embrionario, la diferenciación de células sanguíneas, las cardiopatías congénitas, las infecciones virales la función muscular o la formación de tumores.

El Premio Nobel de Física de 2023, para Pierre Agostini, Ferenc Krausz y Anne L'Huillier por el descubrimiento de los láseres capaces de llegar a los *attosegundos* y así llegar a ver lo que pasa con los electrones de los átomos. Un *attosegundo* es la trillonésima parte de un segundo.

Los *nanorobots* sabemos que son máquinas que las podemos orientar para hacer una función específica en un lugar específico. Por ejemplo, transportar fármacos de forma dirigida a las células cancerosas, acumulándose en lugares específicos y reduciendo así los efectos secundarios. En el proyecto BLADDEBOTS se trabaja con *nanorobots multifuncionales* impulsados por urea, gracias a una reacción con la urea del cuerpo y será clave para el avance del tratamiento del cáncer de vejiga. Por primera vez se usarán nanorobots en medicina personalizada y para estudios de modelos in vivo. Otros nanorobots, muchísimo mas pequeños que los glóbulos rojos, dirigidos magnéticamente desde el exterior, llevan el medicamento hasta el cerebro y evitan trombos. El Nobel de química de 2024, también ha sido para un producto de la IA. El 2020, dos investigadores de Google DeepMind presentaron un modelo de IA, el *AlphaFold2*, que ha permitido predecir la estructura de 200 millones de proteínas, un trabajo que antes requeria años de investigación y que ahora se hace en minutos.

La mayor contribución a la supervivencia de la humanidad han sido tres avances científicos: la potabilización del agua de bebida, el descubrimiento de los antibióticos y el de las vacunas. ¿Alguien se atreve a negarlo? La ciencia y luego las tecnologías asociadas a los descubrimientos científicos son las principales disciplinas que hacen progresar a la sociedad y eso, para mí, es una verdad máxima. La sociedad progresa con la influencia de todos (artistas, músicos, escritores, deportistas, etc) pero sin los que hacen investigación científica básica primero y aplicada después, no avanzaríamos mucho. No tendríamos ordenador, ni móvil, ni medicamentos, ni luz, ni electricidad, ni tractores, ni trenes, ni lavadoras, ni pianos, ni cine, ni televisión, ni GPS, ni *Wiquipedia*, ni *ChatGPT,* ni robots, ni drones, etc, etc. Habría que reflexionar más a menudo al respecto...

La plataforma *TikTok* ya se está prohibiendo a los funcionarios de los principales países del mundo, justo por esta razón y, en otros casos, también por el aumento de la dependencia y de las enfermedades mentales que puede provocar entre los jóvenes.

Ya a finales de 2023, los fiscales de 41 estados de los Estados Unidos de América demandaron a *Meta*, empresa matriz de *Facebook, Instagram, WhatsApp o Messenger,* por desarrollar productos diseñados conscientemente con el fin de enganchar a los niños. Antes, ya se habían presentado demandas de particulares y asociaciones educativas contra *Meta, Snapchat, TikTok y YouTube* por afectar la salud mental de los jóvenes. Crear beneficios a cambio de la salud pública. Engaño al consumidor, adicción, recoger información sin permiso, etc. La IA, las redes sociales y el propio teléfono móvil tienen el problema del descontrol. Se han lanzado al mercado y la utilización está produciendo una serie de problemas graves, que debe controlarse.

El día 1 de noviembre de 2023, la Cumbre de 28 países (China, Estados Unidos, UE...) firmaron la *Declaración de Blechley,* un compromiso para cooperar en el tratamiento de los riesgos por la seguridad que supone la IA.

Los jóvenes que pasan más tiempo delante de pantallas tienen más probabilidades de desarrollar problemas de salud mental importantes que los que dedican más tiempo a otras actividades. Como es el caso de los pensamientos o intentos intentos de suicidio que afecta al 48,9% de los adolescentes. Siete de cada 10 niños/niñas de entre 6 y 12 años, comen y duermen con una pantalla o un dispositivo táctil delante, según datos de la Sociedad Española de Pediatría. La pantalla no debe ser el chupete digital o el recurso para que el niño coma o vaya mirando mientras viaja. Aquí un 20% de los menores de 10 años tienen teléfono móvil y un 70% los que tienen 13 años. Ahora, ante las evidencias de los problemas, se ha empezado a prohibir el uso del móvil en los centros escolares e, incluso, se aconseja que no tengan móvil antes de los 16 años, Es una batalla perdida, hemos llegado tarde. Tenemos que regular, no es cuestión de prohibir.

En la meca de la tecnología, Silicon Walley, en California, muchas escuelas solo tienen acceso a la tiza y a la pizarra y no a las pantallas. Las pantallas no favorecen la comunicación ni la amistad ni las relaciones familiares. El propio Steve Jobs, cofundador de Apple, prohibía las pantallas a sus hijos. Y también M. Zuckerberg, el fundador de Facebook, lo hacia con sus tres hijas.

El psicólogo clínico del Hospital Sant Joan de Déu de Barcelona, Francisco Villar, nos dice que un joven hasta los 6 años no debería tener acceso a las pantallas y después de los 6, solo media hora diaria.

Este mero móvil, que tenemos todos, nos aporta tantos beneficios inmediatos que se hace difícil valorar que contiene galio, oro, indio, arsénico, plata, tántalo o zirconio; y eso es insostenible a largo plazo. Atención, no estoy hablando de renunciar al móvil; pero si tener un móvil con materiales que sean más abundantes en la naturaleza, no tóxicos, reciclables y no obtenidos con la explotación humana como que se hace en la actualidad (en China, en el Congo, etc.). En el capítulo sobre el Medio Ambiente hablaré de lo que contamina este mundo digital.

El móvil yo lo comparo con el revólver que llevaban los vaqueros en las películas del oeste, es la pistola que llevamos en el bolsillo por si tenemos problemas. Pensamos que lo resuelve todo y cuando no lo llevamos nos sentimos desarmados. Nos aporta: seguridad, distracción, información, poder, compañía, recursos, tranquilidad, fortaleza, independencia... Y cuando no lo tenemos sentimos inseguridad, miedo, aburrimiento, desinformación, debilidad, soledad, dependencia de los demás, falta de soluciones rápidas, estrés... Es importantísimo en nuestras vidas, pero también crea una serie de problemas que, se lo explico a los jóvenes en charlas de divulgación, por el mal uso que están haciendo de esta herramienta y que tienen que ver con el sedentarismo, el acoso, las enfermedades mentales, sexuales y alimentarias, la adicción, las relaciones familiares, la distracción en la escuela, etc. Los resultados de los informes PISA, sobre el nivel educativo, hecho con alumnos de 4º curso de la ESO, son tan malos que, ahora corremos para corregir, regular o limitar su uso, dado que los resultados tienen bastante que ver con el excesivo uso de pantallas. Hacer una prueba de estar un día o mejor una semana sin usar el móvil y me daréis la razón.

Los ordenadores no tienen autoconciencia, pero si que pueden calcular, memorizar y aprender utilizando los datos que les damos, y se dan incluso, órdenes a sí mismos con el fin de mejorar. La IA permite que *SIRI (Apple)* o *ALEXA* puedan entender y procesar tus peticiones y automatizar procesos industriales con la robótica y organizar operaciones financieras complejas o también diagnosticar enfermedades con rapidez. Sistemas cada vez más avanzados han empezado a revolucionar también el arte. La aparición de programas como *DALLE-E, Stable Diffusion o Midjourney*, han fascinado por tener la capacidad de dibujar en tiempo real o, incluso, en 3D, imitando estilos pictóricos. Es un nuevo tipo de arte digital. Si le preguntamos al *ChatGPT* si es capaz de escribir un buen poema, seguro que lo hace, genera versos rápidamente, pero no saca buena nota con respecto a la creatividad. No sabe que es eso de las metáforas. El diseño de estos modelos de lenguaje está hecho más para imitar que para ser originales y creativos. No tendrán intencionalidad, porque esta, por ahora, solo la tiene el ser humano.

Hay quien piensa que cuanto más inteligentes sean nuestros ordenadores, menos inteligentes seremos nosotros. Eso tampoco es así. ¿Podríamos conectarlos a nuestro cerebro para mejorar aún más las prestaciones? Cuando le hacen esta pregunta a Albert Fert (1938), premio Nobel de física (que con sus técnicas espintrónicas permitió fabricar el disco duro del PC), contesta, rotundamente, que no, que no mejoraremos la naturaleza, y dice: cada vez que escucho al extraordinario músico de jazz Charlie Parker (1920-1955) descubro algo nuevo y, esa capacidad, siempre será sólo humana.

Otras tecnologías también avanzan rápidamente. Las biotecnologías, la fusión nuclear, el hidrógeno verde, los chips con sensores de todo tipo... A lo largo del libro encontraréis explicaciones sobre estos temas.

Un avance científico enorme: el de revelar la estructura tridimensional de las proteínas, que desde los tiempos de Linus Pauling (premio Nobel de química en 1954), era el reto más importante de la biología. *Alpha-Fold* es un sistema de inteligencia artificial, que es capaz de predecir la estructura en 3 dimensiones de una proteína a partir de su secuencia de aminoácidos. Actualmente, la última versión contiene en su base de datos más de 200 millones de entradas de estructuras de proteínas y permite realizar predicciones de manera gratuita a la comunidad científica. Es de gran utilidad para diseñar nuevos medicamentos. Hasta el año 2023, han sido diseñados 24 fármacos con la ayuda de la IA. Estos fármacos, que se encuentran ahora en fase de ensayo clínico y están destinados al tratamiento de diferentes patologías. Y esto será decisivo para curar muchas enfermedades como son el cáncer o el Alzheimer.

Aquí no tengo espacio para hablaros de todo, pero haré unos comentarios sobre las nuevas tecnologías de *la edición genética.*

Cambiar o editar parte de nuestro genoma ya se visualiza en un horizonte próximo. Por ahora, la técnica *CRISPR,* inventada en 2012 y ganadora del Nobel de química de 2020, funciona bien con dolencias genéticas de la sangre, que permiten extraer células madre y editarlas en el laboratorio e inyectarlas de nuevo al paciente para corregir un defecto. Con órganos sólidos hay más problemas. Ahora hay dos nuevas tecnologías de edición genética que van más allá de los simples cortes en el ADN con *CRISPR.* Ambas han sido desarrolladas por David Liu en Harvard. Una la *edición de bases o de las letras del* ADN, reemplazando unas letras por otras y así corregir mutaciones. Ya se están probando en pacientes. Y mejor aún, la *edición de calidad (prime editing)* que se está ensayando en animales y que permite corregir secuencias más largas sin errores. Con la primera ya se ha salvado la vida a una joven de 13 años, Alysa, con una leucemia muy agresiva. Liu piensa que en 10 años tendremos algunos fármacos que nos permitirán tener el control de nuestros genes. De hecho, la medicina CRISPR de edición genética, ha nacido en 2023, cuando el Reino Unido, el 16 de noviembre, autorizó un tratamiento con estas tijeras para cortar

ADN, para curar la anemia falciforme y la betatalasemia. Extraer células del paciente corregir el gen portador de la mutación y volverlas a introducir. También los Estados Unidos y la Agencia Europea del Medicamento, dieron el visto bueno a esta técnica. El tratamiento llamado *Casgevy*, es prometedor para tratar enfermedades debidas al defecto de un solo gen, de las que hay centenares.

En el capítulo sobre la salud os explico la nueva terapia con *células CAR-T*.

En el transporte también hay novedades tecnológicas. Os explicaré sólo una: un *tranvía chino sin cables ni railes*, ya probado en Australia, guiado por líneas pintadas. Mezcla de tranvía, tren y autobús. Funciona con baterías de titanato de litio que se recargan de forma rápida en las estaciones y puede ir a 70 km/h. Usa neumáticos, puede transportar hasta 300 personas, aunque hay versiones de 5 vagones para 500 ocupantes y su autonomía es de 40 kilómetros.

Otro avance tecnológico, muy impresionante: el 21 de diciembre de 2023 se ha inaugurado en Barcelona el súper ordenador *MareNostrum 5*. Es la computadora más avanzada de Europa. Su potencia de cálculo multiplica por 23 la del *MareNostrum 4*, su predecesor. Funcionará durante unos años y ya se ha empezado a pensar en el *MareNostrum 6*, que deberá construirse en 2028 para entrar en servicio en 2029.

Debemos valorar y recuperar la capacidad de creer que la verdad si importa, que la privacidad también, que la actividad presencial también importa y que la lectura en el libro de papel es más poderosa para aprender que la que se hace con un medio digital. Ahora empezamos a reaccionar e, incluso, a prohibir o regular el uso del móvil en las aulas y hasta cierta edad. Suecia, país muy avanzado y uno de los primeros en entrar en la era digital, ya anunciaba en el mes de junio del año 2023 que volvía a los libros de texto en papel en las aulas, porque la comprensión lectora de los estudiantes estaba cayendo en picado y eso es muy importante. Los avances con las nuevas tecnologias no paran. El proyecto PIXEurope para fabricar xips fotónicos mas rápidos y eficientes, ya en 2025, y en el que participan 11 paises, será coordinado por el Instituto Catalan de Fotónica de Castelldefels. Con aplicaciones en las áreas de las comunicaciones, IA, detección de imágenes, conducción autónoma de vehículos, medio ambiente, energías renovables, defensa, seguridad y consumo.

Todo lo que os he explicado me lleva a una reflexión final.

Aldous Huxley cuando escribió la fantástica obra de ciencia-ficción: *Un mundo feliz*, creó un mundo sin problemas en el que todo estaba resuelto por las nuevas tecnologías, era un mundo lleno de felicidad. Pero unos 25 años después recapacitó, porque la deshumanización, que en la ficción no importaba, se daba cuenta de que ya se estaba produciendo muy rápidamente en la sociedad. Actualmente, sobre todo la juventud, vive deslumbrada con estos juguetes tecnológicos, creyendo que lo resuelven todo. Viven en el mundo feliz de Huxley. Veo que a los principales problemas de la sociedad actual no le dedican tiempo porque tantas horas de satisfacción en las pantallas no dejan espacio para pensar sobre otras cuestiones importantísimas como son, por ejemplo, las desigualdades sociales o la destrucción del medio ambiente.

No hay que renunciar a las nuevas tecnologías, pero lo que sí hace falta es usarlas con conocimiento.

CAPÍTULO 4
¿LAS MODAS ACTUALES, RESPETAN LOS CONOCIMIENTOS CIENTÍFICOS?

No dejes que la moda te domine, tu decides quien eres y que quieres expresar
Gianni Versace (1946-1997)

Las *bebidas energéticas, los suplementos alimentarios, las marcas en el cuerpo (tatuajes, pirsins, autolesiones), el tiempo de uso de pantallas, escuchar música con el volumen alto, los cigarrillos electrónicos y los de liar, los deportes online y los videojuegos, la cirugía estética de los jóvenes, las nuevas formas de ligar, la masificación de los espacios naturales, los alisadores de pelo, las fiestas "runners", la moda del vestir...*

Las modas son las tendencias que tenemos cuando seguimos las conductas que sigue otra mucha gente y que son pasajeras. El campo es muy amplio y aquí os hablaré de algunas modas muy actuales y ante las cuales la ciencia posee conocimientos a tener en cuenta. Hay modas que muy a menudo nos deslumbran o nos confunden y nos hacen pensar que una u otra de estas tendencias son la mejor conducta a seguir. Debemos saber valorar los pros y los contras.

He escogido algunas de las más actuales, que afectan a todas las edades, pero sobre todo a los jóvenes, que son los que más facilmente siguen estas tendencias.

Las bebidas energéticas

No dan alas, son un cóctel de azúcar y cafeína con riesgos para la salud. Estudiantes necesitados de cualquier impulso extra, sobre todo en épocas de exámenes, también para mejorar el rendimiento físico, para mejorar tu resistencia nocturna, etc. Y todo por menos de dos euros. Niños, niñas, adolescentes y jóvenes como ocurre con los alimentos ultra procesados, vuelven a ser los grupos más expuestos, más vulnerables, y más desprotegidos ante estos productos.

Ya en 2013, un estudio realizado por la Autoridad Europea de Seguridad Alimentaria (EFSA) advertía del problema: un 16% de los niños (de 3 a 10 años) consumía bebidas energéticas de manera habitual. Es decir, entre cuatro y cinco veces a la semana (o más), y que equivalen a dos litros al mes. En España, según el estudio más actual de ESTUDES (encuesta para conocer las conductas del alumnado sobre el consumo de drogas y otros temas), realizada en población de 14 a 18 años, un 45% de los adolescentes declaraba haber tomado este tipo de bebidas en el último mes. Como en otros países, el consumo es más frecuente entre chicos que entre chicas. Estos datos confirman que tenemos un problema de salud pública.

Las bebidas energéticas, como os he dicho, tienen un alto contenido en cafeína y azúcar (sus dos ingredientes principales) y otros estimulantes (taurina, ginseng o guaraná). Tienen un valor nutricional prácticamente nulo. Una lata de 250 mililitros de la marca líder del sector contiene 80 miligramos de cafeína. Cuando la cantidad máxima no debería superar los 3 miligramos por kilo de peso de una persona. Es decir, 150 miligramos para un adolescente de 50 kilos.

Cada lata de una marca conocida de 500 mililitros ya contiene 160 miligramos y supera esta cantidad.

En relación con la cantidad de azúcares, las bebidas energéticas suelen aportar entre 27,5 y 60 gramos por cada 250 mililitros y 500 mililitros, respectivamente. O lo que es lo mismo: el equivalente a 11-12 cucharaditas de azúcar, o a unas 220-240 kilocalorías, por cada envase de 500 mililitros. De hecho, la mayoría de las marcas ya ha puesto en el mercado opciones *light*, o *cero*, para reducir estas cantidades de azúcar y sustituirlas por edulcorantes. Tampoco se ha probado que el resto de sus componentes tenga ningún beneficio energético. Sin embargo, la mayoría de los estudios lo que sí concluyen es que el consumo de estas bebidas (sobre todo en grandes cantidades o mezcladas con alcohol) tiene efectos negativos en la salud física y mental. Por ejemplo, riesgos cardiovasculares y neurológicos, problemas psicológicos o alteraciones del comportamiento y de las horas de dormir.

Los suplementos en la alimentación estan de moda

Ya más del 50% de los americanos toman suplementos (para perder peso, antienvejecimiento, para estar más fuertes, para potenciar la memoria...). Y es bien sabido que tenemos tendencia a copiar o imitar a los norteamericanos. Los suplementos alimentarios han pasado de los 4.000 existentes en 1994, a más de 95.000 actuales en el mercado americano. Clicando Google "suplementos para el sistema inmunitario" se obtienen más de 14 millones de resultados.

Los *complementos*, que completan dietas incompletas o con carencias están más justificados que los *suplementos*. Recuerdo que las mujeres de más de 50 años pueden tener necesidad de vitamina D, B12 o folatos; o las mujeres en edad fertil, necesidad de ácido fólico, vit D y hierro; o en menores de 5 años, la de tomar vitamina A, D y C, o los veganos de vit B12 y D2. O en las personas que realizan deportes que exigen esfuerzos de larga duración o de alta actividad muscular, también pueden necesitarlo. La eficacia de los suplementos es más que dudosa. No son medicamentos y por lo tanto las agencias sanitarias no evalúan su eficacia. ¿Suplementos para perder peso? ¿Para ganar resistencia? ¿Para aumentar musculatura? En ningún caso son necesarias las grandes dosis ni de vitaminas ni de proteínas. Será aconsejable un suplemento cuando haya síntomas o pruebas analíticas que lo confirmen.

No previenen ni curan el resfriado o la gripe los batidos verdes o tratamientos detox o los suplementos que combinan algunas vitaminas con ingredientes como el cardo mariano, la equinácea o la cúrcuma. Sabemos que el sistema inmunitario se cuida comiendo bien, haciendo deporte y controlando el peso y el estrés.

La Escuela de salud de la Universidad de Harvard se ha pronunciado recientemente sobre este tema diciendo: "consumir suplementos para reforzar el sistema inmunitario es perder el tiempo y el dinero". La Autoridad Europea de Seguridad Alimentaria (EFSA), no ha aprobado ninguna declaración de salud relacionada con la inmunidad de ningún alimento dietético o planta medicinal.

La inmunidad la refuerzan las vacunas, no el própolis, ni el zumo de granadas u otras frutas, ni los ácidos llamados omega 3, ni el extracto de melón, ni el germen de trigo, ni la gelea real, ni los lácteos fermentados, ni el licopeno del zumo de tomate, ni la lecitina, ni la levadura de cerveza, ni la miel. La EFSA reconoce que algunas vitaminas (A, C, D, B6, B12) y minerales (hierro, selenio, zinc, cobre) si participan en el correcto funcionamiento de los mecanismos de defensa que protegen de los agentes patógenos.

Os haré unos comentarios sobre la vitamina D, dado que más de la mitad de los españoles tienen déficit de vitamina D. La vitamina D que, en realidad es una hormona, porque en parte es producida por nuestro organismo en contacto con la luz, es la encargada del metabolismo del calcio y el fósforo de los huesos. Es necesaria para que estos se formen bien. De octubre a mayo la producción de vitamina D de nuestra piel es muy baja. La deficiencia puede producir osteomalacia (reblandecimiento de los huesos, que, afecta especialmente a las personas mayores), raquitismo (en niños pequeños produce debilitamiento de los huesos), algunas infecciones respiratorias, como la neumonía, la tuberculosis y la bronquiolitis o, incluso, cáncer (colon, mama, próstata) que se da en mayor número de casos en las zonas con poca insolación. También la mayoría de las personas con obesidad, tienen un déficit de vitamina D. Las personas con la piel más oscura están más protegides contra los rayos solares y, suelen acusar más la falta de vitamina D. Las cremas solares, si son imprescindibles para protejer del cáncer de piel, haciendo que el sol incida mucho menos sobre la piel. Los países nórdicos suplementan con vitamina D muchos alimentos, como las galletas, los zumos o la leche. Además, los doctores también lanzan un aviso a las mujeres con menopausía que, aunque esta etapa vital no es la causa del déficit de vitamina D, este colectivo presenta una pérdida ósea más acelerada, pérdida que aumentará si, además, ya hay una carencia de vitamina D. Pero atención, la suplementación con vitamina D también debe estar controlada ya que puede haber riesgo de intoxicación.

Los productos llamados "quemagrasas" tambien estan de moda. Pero atención, en septiembre del 2024, la Agencia Española de Medicamentos y Productos Sanitarios (Aemps) anuncia la prohibición y retirada de varios de estos productos, por contener *sibutramina*, una sustancia que reduce el hambre pero que provoca graves efectos en la salud cardiovascular.

Los anabolizantes ganan fuerza en los gimnasios.

Los jóvenes, y no tan jóvenes, normalizan el consumo de estas sustancias para conseguir resultados de musculación rápidos. Los más conocidos son los *esteroides anabolizantes* de síntesis artificial que imitan a la testosterona, una hormona que produce nuestro cuerpo. Cada vez son más jóvenes los que los utilizan y se pueden conseguir fácilmente, sobre todo, vía *Internet*. Los anabolizantes no dan placer como otras drogas y, por lo tanto, no generan la misma adicción, pero si que llegan a producir una dependencia o adicción psicológica al ver los resultados en el cuerpo. *Hormonas del crecimiento, testosterona, trembolona o los actuales SARMS* por vía oral, son derivados de la testosterona. El culto al cuerpo con estas sustancias causa daños irreparables que afectan al hígado, a los riñones, a la fertilidad o que provocan riesgo de infartos o la aparición de tumores cancerígenos. Un ejemplo de actualidad: en el mes de noviembre de 2023, murió a los 30 años, el culturista más admirado y defensor del consumo de esteroides anabolizantes, Alfredo Martin, con 150.000 seguidores en *Instagram* y que tenía un canal de YouTube con 181.000 suscriptores.

Tatuajes, pirsins y autolesiones.

Los tatuajes

Hay momias tatuadas desde hace más de 5.000 años de antigüedad. Sabemos que cada país regula el uso de estas actividades que incluyen la higiene, la esterilidad del material, las agujas, los tintes... Ahora se sabe, con técnicas de microscopia (nanotecnología), que partículas de metales tóxicos (titanio, níquel, cromo, cobalto...) aparecen en los ganglios linfáticos debajo de la piel. No sabemos todavía las consecuencias tóxicas o alérgicas que pueden producir estos productos con el tiempo. Lo que si sabemos de esta moda es, que aquí ya van tatuados más del 30% de los jóvenes de entre 16 y 34 años. Os propongo que hagais una reflexión y compareis la abundancia de tatuajes según el nivel cultural de las personas que los llevan. También presentan algún problema a la hora de encontrar algunos trabajos o a la hora de perjudicar la buena interpretación de algunas pruebas médicas.

Los pirsins

Nuestra cultura siempre ha aceptado los pendientes, pero ahora ya son una moda invasiva. Los biólogos sabemos que las partes más sensibles del cuerpo, contienen más neuronas y los pirsins han colonizado estas zonas corporales como son la lengua, los pezones, los genitales, la nariz, las orejas o los labios. Y si matamos neuronas perdemos sensibilidad. Como es evidente no entro en la cuestión estética, que es una decisión personal.

Las autolesiones con marcas o cortes en la piel

Se han puesto de moda entre la juventud para dejar constancia en su cuerpo, a menudo en forma de cortes, de un acontecimiento personal intenso, una fuerte emoción negativa, como una mala nota, una pelea, un desamor, una muerte, etc. y que provocan rabia, tristeza o ansiedad. Ya son muy frecuentes entre jóvenes de 12 a 19 años y se da en 1 de cada 5, de entre jóvenes de 10 a 24 años. Podeis valorarlo vosotros mismos.

El uso de pantallas.

El uso de pantallas actualmente es exagerado. Nadie puede dudar de la inmensa utilidad que nos aportan, pero un exceso de horas tiene consecuéncias para nuestra salud, más acusadas en edades tempranas. Sobre todo, los dispositivos con *lets* más ricos en luz azul y con posibles efectos sobre la retina, sobre los ritmos biológicos, las horas de sueño y sobre el aumento de la miopía. El cristalino que protege la retina, no se acaba de formar hasta los 20 años.

Las adicciones, sobre todo al móvil, como todas las adicciones, deben controlarse. Muchos «nativos digitales» ya utilizan, incluso, vídeos sonoros suaves (ASMR, Autonomous Sensory Meridian Response) para desconectar de la saturación audiovisual del día y conciliar el sueño. En el capítulo sobre las nuevas tecnologías encontraréis más explicaciones. Ahora, sobre todo, ante tantas enfermedades mentales producidas y el aumento de la miopía, nos llega la preocupación sobre sus efectos. Muchos países ya hace tiempo que estan afrontando este abuso, Espero que no sea demasiado tarde.

No hay ninguna demostración científica que nos diga que el abuso de horas de pantallas tenga efectos sobre la retina, ni sobre la degeneración macular asociada a la edad (DMAE), ni tampoco sobre el aumento de la miopía. De lo que si os informo es de que la miopía está aumentando entre los jóvenes, según un estudio reciente realizado por la asociación Visión y Vida, Fundación Mapfre y Correos Express. Tienen dos dioptrías más de diferencia entre quienes nacieron en el periodo 2000-2005 y los que nacieron del 2004 al 2010. El estudio también recoge los datos de los 5 años que van de 2017 a 2022 y también analiza la evolución de la miopía de la *generación Zeta* (los nacidos entre 1997 y 2011) y concluye que les ha aumentado su graduación de 1,50 a 3,4 dioptrías. Por ahora, podemos decir que las pantallas son cómplices, pero no culpables directas de un defecto de la vista que depende de factores genéticos y ambientales. Lo que sí hacen las pantallas es aumentar las molestias como la sequedad ocular, el picor o el cansancio.

El rendimiento escolar también depende de la salud visual y en España ya hay un 29,6% de adolescentes con miopía. Un buen consejo es mantener o aumentar el tiempo de exposición a la luz natural. Un 45% de los menores de 12 años no dedican ni una hora al día a jugar al aire libre.

Es a finales de 2023 que la majoria de centros escolares empiezan a limitar/prohibir el uso del móvil. La OMS recomienda menos de una hora de pantalla diaria, para los jóvenes de 7 a 12 años y de dos horas para los adolescentes. ¿Estamos todavía a tiempo? ¿O ya llegamos tarde?

Vapeadores y tabaco de liar.

El consumo de tabaco en la sociedad va disminuyendo en general, pero volvemos a encontrar que entre los jóvenes es una moda en aumento. Solo recordar que el cáncer de pulmón sigue siendo una de las principales causas de muerte en España y se estima que el tabaquismo es responsable de un 85% de los casos de esta clase de cáncer que se diagnostican.

Los más de 650 oncólogos que integran el Grupo Español de Cáncer de Pulmón (GECP) alertaron, el día 21 de mayo de 2024, de que los cigarrillos electrónicos cogen fuerza entre los escolares, dado que un 54% ya los han probado. Se sabe que hay una sólida base científica sobre el potencial cancerígeno de los cigarrillos electrónicos, lo que pasa es que sus efectos no se verán hasta de aquí a 15 o 20 años y por eso no se valora su peligro como se debería.

Los nuevos dispositivos llamados vapeadores o vaporeadores, cigarrillos electrónicos o pipas de agua, no son la solución para dejar de fumar, para la mayoría de la gente. El vapor, que parece inocuo, contiene glicerina y nicotina, a menudo aromatizado y calentado por unas resistencias que liberan pequeñas cantidades de metales (cromo, cobre, zinc y estaño). Investigadores de la Universidad de Concordia (Canadá) han constatado, muy recientemente, y publicado en la revista *Lang-muir*, que el tocoferol o vitamina E, que llevan como aditivo los cigarrillos electrónicos afectan a los pulmones. Se inhala y al calentarse se incrusta en la membrana de los alvéolos donde tiene lugar el intercambio de gases (el oxígeno y el dióxido de carbono) y afectando a la respiración.

El tabaco de liar sigue siendo tabaco con todos sus componentes, eso si, el cigarrillo es más pequeño.

Escuchar música a un volumen demasiado alto.

El volumen alto, de manera frecuente, puede causar la pérdida progresiva de audición, ya sea con protección (cascos o auriculares) o sin protección. Según la OMS, aproximadamente un 50% de los jóvenes del mundo, de entre 12 y 35 años, corre el riesgo de perder audición por sus hábitos de escucha con casco y auriculares; unos 1.000 millones de personas, sobre todo de los países más desarrollados. Quien escucha música durante 15 minutos a 100 decibelios, en su reproductor personal, sufre una exposición similar a la de un trabajador industrial que escucha a 85 decibelios durante una jornada de 8 horas. Es mejor el casco que los auriculares para escuchar música, porque aíslan más del mundo exterior y no necesitamos un volumen tan alto. Nacemos con unas 20.000 a 30.000 células receptoras del sonido y con el exceso de decibelios las vamos matando. El ruido en nuestro país es como una moda, somos el país más ruidoso de Europa. La edad media de la pérdida de audición, asociada al envejecimiento se está adelantando, lo que antes empezaba a los 60-65 años ahora ocurre a los 50-55. Y perder audición disminuye la calidad de vida.

Los deportes electrónicos, los videojuegos y los juegos de apuestas.

Los eSports, son las competiciones virtuales que han invadido el Planeta, se hacen competiciones de todo tipo, con ligas y jugadores profesionales que pueden ganar tanto dinero como los futbolistas no virtuales. Se plantea la posibilidad de que pronto sean considerados deportes olímpicos, dado que cumplen los requisitos exigidos para que un deporte sea olímpico, como el esfuerzo y la concentración, entrenamiento, ser practicado por mucha gente en muchos países, la existencia de competiciones internacionales, etc.

Ya hay bastantes espacios donde asisten aficionados a los videojuegos de todas las generaciones y donde se puede practicar con consolas antiguas o modernas o asistir a fiestas o a visionar espectáculos como la *League of Legends de eSports*, que pueden llenar grandes estadios como pasó en el estadio de los Lakers de Los Ángeles o las 3.000 personas presenciales y las 200.000 conectadas con *Twitch* en el Palau Blaugrana. En audiencia televisiva algunos superan a las grandes finales de la Super Bowl americana. Nacieron en Corea del Sur y se han extendido por todo el mundo con usuarios de entre 15 y 35 años. Este ecosistema digital, para esta generación es tan natural como para los demás lo es *Internet*.

Los videojuegos, son ya la primera opción de ocio en España, por encima de la música o del cine. Ya existen los *Oscars de los Videojuegos*, con audiencias de 50 a 60 millones de personas.

Hay que hacer un comentario muy positivo sobre los videojuegos. Son herramientas de aprendizaje muy importantes: El hecho de que jugar intensamente haga aumentar las conectividades cerebrales ya es una razón de peso para aceptarlos. Hay, al menos, 13 categorías de videojuegos, adaptados a las edades, con estrategias diferentes, superando retos, subiendo de nivel, etc. Son razones suficientes para incorporarlos al sistema educativo. Serían una gran herramienta de motivación para todas las asignaturas. La oferta es inmensa con géneros de simulación, deporte, estrategia, acción, aventura, rol... Lo pueden practicar jugadores con poca experiencia o jugadores asiduos y experimentados y profesionales. El *Tik Tok*, durante el periodo de confinamiento por el coronavirus superó los 2.000 millones de descargas. Con el *Pokemon*, por ejemplo, se puede jugar a cualquier edad.

Como las otras actividades de la vida tienen pros, como son la de aumentar ciertas capacidades y habilidades, diversión, toma rápida de decisiones y representan nuevas formas de aprendizaje. Y también tienen contras como las de caer en la adicción o ludopatía, el sedentarismo, este un grave problema actual asociado al exceso de horas de pantallas.

Los juegos de apuestas siempre han existido, pero es que ahora llevamos el casino en el bolsillo. Las salas de juegos múltiples, las máquinas tragaperras, las loterías, las quinielas deportivas... En la actualidad el hecho de que las apuestas se puedan hacer online y de forma anónima y a cualquier hora, ha hecho que se hayan incrementado y estén causando auténticos problemas sociales y de forma especialmente grave entre los jóvenes, ya hay un buen número de menores de edad que juegan con dinero. Están creando una adicción que va al alza y las consultas por estas patologías, que en los últimos 10 años las adicciones se han multiplicado por seis, según un informe presentado en octubre de 2023 por el Ministerio de Consumo. Las máquinas de azar, con un 52% y las apuestas deportivas, con un 18% son las de mayor riesgo.

La legislación española establece que solamente los mayores de 18 años pueden participar en los juegos de apuestas, pero según el estudio realizado recientemente en la Comunidad Valenciana, por Mariano Cholix y Marta Marcos de la Universitat de València, dice que un 28,9% de chicos y un 7,7% de chicas, menores de edad, juegan varias veces al mes. El periodo de mayor reclusión impuesto por la COVID hizo crecer muchísimo el juego de las tragaperras en línea, así como otras adicciones como la del móvil, las redes sociales y los videojuegos. La OMS ya considera que la adicción a los videojuegos puede llegar a convertirse en trastorno mental. El hecho de generar ansiedad y estrés financiero acaba alejando a los jugadores de los amigos, la familia y el trabajo.

Ahora, también está de moda, entre la juventud y a través de las redes sociales, promover ciertos juegos o desafíos extremos que pueden conllevar desde trastornos alimentarios hasta el bloqueo de la respiración o la ingesta de ciertas sustancias y, además, filmar y publicar el vídeo de los efectos en las redes. En el fondo es promover conductas perniciosas. Son modas actuales y peligrosos.

Me gusta actualizar datos y las últimas cifras, sobre consumo, son las del Observatorio Español sobre Drogas y Adicciones (OEDA) hecho por ESTUDES, 2023, con estudiantes de 12 y 13 años. Pienso que vale la pena hacer una reflexión sobre estas conductas que están de moda. El resultado da, que el 34,6% de los niños de 12 y 13 años admite haber consumido alcohol y el 7% se ha emborrachado, el 37,7% ha consumido bebidas energéticas, el 10,2% mezcladas con alcohol y el 25,2% ha probado los cigarrillos electrónicos. En cuanto al tabaco tradicional, el porcentaje de consumo es del 8,5%, aunque el consumo se quintuplica en el grupo de 14 a 18 años. Además, el 9,3% de los menores de 12 y 13 años reconoce haber jugado con dinero en línea en los últimos 12 meses. Repito, son niños de 12 y 13 años.

Los cánones de belleza actual y el aumento de la cirugia estética.

Ocho de cada diez adolescentes rechazan su cuerpo. Esta nueva y desatada presión estética, no solo se impone en una generación de adolescentes que han crecido observando las presuntas imperfecciones de su cuerpo. Bastan ocho minutos de vídeos basados en dietas y ejercicios, sin ningún control, para provocar un efecto negativo inmediato respecto a su imagen corporal. Para colectivos psicológicamente vulnerables, como es el caso de los adolescentes, no es sano que en una edad en la que estás forjando tu identidad, las redes sociales te expongan a un estándar ficticio. Un solo clic permite transformar radicalmente la fisonomía del usuario. En las redes sociales, donde los jóvenes pasan la mayor parte de su tiempo, es cada vez más habitual ver *influencers* que explican sus operaciones de estética, en muchos casos con mención de donde se las han hecho, e incluso animan a sus seguidores a hacer lo mismo. No es de extrañar que la edad media de acceso a la medicina estética haya caído de los 35 a los 20 años, como recoge el último estudio de la Sociedad Española de Medicina Estética (SEME).

Los dermatólogos ya reciben en sus consultas a niños y adolescentes (mayoritariamente chicas, pero también hay chicos) que utilizan cremas antiarrugas, anti ojeras, anti flacidez, contornos de ojos y maquillajes. Son, a veces, menores de 10 años, que hablan del cuidado facial (en inglés, *skin care*), sugerido por *influencers* a los que siguen en las redes sociales. Se ponen 20 cremas que no necesitan y el abuso temprano de estos productos también provoca alergias y agrava dermatitis o rosáceas. La llamada *cosmeticorexia* avanza desde la pandemia. Por sexos, el 85% de los tratamientos los reciben mujeres y el 15% hombres.

El trastorno dismórfico corporal es un trastorno obsesivo por una preocupación exagerada, por la percepción de la imagen propia, que lo sufren de media al menos el 3% de las personas, según algunos artículos científicos sobre la cuestión. Si disponemos de aplicaciones de móvil que con un clic nos quitan las arrugas de la cara, es más fácil caer en la cirugía. Hoy hay un público más joven que pide tratamientos más sencillos y las técnicas han evolucionado para conseguir tratamientos menos agresivos y, además, también hay una mayor aceptación social de estas cirugías. Ya hace tiempo que muchos jóvenes piden a sus padres una cirugía como regalo de cumpleaños. Los expertos alertan de los efectos psicológicos perjudiciales de estas practicas y los especialistas piden que se hagan revisiones psicológicas antes de las intervenciones, algo que ahora no sucede porque casi toda la cirugía plástica estética está en manos de la sanidad privada. La principal obsesión es el rostro.

No es razonable que los *selfies* marquen el estándar de belleza. El último sondeo realizado indica que más del 10% de los españoles ya van a la clínica de estética con un selfie como referencia para la operación. Desde hace uno o dos años se han incrementado algo más del 50% los tratamientos. Antes *Fotolog, Tuenti y Facebook*. Ahora, *Snapchat e Instagram*. Estas plataformas ya forman parte de la manera en que las nuevas generaciones se relacionan con el mundo.

Si abrimos *Instagram o TikTok*, a medida que vas haciendo *scroll* ves como las caras que te aparecen en la pantalla son cada vez más parecidas. Expresiones inertes, pieles de textura metalizada y una apariencia casi alienígena. ¿Belleza robótica? En pleno apogeo de la era digital, la popularización de los filtros faciales, las aplicaciones de edición de imágenes de IA, el arte digital y los avatares de los mundos virtuales están distorsionando nuestra percepción y alterando los cánones de belleza. El rostro humano está perdiendo atractivo y la llamada cara *ciborg*, que adapta la materia biológica a patrones robóticos y se está consolidando como tendencia estética.

La aplicación *Lensa AI* (que ahora se encuentra en la parte superior de las listas de *App Store de Apple*) pide a los usuarios que carguen de 10 a 20 fotos de ellos mismos y que por unos 4 dólares se puedan generar 50 representaciones fantásticas e impecables del usuario como un hada del bosque o una princesa guerrera o un alienígena sexual o alguna otra criatura de otro mundo, con todos los ingredientes de la belleza moderna: piel tensa y sin textura; una nariz pequeña, ojos anchos, labios gruesos y pómulos tallados en piedra informatizada. Los usuarios comparten sus resultados en las redes sociales.

Entonces, surge el enigma de la privacidad: la empresa matriz de *Lensa, Prisma AI,* puede utilizar los datos de la cara que envían los usuarios para entrenar aún más la red de su IA. Y, por supuesto, es capaz de transformar fotos inocentes de mujeres o niños completamente vestidos en personas desnudas. Adherirse al ideal actual de belleza, significa estar más alejado de la propia naturalidad.

Ya hace tiempo que el ingrediente anti-edad, por excelencia, es el *retinol* (vitamina A) como cosmético. El *retinol* es un antioxidante que elimina radicales libres y protege el ADN de la acción mutágena y contribuye a frenar el envejecimiento celular. Mejora el aspecto de la piel, actúa contra las arrugas (fotoenvejecimiento), aclarando las manchas, contra el acné, la psoriasis, las verrugas planas, etc. según la Asociación Española de Dermatología y Venereología. Pero resulta que su uso causa una serie de problemas (aparición de eczemas, dermatitis, rosáceas...) y el Comité Científico de Seguridad de los Consumidores de la Unión Europea, para 2025, limitará las concentraciones actuales de *retinol* permitidas y en 2027 ya no se podrán comercializar estas cremas.

En la cara las actuaciones más demandadas tienen que ver con corregir la asimetría facial, la caída de los párpados, quitar las arrugas, mejorar el aspecto de la nariz y el aumento de labios. Inyectarse ácido hialurónico en los labios se ha puesto de moda en la última década, por ser menos invasiva y por su reversibilidad. Dura unos 6 a 8 meses, el tiempo que el organismo lo reabsorbe y cuesta centenares de euros. El colágeno, también empleado, tiene algunos efectos secundarios y no es tan reversible. También hay pintalabios que causan efectos inflamatorios temporales.

Os he hablado de la cara, pero, ahora también los hombres y no tan adolescentes también quieren redefinir su aspecto físico realzando glúteos, reducir mamas, esculpir mandíbula, estirar la piel en la zona de la papada o del abdomen o de los brazos después de hacer una dieta, liposucción y recolocación de la grasa corporal, etc. Un 26% de las intervenciones corresponden a hombres de entre 45 y 60 años, un 35'4% en el tramo de edad de entre 30 y 44 años y un 29'5% a quienes tienen entre 18 y 29 años. La cirugía estética ha aumentado un 215% en los últimos 9 años según el informe de La Sociedad Española de Cirugia Plástica, Reparadora y Estética (SECPRE).

El boom de las cirugías en España, según datos de la Sociedad Española de Medicina Estética, nos dice que el 50% de la población realizó un tratamiento de medicina estética en 2023. Los tratamientos más demandados son la *IPL* (luz pulsada intensa, que se usa para la depilación láser y eliminar manchas de la piel), rellenos con ácido hialurónico, *mesoterapia facial y corporal* (inyecciones en la piel), *PRP* (inyecciones de plasma rico en plaquetas, para la alopecia y rejuvenecer el rostro) y la *toxina botulínica*, más conocida como *bótox*.

Aquí tenemos tendencia a copiar las modas que nos marcan los americanos y las operaciones más demandadas en Estados Unidos el 2023, fueron: *cirugía de párpados o blefaroplastia* (120.747 operaciones el 2023), *retoques de nariz o rinoplastias* (47.000), *lift facial* (78.000), *aumento y levantamiento de pecho* (304.181 y 153.600 respectivamente), *abdominoplastia* (171.100), *liposucciones* (347.000), 4'7 millones de *inyecciones de bótox...*

Los americanos descubrieron el *Ozempic* cuando Kim Kardashian apareció más delgada y trascendió que había tomado el ya famoso fármaco. La *influencer*, con 361 millones de seguidores solo en *Instagram*, cortó la cinta inaugural de este regreso a la delgadez.

La psicóloga jurídica Agnès Brossa recuerda que la presión estética provoca "insatisfacción, malestar, sufrimiento y frustración" (de hecho, los trastornos de conducta alimentaria se han doblado en los últimos 20 años.

Las nuevas formas de ligar

Plataformas, redes sociales y neologismos (*curving, ghosting, cushio-*

ning, benching, instagrandstanding, gatsbying, etc.). La irrupción de las redes sociales en nuestras vidas ha modificado completamente nuestra manera de relacionarnos, con muchas opciones disponibles, aparentemente ideales y a nuestro servicio. Al mismo tiempo, esto también ha significado la aparición de neologismos y adaptaciones tomadas del inglés para referirse a prácticas habituales durante las conversaciones por mensajería instantánea.

Una de las palabras creadas por los usuarios de aplicaciones como *Whatsapp, Instagram* y *Facebook* ha sido el *curving* o el hecho de rechazar una cita de manera ambigua. A diferencia del *ghosting,* que consiste en ignorar a otro usuario dejando de contestar sus mensajes. El *cushioning* es un término que designa en forma de mensajes cojinete, que, en caso de fracaso, amortiguarán la caída. El *benching,* hace una analogía deportiva en referencia a los jugadores que están en el banquillo preparados para entrar en el puesto del que juega. El uso de estas vías para intentar entablar conversación con alguien es tan común que incluso hay un término para designarlo: el *instagrandstanding,* que no es otra cosa que lo que comúnmente se conocía como indirectas. Hay usuarios que, por timidez u orgullo, utilizan una imagen, un vídeo o un texto con el único objetivo de conseguir que su deseado destinatario lo vea y, si hay suerte, que responda. El *gatsbying,* cuya etimología tiene que ver con el protagonista de la película *El Gran Gatsby,* la historia de un hombre rico que organizaba fiestas multitudinarias para encontrar el amor. Escuelas y familias miran con preocupación todo esto.

No es un secreto que, a medida que la sociedad evoluciona, también lo hacen las relaciones amorosas, muy enriquecedoras en la mayoría de los casos, pero parece que también conllevan algún efecto no deseable. Sin ir más lejos, según el último estudio del INE, en 2021 los divorcios en España aumentaron un 12,5% respecto al año anterior, el mayor crecimiento desde que se empezó con el registro en 2005. A través de aplicaciones como *WhatsApp* se pueden crear grandes inseguridades a las parejas, ya sea por malentendidos derivados de los mensajes, por una comunicación deficiente o por una necesidad de estar conectado permanentemente. Además, al no haber una interacción directamente personal, las redes sociales, en estos casos, sirven como un escudo para ocultar nuestras emociones, lo que contribuye a que la relación se vuelva más fría y evite hablar de los verdaderos problemas.

Las aplicaciones existentes para ligar, como es *Tinder*, son plataformas de citas en línea. *Tinder*, la más conocida, apareció en 2012 y está disponible en 190 países. Otras parecidas (*Bumble, Hinge, Badoo o Grindr, BeNaughty,*), también tienen un gran éxito. *Tinder* está empezando a organizar encuentros presenciales con clases de cocina o clubs de deportistas con corredores. Hay jóvenes que usan aplicaciones como son *Twine* o *Flood*. Solamente *Math Group* es propietaria de *Hinge, Match.com, Melic, OkCupid, Plenty of Fish, The League, Tinder, Feeld, Stir, BLK, Chispa, etc.* Es reciente la aparición de *Dinder Club*, ya disponible en el área de Barcelona, como la primera *app* de citas para personas con discapacidad intelectual.

Fiestas runner

Ahora es una moda multitudinaria salir a tomar algo en zapatillas y sudar. Las carreras se planean con intenciones diversas según el grupo. Prevalecen la de relacionarse haciendo deporte, ligar, hacer turismo, escuchar música, beber, salir de fiesta y, sobre todo, pasarlo bien. Hay muchos grupos, cada uno con sus peculiaridades. Os hablaré de algunos de estos grupos. *Midnight runners* o corredores de medianoche. Es la hora a la que empezaron a salir de fiesta-runner dos amigos por Londres hace 8 años. Ahora es una moda multitudinaria que se ha extendido por 18 países con más de 10.000 miembros activos por todo el mundo. Más de 1.600 en Barcelona, que fue la cuarta ciudad en sumarse a estas carreras nocturnas. El 70% de los runners son extranjeros. Funciona mejor que *Tinder*, dicen algunos. Salen lunes y miércoles. *Fun runners* (#mareaAzul), así se identifican en *Instagram*, funciona como club, martes y jueves. *Moon-runners u Homes llop*, desde 2015, sin luces, sin frontales, sin reloj, sin GPS, sin móviles, sin música, solo tú, tus zapatillas y tus 5 sentidos. Quedan la noche de luna llena de cada mes. Suelen quedar sobre las 22 h. *Sunrise runners*. Hace siete años que corren y caminan cuando sale el sol, quedan a las 7.30 en la Barceloneta. Terminan bañándose en el mar (incluso en invierno) y desayuno en común. Son casi 5.000 miembros. *Beer runners o las mareas naranjas* ya son más de 25.000 en toda España y están en más de 70 ciudades. En Barcelona llevan 10 años. Corren martes y jueves a las 20 h, van cambiando de ruta; asfalto y montaña. Lo suyo, dicen, es el *social running* con entreno, risas y brindis, claro.

Hacer deporte siempre está bien y diversificar las actividades también, aunque sea para ligar o para hacer turismo. Lo que no parece tan sano es hacerlo a cambio de no dormir bien o mezclarlo con otras sustancias no saludables.

La masificación de los espacios naturales

Era una tendencia que ya estaba en aumento antes de la pandemia. Sin embargo, tras el confinamiento, todavía fue a más. Ahora, años después del inicio de la pandemia de COVID-19, la cantidad de visitantes se sigue multiplicando en senderos de montaña, zonas de escalada, cascadas, gargantas, ríos y arroyos, lagos y, lo que es peor, a menudo en zonas protegidas. Bañarse, encender fuegos, hacer volar drones, practicar barranquismo, hacer carreras de todo tipo, etc. son, en general, actividades perjudiciales para el medio.

Los espacios naturales deben protegerse para contener una riqueza biológica extraordinaria y no se pueden justificar ciertas actividades, por muy de moda que estén. La educación ambiental en las escuelas sigue siendo la clave. Podéis leer las explicaciones sobre esta cuestión que os doy en el artículo sobre la sostenibilidad.

Alisadores de cabello

La moda que siguen muchas mujeres negras, sobre todo, en Estados Unidos, desde hace unos años, resulta que ahora, su Instituto de Salud ha hecho público un estudio en el que encontró una asociación entre los productos químicos que se utilizan para planchar el pelo rizado y el cáncer de útero. La investigación reveló que los productos alisadores contienen *ftalatos, parabenos, ciclosiloxanos o metales* y que pueden liberar *formaldehído* al calentarlos. Son sustancias llamadas disruptoras endocrinas u hormonales y que son cancerígenas. Se deben hacer más investigaciones para obtener mejores conclusiones, pero el estudio no debe olvidarse.

Hablemos de las modas del vestir

En la actualidad, los estilos de vestir, más de moda, son más de 30 (*Afro, Andrógino, Athleissure, Boho, Babydoll, Barbiecore, Biker, Camp, Casual, Disco, Effortless chic, Ecléctico, Feísmo, Grunge, Gorpcore, Gypsy, Hippy, Hipster, Logomania, Minimalista, Normcore, Nude, Oversize, Preppi, Punk, Retro, Romántico, Strech, Sporty chic, Tuntuncore, Urban...*) y eso hace, que a menudo sólo pensamos en lo que nos gusta y no en sus consecuencias.

Un informe reciente llamado: *La moda ante un consumidor diferente,* elaborado por una prestigiosa consultora (Kantar Worldpanel) nos da cifras sobre la compra de ropa de las nuevas generaciones. Los de 25 a 45 años es el colectivo que compra menos ropa, el grupo de 15 a 24 años el consumo actual es bastante estable y los de más de 45 años aumentan las compras y crece el mercado.

Afortunadamente hay un buen número de jóvenes, de las nuevas generaciones, que compran lo estrictamente necesario y que están sensibilizados con el medio ambiente. Dos de cada cinco consumidores jóvenes consideran que la moda perjudica el medio ambiente, pero son solo tres de cada diez los que están dispuestos a pagar un sobrecoste para comprar ropa de una manera más sostenible. Muchos optan por comprar a operadores de bajo coste (*Shein, Pepco, Zeeman, Kik...*) o por comprar por *Internet,* que sabemos que es menos sostenible.

La generación Z, la primera de nativos digitales, todavía prefiere las tiendas físicas a las digitales, pero el 43% no tiene preferencia por una u otra. Lo que sí reconocen, casi la mitad, es que se inspiran en *influencers* o en las redes sociales para decidir sus compras de moda.

No vale decir sólo que el exceso de sol puede causar cáncer de piel, que los anabolizantes para ganar musculatura no son saludables, que la gran mayoría de los suplementos alimentarios no son necesarios, que la música escuchada a mucho volumen causa sordera, que los tatús aportan toxicidad, que los piercings matan neuronas de zonas sensibles, que los videojuegos causan adicciones y sedentarismo, que los alisadores de cabello pueden causar cáncer de útero, que la ropa que llevamos no respeta el medio ambiente, etc. hay que decirlo y corregirlo. Eso la ciencia lo sabe y hace falta información y actuación para evitar o reducir estas conductas.

No hace mucho tiempo la moda de llevar los pantalones caídos o el cabello en cresta, marcaron a mucha juventud, pero, afortunadamente, no tenían ningún efecto negativo sobre la salud. Con el tiempo todo cambia y eso es bueno.

Los humanos podemos crearnos adicciones de todo lo que nos gusta y sabemos que las adicciones son muy negativas, pero es cuestión de control y regulación, conociendo las ventajas y los inconvenientes en cada caso.

Como siempre, la educación debe intervenir, con el fin de aportar conocimientos científicos y culturales que den respuestas y soluciones a los problemas que estas actividades pueden plantear.

CAPÍTULO 5
LOS MITOS DE LA SOSTENIBILIDAD
Y DE LA GLOBALIZACIÓN

La humanidad empezará verdaderamente
a merecer su nombre el día en que haya cesado
la explotación del hombre por el hombre.
Julio Cortázar (1914-1984)

Consumo de los recursos naturales, cruceros, masificación en los espacios natura-
les, viviendas, plásticos, industria textil, estado de los océanos, la Amazonia, el
turismo...

Me parece grave que haya tantos niños y niñas en las grandes ciudades tan lejos de la naturaleza, que no se suban nunca a los árboles, que no vayan a jugar al río o que no conozcan los animales y las plantas de su entorno.

Las promesas de *Los 17 Objetivos del Desarrollo Sostenible de 2030 (ODS)*, de las Naciones Unidas, consensuados en 2015, están están estancadas o en regresión. Los peores son los que hacen referencia al hambre, la salud, el medio ambiente y la paz. De seguir así, entre otras cosas, en 2030 habrá 575 millones de personas con riesgo de pobreza extrema y 84 millones de niños/niñas sin escolarizar.

Crece el *greenwashing*, una propaganda con la que las empresas afirman estar haciendo más por el medio ambiente que lo que realmente hacen, es el llamado *lavado de cara verde*.

¿Cómo se puede justificar que España sea el país con más infracciones medioambientales de los 27 de la UE, con 21 expedientes abiertos? O que la Generalitat de Catalunya, tenga que responder a las exigencias de Bruselas en, al menos, siete contenciosos, desde los acuíferos con nitratos hasta la calidad del aire de Barcelona.

Como, repetidamente os recuerdo, esto son datos, no opiniones.

Presumir de una falsa sostenibilidad es una estafa. Para frenar todo este deterioro medioambiental, en los últimos años ha comenzado una verdadera ofensiva global contra el ecoposturео, sobretodo de las grandes empresas, encabezada por gobiernos, instituciones y oenegés de todo el planeta.

Un reciente estudio de la Organización Europea de Consumidores (BEUC) denunció que el *greenwashing* supone un obstáculo fundamental a la hora de impulsar prácticas de producción y consumo más sostenible. Por ejemplo, una empresa que realice prácticas sostenibles, no se podrá promocionar como tal si tiene previsto seguir invirtiendo en combustibles fósiles a largo plazo o contribuya de forma activa a procesos altamente contaminantes o a la deforestación. O si solamente aplican este tipo de medidas en un solo producto o actividad específica. Esto también implica, por ejemplo, que no podrán presumir de utilizar energías renovables para una acción específica si el grueso de su actividad se alimenta con combustibles fósiles. O que una marca de ropa no podrá definirse como sostenible si solo tiene una colección ecológica y las demás siguen modos de producción contaminantes.

El Ministerio de Derechos Sociales, Consumo y Agenda 2030 español ha anunciado el inicio de los trámites para una nueva ley de consumo sostenible y a partir del 2025, siguiendo la nueva directiva europea, todas las empresas de más de 250 trabajadores deberán entregar un exhaustivo informe sobre todas las emisiones derivadas de la fabricación, comercialización y uso de sus productos y actividades, así como sobre los residuos generados. Y en 2026 el requisito se extenderá a las medianas y pequeñas empresas.

Por cierto, también existe el lavado de cara rosa, el *pinkwashing* o falsas defensas de programas a favor de las mujeres o del colectivo LGTBI+ u otras cuestiones relacionadas con la diversidad.

Las soluciones para preservar el medio ambiente pasan por una agricultura y ganadería más racional, por modelos urbanos más sostenibles, por el uso racional de las nuevas tecnologías, por preservar la biodiversidad, por una unidad de acción conjunta personal, pública y privada, para replantearnos el actual estado del bienestar, el modelo de crecimiento y de consumo y por escuchar más lo que dicen los partidos verdes, los ecologistas y, sobre todo, los científicos.

Ahora, oír hablar de la crisis climática ya nos cansa, ya no se hace mucho caso de las cifras. A mi me entristece mucho leer en La Vanguardia del 11 de septiembre del 2024 que, en el 2023 fueron asesinados 196 activistas defensores medioambientales. O los años que le quedan a las marismas de Doñana para acabarse de desecar.

Se escucha la noticia diaria del episodio climático respectivo (inundación, imagen de los pantanos secos, ola de calor...) y de ahí no pasamos. No queremos reducir coches ni aumentar zonas verdes y peatonales, más bien nos molestan estas iniciativas. El egoísmo personal ha llegado a límites inhumanos. 20 de los 25 indicadores sobre la salud del planeta van a peor; es igual que nos lo digan los 15.000 expertos en el informe que han hecho a finales del año 2023. Eso si, todo el mundo responde que se considera a favor de cuidar el medio ambiente. Por no cuidarlo tenemos y tendremos falta de agua, más contaminación, precios exagerados de muchos alimentos, más problemas de salud, pérdida de biodiversidad, más inundaciones, etc. pero estamos demostrando que nos da igual. ¿Curioso verdad?

La pregunta que nos deberían hacer no es la de cuánto queremos crecer y, si de cómo hacerlo de forma inclusiva para todos y sostenible para el planeta. Por qué... ¿de qué nos sirve un alto crecimiento económico si no mejoramos el bienestar de toda la población.

La Tierra ha perdido dos tercios de la fauna salvaje en medio siglo; las poblaciones de vertebrados (peces, anfibios, reptiles, aves y mamíferos) han caido un 68% desde el año 1970. No nos dejemos engañar con la recuperación del lobo, del oso o el lince. La pérdida de biodiversidad es una cuestión que hay que explicar en las escuelas con urgencia.

Hay que explicar en la escuela que la selva Amazónica, que ya en 2017 perdía a razón de 40 campos de fútbol de selva cada minuto o que en el año 2020 ha perdido más de once mil kilómetros cuadrados de masa forestal (el récord en 12 años) debido a que se tala y se quema (solo en agosto del 2024 hubo 28.000 focos de incendios), para instalar agricultura y ganadería intensivas a gran escala, destinada, sobre todo, a producir carne. Con el gobierno de Brasil, en el año 2022, la selva brasileña perdió una superficie como la de Cataluña. Afortunadamente el gobierno ha cambiado y, el actual presidente Lula Da Silva se ha propuesto que esto no ocurra. Ya veremos. Las consecuencias de esta desaparición del ecosistema para producir carne debe ser un importante motivo de reflexión en las escuelas. Os recuerdo que más carne implica menos salud personal y ambiental.

Como también debe ser motivo de reflexión que Noruega, el mayor productor de petróleo de Europa, ya tenga más del 60% de sus coches eléctricos. Nos ganan por goleada en educación ambiental.

Vivimos en áreas, más o menos, contaminadas. Os quiero explicar un caso que a mí me provoca rabia extrema y espero que a vosotros también. Es el caso de la Planta Incineradora del Besòs (TERSA), en Sant Adrià, Barcelona, la planta que más toneladas de basura quema de Catalunya. Resulta que la Incineradora manipula los datos y la Generalitat no los revisa. Los datos científicos corroborados por el gran toxicólogo Josep Lluis Domingo de la Universidad Rovira Virgili y otros que han investigado el caso (J. G. Albalat, J. Ribalaygue, P. Gusi, F. Jufresa...) dan emisiones de dioxinas, furanos, mercurio, monóxido de carbono, clorhídrico o partículas en cantidades exageradas y que la Generalitat no controla. El número de cánceres aparecidos en el barrio es desproporcionado (14 en una sola escalera de vecinos). A las sustancias tóxicas si les ponemos límites de seguridad, pero a las cancerígenas no; para entendernos el tabaco produce cáncer, pero no sabemos el número de cigarrillos que hay que fumar para desarrollarlo. Esta Incineradora ha llegado a producir 1.000 toneladas (un millón de kg) al día de escorias y cenizas. La cantidad de *dioxinas*, por las que aquí no tenemos normativa, ha llegado a 460 picogramos por kilogramo de tierra; en Alemania el límite está en 1 solo picogramo por kg.

La jueza no colabora en facilitar las investigaciones y la Agencia de Salud niega los índices de cánceres comparativos con los que hay en Barcelona. El informe presentado a principios de 2024, por La Guardia Civil, corroboraba lo que se había denunciado por vecinos y por la Fiscalía. No respetar los márgenes de temperaturas de incineración es lo que hace que se produzca la liberación de tóxicos que aumentan los cánceres (pulmón, laringe, hígado), las malformaciones congénitas (espina bífida o labio leporino) y los niveles bajos de hormonas tiroideas en niños.

Es un caso clarísimo de cómo funcionan algunas administraciones y de cómo estamos. La ciencia demuestra casos como este, pero sirve de poco y los vecinos del barrio de la Mina continúan y seguirán sufriendo las consecuencias. Ahora, tras demostrarse el escándalo la administración se plantea el traslado de esta incineradora a otro lugar. Vaya solución.

Sostenibilidad y globalización, dos grandes mentiras.

Cuando escucheis estas palabras, os aconsejo desconfiar. Os explicaré porqué tenéis que desconfiar. Personas, empresas y gobernantes hablan y hacen de estos dos términos bandera. Es cierto que se hacen cosas, pero insuficientes y, a menudo, se utilizan como excusa o justificación de nuestra forma de vivir, la del mundo rico, pero permitiendo que el medio ambiente siga deteriorándose y las desigualdades sigan aumentando.

El déficit ecológico nos dice en que momento del año agotamos los recursos que la Tierra produce.

Sabemos que el planeta entra en déficit ecológico a mitad de año

¿Podemos hablar del término sostenible en una sociedad que en menos de medio año ya ha agotado todos los recursos que la Tierra puede producir durante el año? Para entendernos, deberíamos consumir toda la merluza que produce el mar durante el año, a finales de año y no antes. El planeta, en el año 2023, ha entrado en déficit ecológico el día 2 de agosto y, España el 12 de mayo. Por lo tanto, vivimos en un mundo insostenible. Se necesitan cada vez más alimentos. El Banco Mundial calcula que se requerirá producir un 70% más de comida cuando la población alcance los 9.000 millones, que será en torno al 2050. Para seguir alimentándonos como hasta ahora se necesitarían entre 2 y 3 planetas como el nuestro. ¿Eso es la sostenibilidad?

Los cruceros, su actual actividad ¿es sostenible?

La lucha contra el cambio climático ha puesto a los cruceros entre uno de los focos contaminantes del planeta. Hay mejoras, pero la sostenibilidad aun está muy lejos. Barcelona es uno de los lugares donde están haciendo más daño. Barcelona tiene uno de los aires mas contaminados de Europa debido al Puerto, al Aeropuerto y a los coches. El crucero más grande del mundo el Symphony of the Seas (de la naviera Royal Caribeean con capacidad para 6.000 pasajeros), ha estado 12 semanas anclado en el puerto durante el verano de 2023, ensayando y, dicen que, con éxito, el uso del 20% de biocombustible de aceites y grasas usadas en combinación con el 80% de diésel tradicional, para que sea más limpio. Esta combustión también contamina, aunque menos. Han conseguido reducir en un 20% las emisiones de $CO2$. En el verano de 2023, también entraron en el Puerto de Barcelona nuevos cruceros impulsados por gas natural licuado (GNL), que contamina menos y, con iniciativas que van desde proporcionar con una gavarra la carga de GNL a los cruceros de nueva generación, a electrificar las instalaciones para la conexión de las naves mientras estén atracadas y no tengan que seguir quemando combustible. Todas estas iniciativas mejoran lo que hay, por supuesto, pero la sostenibilidad del Puerto está todavía muy lejos.

Los dispositivos electrónicos. Tenemos todo tipo de útiles o dispositivos electrónicos (unos 70 en cada hogar) que nos mejoran la calidad de vida, sí, pero, tenemos que saber que estamos generando un grave problema de futuro, tanto para la naturaleza como para nuestra salud, por la gran cantidad de componentes contaminantes y tóxicos que llevan y que apenas reciclamos. Sobretodo, por usar algunos metales poco abundantes en la Tierra, que encontramos en móviles, ordenadores, aerogeneradores, placas solares, coches eléctricos, neveras, etc... Son, frecuentemente, extraídos de minas con la explotación humana. En otro capítulo explico el caso de los más de 2 mil millones de teléfonos móviles que lanzamos cada año a la basura y que no reciclamos. Nos dicen que se reciclan el 10%.

¿Sabéis que todos nosotros no podríamos funcionar ni 24 horas sin cobalto? Este metal azul es utilizado en las baterías de litio de móviles, ordenadores, coches, etc. para que se carguen antes, funcionen durante más tiempo y se calienten menos. Todo ello a cambio del trabajo infernal que deben soportar la gente del Congo, país proveedor de las tres cuartas partes del cobalto mundial. Nadie en el Norte Global funciona sin cobalto. Es en realidad China quien controla la producción del Congo y el 80% del suministro mundial. La transición desde los combustibles fósiles a energías sostenibles se construye sobre una hipocresía cuando decimos que queremos dejar un planeta más verde a nuestros hijos a cambio de destruir la vida de mucha gente del corazón de África. Si no fuera por la enorme demanda de cobalto, no habría esta brutal explotación y violencia. Pero queremos actualizar los teléfonos cada año, aunque sólo sea para que su cámara tenga más megapixeles.

Los centros de datos y las redes de transmisión representan ya más del 3% del gasto mundial de electricidad, como indica la Agencia Internacional de la Energía (AIE), una cifra que se estima que, en 2030, crecerá por encima del 10%. La tecnología digital representa entre el 1'4% y el 5'9% de las emisiones globales de gases de efecto invernadero, según un análisis publicado por el Foro Económico Mundial. *Internet* consume la misma electricidad que todo Reino Unido en un año. El tráfico de datos en las redes de telecomunicaciones se ha disparado durante la última década: cada año *Internet* suma el 30% de aumento de tráfico. Cada vez hay más personas conectadas a la red y con más dispositivos. Una sola búsqueda en *Google* supone al menos una emisión de 0,2 gramos de dióxido de carbono, según investigadores de Harvard. 5.000 millones de búsquedas al día suponen 1.000 toneladas de CO_2 por día. Google aumentó un 22% en el 2022, el consumo de agua, Microsoft el 34% y Amazon, la mas grande, no nos da datos. Con unas pocas preguntas a ChatGPT se consume medio litro de agua. Nadie estamos en contra de *Internet*, pero hay que saber donde estamos. Ahora con la IA nos planteamos lo mismo.

Y también hay que decir que, las tecnologías digitales pueden ayudar a reducir las emisiones mundiales entre un 15% y un 35%, gracias a su capacidad de reducir el impacto que tienen otros sectores como el transporte o la industria. Las operadoras reclaman a las grandes tecnológicas que paguen por su uso, pero éstas se niegan.

El consumidor o usuario también puede contribuir en la reducción, ¿cómo?

- Reduciendo el consumo de vídeos y servicios de *streaming*.

- Eliminando archivos y datos que ya no se necesitan; el almacén digital también consume.

- Evitando descargar archivos y correos electrónicos innecesarios.

- Realizar actualizaciones; las nuevas versiones suelen ser más eficientes.

- Apagando todos los dispositivos, sin dejar pilotos encendidos.

Todo será cuestión de controlar el equilibrio entre la electricidad y el agua que se gasta y las emisiones de CO_2 que produce con el uso de *Internet*, por un lado, y lo que se ahorra en el transporte y la industria, por otro.

La cumbre sobre el cambio climático en Dubai, en diciembre de 2023, nos dijo que las emisiones de CO_2 siguen subiendo, que quien presidia la reunión era negacionista del cambio climático y que los jefes de gobierno de los dos países que más CO_2 producen no estaban presentes. Y, además, utilizar todos estos materiales que no reciclamos, no es, precisamente, sostenible. En la cumbre del 2024 (COP29 de Bakú) ha pasado lo mismo.

España está acelerando su desertización. El despliegue de centros de datos en España, de Microsoft y Amazon inquieta a varios expertos. El auge de los centros de datos amenaza con disparar el gasto de agua en una España en emergencia por sequía, también el consumo energético y aumentar las emisiones de CO_2. Las tecnológicas van a zonas pobres y prometen puestos de trabajo a cambio de depredar sus recursos naturales, es como el salvaje oeste.

España se está convirtiendo en uno de los destinos favoritos de las grandes empresas tecnológicas. En dos años, gigantes estadounidenses como Google, Meta, Oracle o IBM han desplegado sus centros de datos por el territorio. El 2024 ha sido también el turno de Microsoft y Amazon, que han cerrado acuerdos multimillonarios para construir una infraestructura indispensable para sostener *Internet*, pero también para la IA. Sus inversiones prometen generar empleo y situar al país en la vanguardia del sector. No obstante, expertos advierten que su desembarco amenaza con disparar el consumo de energía y de agua, acelerando así la emergencia climática en un momento crítico. El impacto climático de los centros en España es difícil de calibrar, ya que la industria no hace público su consumo de agua, electricidad o residuos generados, según apunta Ana Valdivia, investigadora y profesora en IA en el Oxford Internet Institute. Nuestra sociedad tan digitalizada necesita centros de datos, pero también hay que exigir regulaciones que controlen la transparencia y rendición de cuentas de estas infraestructuras.

Actualmente, según varios recuentos, hay un centenar de estos centros en el territorio, la gran mayoría de ellos ubicados en Madrid y con Barcelona como segunda opción. El próximo proyectado por Meta se instalará en Talavera de la Reina.

El mundo digital está construido sobre centros de datos, grandes naves repletas de ordenadores que almacenan miles de millones de datos y realizan cálculos día y noche. Esta incesante actividad sustenta nuestra vida en *Internet*, desde el envío de correos electrónicos a ver películas. Para que esto sea posible, los centros absorben mucha energía y generan tanto calor que necesitan de la refrigeración hídrica para mantenerse operativos.

Este fenómeno se está acelerando con la actual fiebre comercial por la *IA generativa*, una tecnología especialmente intensiva. Estos sistemas podrían consumir hasta un 33% más de energía que los que ejecutan programas concretos, según un estudio reciente. Incluso los grandes nombres del sector, como Sam Altman (*OpenAI*), reconocen que el futuro de la industria pasa por un "avance energético" que permita sostener o reduir este gran consumo.

Por ejemplo, en Irlanda, el sector consume alrededor del 18% de la electricidad del país, la misma que todos los hogares urbanos, y se espera que crezca hasta el 27% en 2029. Esta perspectiva ha llevado a Dublín a prohibir la construcción de nuevos centros. O en los Países Bajos la prensa destapó que los de Microsoft consumían un 460% más de agua de lo anunciado. La desbocada demanda de IA está disparando el consumo energético de las grandes tecnológicas, pero también sus emisiones contaminantes. En 2023, como adelantó Bloomberg, Microsoft vertió unos 15 millones de toneladas métricas de dióxido de carbono (CO_2) a la atmósfera, un 30% más que en 2020 y eso está lejos del objetivo fijado en sus promesas climáticas. Para la experta tecnológica Kate Crawford, el voraz consumo de programas como *ChatGPT* "encamina la industria hacia una mayor crisis energética". Todo esto, como se está haciendo, tampoco es sostenible.

La masificación de los espacios naturales.

Era una tendencia que ya estaba en aumento antes de la pandemia. Sin embargo, tras el confinamiento, todavía fue a más. Ahora, años después del inicio de la pandemia de la COVID-19, la cantidad de visitantes se sigue multiplicando en senderos de montaña, zonas de escalada, de cascadas, de ríos y arroyos, de lagos y, lo que es peor, a menudo en zonas protegidas. Bañarse, encender fuegos, hacer volar drones, barranquismo, carreras de todo tipo, recol·lectores de setas, excursiones, etc. todas estas actividades son maravillosas, pero no tenemos que ir al río como si fuera a una piscina. Aquí, como siempre, falta una tarea importante que tienen que hacer las escuelas y se llama educación ambiental. Nos gusta invadir territorios naturales con actividades que pensamos que no perjudican nada ni a nadie. Sólo os pondré algunos ejemplos para que reflexionéis. El boom de *la escalada* amenaza al *halcón peregrino*, los que buscant setas, los excursionistas y los esquiadores amenazan *el urogallo*, la carrera llamada la *Olla de Núria*, amenaza el *logópodo alpino* (ave protegida), en la Sènia, las carreras de montaña y la escalada, los drones de seguimiento, ya prohibidos, amenazaban al águila perdicera, etc. En 4 años se han realizado 208 pruebas deportivas en el parque natural de Els Ports (Montsià), 120 en los espacios naturales de Girona, 58 en el parque natural del Delta del Ebro, 50 en el Cadí-Vallès, 40 en Aigüestortes y Sant Maurici, 47 en L'Alt Pirineu... ¿Eso es sostenibilidad?

Dice el gran oceanógrafo espanyol Carlos Duarte (1960), que hay centenares de evidencias del aumento de especies marinas costeras durante el tiempo de la pandemia, debido a que la presión humana sobre el litoral bajó. Ahora tenemos protegidas sólo el 8'5% de áreas marinas, en 2030 se tiene que llegar al 30%, pero para el 2020 que estaba previsto llegar al 10% tampoco se consiguió y el objetivo de reducir la pérdida de biodiversidad solo se alcanzó en um 5%.

Es muy curioso que el Ministerio de Medio Ambiente no conozca con exactitud, el número de humedales que hay en España. Los humedales son zonas naturales de máxima riqueza en especies y sirven de conexión con especies migratorias y de alimento de muchísimas más. El inventario del Ministerio para la Transición Ecológica sólo recoge el 20% del total, tal como indica el último estudio de la Fundación Global Nature. Mientras tanto, humedales como *Doñana, las Tablas de Daimiel o el Delta del Ebro* siguen siendo maltratados. Imaginemonos lo que pasa con otras zonas húmedas de menor envergadura.

Me gusta explicar que el urogallo, a menudo muere de infarto de miocardio por el estrés que sufre, debido a la invasión de sus habitas por excursionistas, esquiadores, ungulados, etc. Es por ello que no lo podemos criar en cautividad o en granjas, como ya se ha intentado, con el fin de reintroducirlo después en el bosque. Ungulados como los ciervos, gamos, rebecos y corzos, sin la presencia de los depredadores naturales, como sería el lobo, se acercan al urogallo y lo estresan, ademas pisan y se comen parte del sotobosque, donde está el alimento proteico del urogallo y, cuando estos ungulados van muriendo, de forma natural, llaman la atención de martas, garduñas o zorros, carnívoros pequeños que también se pueden alimentar de carroña. El reto es reducir las superpoblaciones de todos estos enemigos y también cerrar pistas y caminos, para proteger el urogallo. Se sabe que la presencia del urogallo confirma el buen estado del bosque. Su hábitat sufre, porque cada vez hay menos bosques fríos y maduros, normalmente de pino negro, con arandanos, enebros, acebos o rododendros. En diez años, el número de ejemplares se ha reducido un 33%. Apenas quedan unos 300 machos de urogallo. En comarcas como El Solsonès, La Cerdanya o El Pallars Jussà, la especie agoniza. La Cordillera Cantábrica también pierde ejemplares. En estos escenarios húmedos y silenciosos, resisten las últimas poblaciones de urogallo, unas aves prehistóricas que casi no han cambiado desde la edad de hielo. Con su plumaje espeso, oscuro en los machos y pardo en las hembras, son cada vez más difícil de ver. Explico esto para que se entienda mejor cómo funciona la naturaleza.

La construcción también suspende en sostenibilidad.

Un nuevo Informe de Sostenibilidad de la Asociación RICS, con sede en Londres, basada en una encuesta en la que han participado 4.600 profesionales de todo el mundo, confirma que la construcción suspende en sostenibilidad. Las emisiones de dióxido de carbono, en el sector de la construcción se mantienen en máximos históricos. La eficiémncia energética de nuestros edificios és de las peores de Europa como indico en el capítulo que os hablo de las transformaciones energéticas.

¿Sabéis lo que se hace con el plástico utilizado?

Sólo un 10% de los 400 millones de toneladas de plástico nuevo producido cada año en el mundo, se recicla, por mucho que hablamos de economía circular. ¿Esto es sostenible? El plástico de polietileno (bolsas de plástico de un solo uso), de polipropileno (de las botellas de detergente), de poliéster (de las botellas de agua) u otros, se extrae del petróleo y para hacerle ganar ciertas propiedades como dureza, maleabilidad, etc. se le pueden añadir miles de compuestos químicos diferentes. Esto complica el reciclaje. Los microplásticos, que pueden tener tamaño de bacterias o de virus, después de entrar en el cuerpo humano, solo una pequeña parte sale con los excrementos y, es habitual encontrar plásticos en la sangre, pulmones, placenta, leche materna, en el cerebro o o en los testículos. Su toxicidad ya se asocia con algunos problemas de salud. También los hay en el aire, en una gota de agua o en el agua del grifo. Habría que capturarlos, antes de que lleguen a las aguas o degradarlos químicamente o prohibir los productos que los desprenden y todo esto no se hace.

Cuando hay un nuevo episodio de contaminación, como el que hemos tenido hace poco en Galicia con *los pellets de plástico*, nos llegan las noticias de que, en Tarragona, en Valencia o en muchos lugares del mundo, eso es habitual, porque la invasión planetaria del plástico es increíble. Se recicla y se incinera poco, la mayoría va a los vertederos o se tiran sin ningún tipo de tratamiento en ecosistemas terrestres y acuáticos. La producción de plástico continúa creciendo, año tras año. Hay alguna investigación reciente de la Universidad de California, en Berkeley que, nos anuncia un proceso de vaporización de botellas y bolsas de plástico convirtiéndolas en gases reutilizables.

Como tampoco es sostenible que España esté a la cola de Europa en reciclaje, sólo recuperando el 36'7 de los residuos urbanos, en cuanto la media de la UE es del 48'7% (Alemania el 67'8%). También es preocupante que el uso circular de materiales, del que tanto se habla y que mide cuántas materias primas proceden del reciclaje, pues se ha pasado del 11,5% al 7'1% en 12 años.

De hecho, las emisiones de CO_2 causadas, sobretodo, por los combustibles fósiles, han vuelto a aumentar en el año 2023 y en el 2024.

Todavía lanzamos más CO2 de lo que pueden absorber las masas forestales. Por eso, también, la deforestación es un problema importante. ¿Es legal comprarle a un país que emite poco CO2, el derecho de emisiones que tiene, para poder aumentar las nuestras, como si lo estuvieran haciendo ellos? Si, es legal, pero no se debería hacer. ¿Eso es sostenibilidad?

Leo un titular en la prensa del 14 de marzo de 2024, que dice: "La calidad del aire ha mejorado claramente en Europa en 20 años" Pero al leer el artículo me encuentro con otra cifra: "Al menos el 86% de la población europea vive en zonas que superan los límites de contaminación atmosférica que recomienda la OMS". Esta sigue siendo la realidad.

¿Y la industria textil?

Es la segunda más contaminante del planeta, después de la petrolera. Es responsable del 20% de la contaminación de agua potable. También del 35% de los microplásticos liberados al medio ambiente y del 10% de la emisión de gases de carbono (más que la suma de todos los aviones y barcos internacionales). Y la producción de fibras textiles se ha duplicado en 20 años. En el desierto de Atacama (Chile) y en Acra (la capital de Ghana), están los vertederos textiles más grandes del mundo, se tiran cada año, miles y miles de toneladas de ropa. Porque se producen cada año 150 billones de piezas. Incluso, hay empresas transportadoras que incluyen acuerdos para que esta ropa no se pueda usar como ropa de segunda mano. El crecimiento de esta industria es tan grande que ninguna medida medioambiental está funcionando. La Unión Europea (Pacto Verde) y algunas marcas (Ralph Laurent...) hacen propuestas de futuro como que para el 2030 las prendas de vestir sean reciclables, que tengan larga vida, libres de sustancias tóxicas... Para parar o reducir la sobreproducción, tendríamos que hablar de reducirla el 40%, pero las marcas no están obligadas ni siquiera a comunicar su producción. Esto es absolutamente insostenible.

Como también lo es, que se hayan descubierto, unos 20 millones de piezas fabricadas con algodón con certificado de fabricación sostenible (que llegaron a España en un periodo de 12 meses, entre 2022 y 2023, de la mano de H&M e Inditex, que engloba marcas como Zara, Bershka y Pull&Bear), pero que resulta estar asociada con la deforestación, el acaparamiento de tierras, la violencia contra las comunidades tradicionales, violaciones ambientales y de derechos humanos, sobre todo, en Brasil, asegura una investigación publicada por la ONG británica Earthsight. Con el agravante de que para producir un kilo de fibra de algodón hacen falta unos 10.000 litros de agua, y para confeccionar una camiseta de este material, unos 2.700 litros, apunta esta investigación. El algodón es uno de los cultivos que más agua consume.

Por suerte leemos alguna noticia de construcción sostenible, como por ejemplo el caso de la Biblioteca García Márquez, del barrio de Sant Martí de Barcelona, por ser nombrada la mejor biblioteca del mundo. Madera procedente de reforestación controlada, materiales reciclables como las lamas de resina de poliuretano y fibra de vidrio, grandes ventanales, luminosidad, instalaciones para la eficiencia energética y de consumo de agua (recuperan la de lluvia para regar la vegetación) o el uso de paneles fotovoltaicos en la cubierta que contribuyen a la sostenibilidad del proyecto. Felicidades.

¿Y si hablamos del estado de los océanos?

Otro ejemplo claro de insostenibilidad. Los océanos generan la mitad del oxígeno que respiramos y captan una cuarta parte de nuestro CO2. Son cruciales para la vida en la Tierra, pero la crisis climática, la sobrepesca y la contaminación los han dejado en este estado de degradación creciente. Pongo como ejemplo el caso de la costa catalana, donde las capturas de pescado se han reducido un 63% desde el año 2.000, donde un 63'4% de las especies marinas del Mediterráneo están sobreexplotadas y la contaminación por productos químicos y plásticos no para de crecer.

La Amazonia. ¿Es sostenible, en la actualidad?

Os explicaré lo que está pasando. La selva tropical, antes un consumidor de CO_2 (porque la fotosíntesis de los vegetales absorbe ingentes cantidades de CO_2), ahora con las sequias, la deforestación y otras amenazas humanas como los incendios frecuentes o la producción de soja, está haciendo que el resultado pronto se invierta. Philip Fearnside, investigador del Instituto Nacional de Investigación de la Amazonía en Manaos, afirma: "Brasil es básicamente el único país donde todavía se puede entrar a la selva, empezar a talar y esperar salir con un título de propiedad". Es como el Salvaje Oeste de Norteamérica en el siglo XVIII". Además, se calcula que alrededor del 90% de la tala selectiva en la Amazonía es ilegal. Es importante saber que, en los ecosistemas terrestres del mundo, su vegetación absorbe, en conjunto, alrededor del 30% del dióxido de carbono liberado por la quema de combustibles fósiles.

Luciana Gatti, climatóloga del Instituto Nacional de Investigaciones Espaciales de São José dos Campos (Brasil), forma parte de un amplio grupo de científicos que intentan predecir el futuro de la selva amazónica. Los pilotos que trabajan con Gatti vuelven dos veces al mes a un lugar específico de muestreo en cada cuadrante de la cuenca del Amazonas. Una vez alcanzan una altitud de unos 4.420 metros sobre un punto de referencia, el piloto pulsa un botón, abre las válvulas y enciende un compresor que llena el primer frasco con aire del exterior a través de una boquilla. Acto seguido, se adentran en una espiral pronunciada y estrecha alrededor del punto de referencia, recogiendo 11 muestras más, cada una a una altitud determinada. En la cota final, el piloto prácticamente invade las copas de los árboles, a veces a una altura de aproximación de 100 metros del suelo. La científica medirá después la cantidad de CO_2 en las muestras en su laboratorio del Instituto Nacional de Investigación Espacial. Calculará cuánto absorbe (o libera) la selva comparando sus mediciones con las realizadas sobre el océano Atlántico. El trabajo de Luciana, con su dificultad, lo ha hecho una y otra vez, cada dos semanas durante 10 años. Solo así se puede hablar con propiedad.

¿Es sostenible el turismo actual, sin límites?

Desde mi punto de vista Barcelona tiene dos problemas graves a considerar; uno es la contaminación atmosférica, siendo una de las ciudades más contaminadas de Europa el otro problema es el exceso de turismo. Los que vivimos aquí vemos, a menudo, como los vecinos de barrios emblemáticos (Barceloneta, Sagrada Família, Raval...) de toda la vida, se quejan o se van del barrio por esta razón. Los cruceros son un buen ejemplo del exceso de turistas, intentar reducirlos, como se hizo en tiempos de la alcaldesa Ada Colau, fue imposible. En

Palma de Mallorca se ha hecho y en Ámsterdam ya se ha prohibido la llegada de cruceros. Estamos vendiendo la ciudad a los turistas, en el sentido de que invaden muchos espacios y, con tanta masificación, la ciudad pierde interés y calidad de vida. Tenemos que saber cuáles son los límites y hacerlos respetar. El Mercado de La Boqueria o las Ramblas de Barcelona también son un buen ejemplo de cómo estos lugares entrañables han quedado como lugares de souvenirs, comidas y bebidas y de paradas para que los visitantes compren y hagan fotografías masivamente. Jordi Valls, como concejal que fué de economía y promoción económica de Barcelona, ya llegó a decir: "Ha llegado el límite turístico y hay que gestionarlo" "Hace 20 años el 90% de la ciudad decía que el turismo era positivo, ahora lo dice un 60%" Y ahora, en 2025, la situación ha empeorado.

Pero ocurre lo mismo en otros lugares de España. Vecinos de Cádiz, Málaga, Palma, San Sebastian o Tenerife nos explican cómo han empeorado sus vidas por los pisos turísticos, la masificación o la suciedad o el ruido nocturno. El aumento de turistas "La gallina de los huevos de oro" no justifica la insostenibilidad que se está produciendo.

Es muy significativo que en las Islas Canarias con 2 millones de habitantes y que a pesar de ser la tercera comunidad en recepción de turistas (16,2 millones de turistas en 2023), sus habitants, en el 2024, se hayan lanzado a la calle en contra del turismo. El turismo les aporta el 40% de los puestos de trabajo y representa el 35% de su PIB, pero resulta que es la comunidad con los sueldos más bajos de España con un 16% de tasa de paro y con el 33% de la población en riesgo de pobreza y deficiencias en el sistema sanitario, en la vivienda y los problemas de suministro de agua. No se trata solo en poner límites o tasas a los turistes, sinó que los beneficiós que generan reviertan tambien en las necesidades que manifiesta la población. Los turistas no son los culpables de lo que está pasando, no nos confundamos de quien es el enemigo.

La globalización, el otro mito.

¿Cómo es possible que con la pandemia mundial reciente no se distribuyeran vacunas gratis en todos los países del mundo? ¿Cuándo sabíamos que era una infección tan contagiosa que nos afectaría a todos y que la vacunación mundial era la solución rápida que nos beneficiaría a todos? Pero los intereses económicos de los productores de vacunas (países y farmacéuticas) no lo permitieron. Y resulta que eso de lanzar vacunas caducadas ha continuado en 2023 y 2024. Sólo España acumulaba 115 millones de vacunas obsoletas en septiembre de 2023, que no servirian para nadie y que como nosotros pertenecemos a un país rico, tenemos que utilizar las de nueva generación para las campañas siguientes con nuevas variantes del virus. Ya antes se tiraron millones de vacunas caducadas. ¿Eso es la globalización? El Norte Global compró una cantidad de dosis que no necesitaba, mientras la mayoría de gente no vacunada vive en el hemisferio sur, con países de bajos ingresos.

Esto nos lo dice el investigador y técnico de la ONG Salud por Derecho, Javier Manzano. La Comisión Europea y la EMA (Agencia Europea de Medicamentos) dio, rápidamente, el visto bueno a la venta de las nuevas vacunas de Pfeizer y Moderna para la vacunación de 2024 que, evidentemente, de forma mayoritaria, han ido a los países ricos. ¿Eso es la globalización? Con las vacunas para la infección de la viruela del mono (*Mpox*) ha pasado lo mismo. En este caso hubiera sido primordial vacunar a los primeros focos de infección, que están en África, por el hecho de no transmitirse por via respiratoria, de mas fácil propagación.

Sabemos que las vacunas salvan entre dos y tres millones de vidas anuales y la OMS nos dice que más de 17 millones de niños en el mundo, no reciben ninguna vacuna. Son niños llamados de dosis cero. Tenemos vacunas contra enfermedades mortales como la diarrea, la neumonía, la poliomielitis o el sarampión. También sabemos que, por cada dólar invertido en inmunización, se ahorran 21 dólares en costos de atención médica, pérdida de salarios y de productividad debido a enfermedades y muertes, según la Alianza Global por la Inmunización y la Vacunación (GAVI). Tarea impagable la de UNICEF que, en 2021 vacunó a la mitad de los niños del mundo. Dice Anant Agarwal, el indo-estadounidense y profesor del MIT: "cuando lo que haces beneficia a toda la humanidad es importante que esté al alcance de todos" Eso si que sería globalización.

¿Cómo es que nuestros gobernantes, más o menos respetuosos con los derechos humanos, como es la de la igualdad de hombres y mujeres o de las minorías sexuales, cuando van, por ejemplo, a Irán, a negociar lo que sea, se olvidan de estos temas, siendo un país que no los respeta?

Con la pandemia, los países occidentales, nos dimos cuenta de que el suministro de productos esenciales venía de los países asiáticos y que era un grave error que nuestro progreso tecnológico tuviera que depender de los chips o semiconductores chinos. También con la guerra de Ucrania o de Palestina nos hemos dado cuenta de que el mundo se dirige hacia una política de bloques o grupos de países que defienden sus intereses y, eso tampoco es globalización. Nos informan a diario de estas guerras cuando en la actualidad en el mundo hay unas 80 guerras más. ¿Las otras guerres no nos interesan porque no nos afectan?

Otro comentario sobre la globalización: la Administración de Alimentos y Medicamentos de estados Unidos (la FDA) ha aprobado el primer tratamiento basado en la tecnología de edición genética. Se podrán beneficiar los afectados, mayores de 12 años, por anemia falciforme. La edición genética permite cortar y pegar trozos de ADN y así poder corregir errores. No obstante, se trata todavía de una terapia extraordinariamente cara y compleja de administrar, así que estará sólo al alcance de unos privilegiados. Y por lo tanto tampoco estos avances científicos beneficiaran a la globalidad de la población. Tampoco tienen dinero en Sudáfrica para combatir el SIDA. De los 20 millones que tienen esta enfermedad en el mundo, 8 millones son sudafricanos.

Es cruel llamar globalización a provocar un cambio de hábitos alimentarios en países donde la mayoría de la población no dispone de nevera, de electricidad o de agua potable, provocandoles diabetes, hipertensión, obesidad, etc. con la venta que les hacemos de de alimentos procesados y bebidas azucaradas.

Una de las conclusiones de la Alianza de Ciudades Saludables, que en el mes de marzo de 2024 tuvo lugar en Ciudad del Cabo, fue que también había una transferencia de enfermedades del hemisferio norte al hemisferio sur. Los datos de una publicación reciente en la revista *The Lancet*, nos dice que también la obesidad y la malnutrición hace tiempo que han dejado de ser un problema sólo de los países ricos.

Aun os pondré otro elemplo que no respeta ni la sostenibilidad ni la globalización. Cada ciudadano europeo produce, de media, unas cinco toneladas de residuos al año. Pero ¿dónde van a parar? En estos momentos, según cifras de la Comisión Europea, más del 60% de los residuos domésticos europeos van a parar a los vertederos, una parte se incinera y otra parte se exporta a países pobres, provocando una gran huella tanto en el medio ambiente como en la salud de las personas. Europa exporta unos 30 millones de toneladas anuales hacia el sur global, un 3% más de incremento anual. Sólo en países como Bélgica, Países Bajos, Dinamarca, Suecia o Alemania el vertido de residuos es casi inexistente. En España, el volumen de residuos domésticos ha ido en aumento en los últimos años, sobre todo después de la pandemia. Se estima que la mitad de los residuos generados por los hogares españoles acaban en vertederos y un 36% se reciclaron.

Si es cierto que los veintisiete países de la Unión Europea están trabajando en nuevas normativas como la de prohibir la exportación de restos plásticos hacia países del sur global para evitar que causen más problemas en las regiones más pobres y vulnerables.

Si los residuos domésticos en Europa continúan aumentando, si se recicla poco y si continuamos enviando cantidades enormes a los países pobres y más vulnerables, la situación ni es ni sostenible ni podemos hablar de globalización.

I asi podria seguir...

En tiempos llamados de globalización, las *castas sociales* existentes en la India, consideradas una forma de estratificación y de control social, que fueron abolidas en 1947, siguen existiendo, no sólo en la India, también en la gran mayoría de los países de África. Las costumbres culturales o ancestrales de los pobres van a un ritmo diferente al nuestro y nosotros hablamos como si todos fuéramos iguales. Cambiar los ritmos de estas culturas no lo podemos hacer hablando de globalización. Continuamos aportando soluciones para nosotros y el tercer mundo va a otro ritmo y eso nos importa poco.

Sabemos que el cambio climático contribuye al aumento ciertas enfermedades, respiratorias, cardíacas o cánceres. El aumento de las temperaturas, por ejemplo, aumenta la transmisión de enfermedades tropicales y, al mismo tiempo, las desplaza hacia el hemisferio norte (malaria, virus del Nilo occidental, dengue, chicungunya, Zica, viruela del mono). El deshielo de los polos amenaza con descongelar virus y revivir enfermedades que se consideraban erradicadas. Sólo con la relación que existe entre el cambio climático y la salud, ya deberíamos tomar un poco más de conciencia global. Permitimos que los habitantes de los países del Sur del mundo sufran las principales consecuencias del cambio climático, cuando ellos no son los principales responsables. Eso, ¿también es globalización?

Los pobres del mundo no opinan lo mismo de los conceptos de sostenibilidad y globalización, son términos que hemos inventado los ricos.

Muchas cuestiones no se hacen bien, ni se explican bien, ni se estudian en las escuelas. Se me ocurre poneros un ejemplo más de esta falta de educación-información que puede parecer insignificante, pero que os lo cuento para entender que son, basicamente, problemas educativos.

Las medusas, por contacto, nos producen un mal desagradable y no deben tratarse ni con orina, ni bicarbonato, ni zumo de limón, ni con jabón lavaplatos, ni refresco de cola, ni con crema afeitar y si se debe lavar la zona afectada con agua marina. Así de sencillo.

Con estos ejemplos que os comento y, conociendo las soluciones, ¿cómo es que no se actúa correctamente? ¿Alguien de vosotros sigue pensando que los términos sostenibilidad y globalización son verdad? ¿Que la gente que pronuncia estas palabras conoce la realidad? Queremos hacer creer que decir globalizar quiera decir igualar. Grave error y gran mentira. Sólo hay que leer el informe hecho por las Naciones Unidas sobre el Desarrollo Humano, 2023-2024 con el título: "Romper el bloqueo". Donde se constata que continúa aumentando la desigualdad entre los países con el índice de desarrollo humano más alto y los de índice más bajo, entre ricos y pobres. Y si crece esta brecha entre ricos y pobres, ¿dónde está la globalización?

Para entender lo que significan estas dos palabras (sostenibilidat y globalización) hay que saber relacionarlas con el cambio climático, que es el reto del presente mas importante que tenemos. El hecho de vivir entretenidos y distraídos, la mayor parte de los días, con tantos útiles tecnológicos, no nos deja tiempo para la reflexión sobre los problemas importantes que plantean la sostenibilidad y la globalización. Según destaca el Panel Intergubernamental de Expertos sobre Cambio Climático (IPCC), el mundo debe reducir drásticamente las emisiones de gases de efecto invernadero para esquivar los daños en cascada que está provocando y argumenta que las emisiones deberían llegar al máximo para 2025 y a partir de ahí reducirse rápidamente hasta llegar a la mitad de 2030 y a cero para 2050.

Un último comentario sobre un tema que merece uns seria reflexión y que no hacemos. Los Estados Unidos, en septiembre del 2024, ha denunciado la explotación infantil en torno a las energies verdes y a otros trabajos. Y lo hace al conocer las conclusions de un informe titulado: "Sudor y esfuerzo: trabajo infantil, trabajo forzado y trata de seres humanos en el mundo", que de forma bienal realiza el Departamento de Trabajo de los Estados Unidos. El informe, con 131 paises evaluados, detecta un alarmante aumento del número de productos y de paises en los que se recurre a la explotación humana. Desde el 2022 se ha pasado de 159 bienes o productos, conseguidos con explotación, en 78 paises, a los 204 productos en 82 paises. La cadena de suministros mundiales suele ocultar esta explotación infantil. Sea en las mines de extracción de cobalto, litio, tantalio, wolframio, etc. o en las producciones agrícolas de sudamérica, es igual. ¿podemos garantixar que nuestro camino hacia un futuro más sostenible no esté construido con la explotación laboral, sobretodo, la infantil?

Dejamos a las siguientes generaciones un mundo con un medio ambiente muy deteriorado (insostenible) y con unas relaciones entre los humanos muy deficientes con tanta desigualdad (poco global) y, lo que yo considero más grave es que, no educamos bien a los jóvenes sobre estos problemas actuales y eso hace que ellos también estén colaborando en su peor futuro.

CAPÍTULO 6
LAS TRANSFORMACIONES
ENERGÉTICAS ACTUALES

Hay una fuerza motriz más poderosa que el vapor,
la electricidad y la energía nuclear, es la voluntad.
Albert Einstein (1879-1955)

Fotovoltaica, eólica del futuro, biocombustibles, geotérmica, eficiencia energética de los edificios, fusión nuclear, hidrógeno verde, bombas de calor, tecnología de captura y almacenamiento de CO2...

Haré un poco de historia. La forma de consumir energía eléctrica ha cambiado desde 1978 a 2025. Pasando de la bombilla incandescente al let más eficiente y a la total electrificación de la sociedad.

Ahora, el consumo eléctrico per cápita, es el doble que el de hace 45 años. Hemos pasado de 9 millones de hogares en 1978 a 19 millones de ahora con más consumo, pero mayor eficiencia. También ha cambiado la forma de producir los kilovatios que consumimos. En los 70 la producción estaba dominada por el carbón y el agua de las centrales eléctricas y, a mucha distancia, la energía nuclear.

Con las crisis del petróleo de los años 1973 y de 1979, la energía nuclear aumentó y se construyeron la mayoría de las centrales nucleares españolas. Fue al inicio del 2000 que cogieron protagonismo las centrales llamadas de ciclo combinado, que producen electricidad a partir de gas y que llegaron a ser la primera fuente de producción eléctrica. El ciclo combinado ha ido perdiendo protagonismo con el impulso de las energías renovables.

En 1984, en Cataluña, se creó el primer parque eólico conectado a la red en Riudarenes, en L'Alt Empordà. Y el mismo año, se conectó a la red el primer parque solar fotovoltaico en la ciudad madrileña de San Agustin de Guadalix. Las renovables no tuvieron un verdadero aumento hasta bien entrados los años 2.000.

La solar fotovoltaica transforma los rayos del sol en electricidad y la solar térmica los aprovecha para calentar un líquido que produce vapor y luego energía eléctrica. La técnica es completamente diferente, pero el recurso es el mismo: el sol.

La energía producida por el viento fue, por primera vez, en 2013 la primera fuente de generación, tras adelantar la nuclear y lo repitió en 2021. En 2022, la crisis energética llevó a la obtenida por los ciclos combinados, a ponerse al frente.

Ya en el mes de junio de 2023, el trío formado por fotovoltaica, térmica y autoconsumo lideraron la generación eléctrica en España.

La energía solar, hidráulica y la eólica podrían abastecer la demanda global de energía del planeta. Os pondré un ejemplo, para reflexionar, aunque sea un ejemplo utópico en la actualidad: si se utilizara la fuerza del agua que pasa por el Estrecho de Gibraltar, en ambos sentidos, habría energía suficiente para toda Europa. Eso lo dice el importante oceanógrafo español Carlos Duarte (1960). Holanda o Alemania, con la mitad de horas de sol anual que nosotros, tienen 80 veces más de instalaciones fotovoltaicas. La energía de las mareas, de las olas, de las corrientes marinas o la geotérmica, un día u otro, también las deberemos considerar.

El futuro energético ¿como tendria que ser?

Hacer de futurólogo es errar seguro. Por eso, para predecir algo sobre el futuro, hay que ir a buscar la evolución de la historia reciente y entrever las tendencias que tenemos ahora. El gran objetivo, el de la descarbonización, es ir hacia la electrificación.

Las energías renovables, con un alto ritmo de implantación han crecido un 42% en 2022 y eso ha hecho que en 2023 España ya se convirtiera en el primer país entre las economías europeas en llegar al 50% de renovables. Todos los gobiernos han desarrollado leyes para marcar el paso de la transición energética. En el caso de España, en concreto, con tres leyes; *Ley del Cambio Climático y Transición Energética, Plan Integrado de Energía y Clima 2021-2030 y Estrategia de Transición Justa.*

El sector fotovoltaico apuesta por nuevos materiales para mejorar, porque las placas solares tienen una eficiencia del 21% o 22% y el silicio, como material clave, del 29%. Ya se está usando, en combinación con el silicio, un tipo de material cristalino, prometedor, la *perovskita,* más barata en su fabricación y de mayor rendimiento, aunque es de durabilidad limitada.

La eólica del futuro es la eólica marina. Por varias razones, entre otras porque el viento es superior en el mar y que los aerogeneradores que ya se estan utilizando son de potencias muy superiores (8, 12 y 15 MW, la terrestre 5 o menos). España tiene mares de mucha profundidad y resulta caro crear estas plataformas fijas, pero ya están triunfando las plataformas flotantes, que serán el futuro. Recuerdo también que las placas solares y los aerogeneradores tienen caducidad y los materiales con que están hechos son escasos y tóxicos y, hoy por hoy, estas estructuras, cuando caducan, se retiran sin reciclar.

Biocombustibles

El *biodiésel*, que se obtiene a partir de los aceites de cocina usados, grasas animales y aceites vegetales (colza, soja, palma...) es el biocarburante que se utiliza más en España, representa el 78'1% del total. Se utiliza en motores diésel mezclado con gasóleo fósil, en diferentes proporciones o bien en estado puro. El *hidrobiodiésel*, es un hidrocarburo resultante del tratamiento de aceites vegetales o grasas animales con hidrógeno. Tiene un coste de fabricación más elevado, representa el 11% del mercado y tiene un mejor rendimiento que el biodiésel. El *biometanol*, se obtiene de materias primas ricas en azúcar o almidón como la caña de azúcar o los cereales y, recientemente se ha empezado a fabricar también a partir de residuos agrícolas, forestales o urbanos. Supone el 10,8% de los biocarburantes. Se mezcla con gasolina fósil para su uso en motores.

¿Cómo es posible que no aumenten las plantas de producción de energía utilizando los residuos orgánicos de los vertederos, los biocombustibles, los fangos de las depuradoras o de residuos orgánicos municipales, industriales o ganaderos? Los vertederos pueden ser grandes yacimientos de biogás aprovechable. En octubre de 2023 se ha inaugurado la mayor planta de España de producción de biometano, en Hostalets de Pierola (Barcelona) para reducir las importaciones de gas de origen fósil. La planta evita la emisión de 17.000 toneladas de CO_2, equivalente a la de 10.000 coches.

El 55% del territorio español está ocupado por superficie forestal y va en aumento. Se acumulan toneladas de recursos naturales con los que producir energía renovable y a buen precio. Sobre todo, la madera, que la podemos convertir en electricidad, en calor o en biogás y también los residuos orgánicos de la agricultura, ganadería, industria alimentaria, aceites usados y basura urbana.

Ahora se utilizan poco más de 4 millones de toneladas de madera para fabricar pastillas de combustible o *pellets,* pero dicen los expertos que se pueden aumentar hasta 12 millones de metros cúbicos de biomasa cada año para usos energéticos. Con la degradación biológica de la biomasa, se produce metano y CO_2 que se convierte en biogás, un combustible para obtener electricidad o calor en turbinas y motores o lo podemos incorporar a la red de gas natural. Los biocombustibles avanzan, nuevas plantas de producción de diesel a partir de residuos, como los aceites usados y otros residuos con grasa de la basura. La mayoría de esta materia prima debe importarse de China o de Indonesia, porque con la nuestra no tenemos suficiente. Ya funcionan ferris con estos biocombustibles que suministran el puerto de Gibraltar y el de Barcelona. En Francia un tercio de los surtidores de las gasolineras ofrecen *E85,* que es gasolina con un 85% de bioetanol mezclado. Francia incentiva el uso de este alcohol inflamable procedente de vegetales y la demanda ha crecido un 80% en cinco años. El biogás, producido a partir de residuos orgánicos, tiene prioridad a corto y medio plazo sobre el hidrógeno verde. El enriquecimiento, después de convertirlo en biometanol puede tener los mismos usos y usuarios y utilizar la misma infraestructura que el gas natural.

Ni Airbus, ni Boeing, empresas potentes en la aviación, no tienen previsto para los próximos 30 años ningún avión que vuele con un combustible que no sea el queroseno. La normativa dice que el 2% del combustible de la aviación deberá ser sostenible a partir de 2025, hasta llegar al 70% en 2050. El llamado *bioqueroseno* es entre tres y cinco veces más caro que el *queroseno*, de origen fósil. Hay combustibles con los que no hay que cambiar la flota de aviones, son los que se obtienen de residuos orgánicos como los aceites de cocina usados, restos agrícolas y ganaderos o restos de la industria agroalimentaria. Estos biocombustibles desprenden un 80% menos de CO_2 que el queroseno. Iberia ya ha completado vuelos nacionales e internacionales con estos combustibles (llamados *SAF*). En Cartagena, Murcia, pronto funcionará la primera planta de Repsol, de producción de estos combustibles. La aviación empieza a utilizar biocombustibles mezclados con el queroseno tradicional, porque en enero entró en vigor la norma que obliga a usar un 2% de SAF. En 2050 se deberá llegar a un 70%. Va para largo.

La geotérmica, el calor permanente del interior de la Tierra ahora sólo representa el 0,5% del suministro eléctrico mundial, sigue en la cola de las renovables. Pero también crecerá. El rendimiento será grande en múltiples aplicaciones, solamente el precio inicial de las perforaciones a realizar está retrasando su crecimiento.

Sabemos que para reducir de forma drástica las emisiones que provocan el cambio climático, se debe ir mucho más allá con las energías renovables (la eólica y la solar todavía sólo representan un 10%

de la producción de electricidad en el mundo), también se debe reducir o evitar la deforestación, también se deben mejorar las actuales prácticas agrícolas, pasarse a los vehículos híbridos y eléctricos o utilizar más el transporte público, entre otros.

Es necesario que el desarrollo de las nuevas tecnologías disruptivas o innovadoras se acompañe de medidas fiscales, con un impuesto que castigue las materias primas, sobre todo las emisiones de CO_2 y el consumo de agua y de minerales. Al mismo tiempo, habrá que actuar sobre el exceso de consumo, en general.

¿Y mejorar la eficiencia energética de los edificios?

El 80% de los edificios españoles suspenden en el examen de la eficiencia. La calificación de los edificios se hace con letras, donde la letra A es la de mayor eficiencia energética y la G la peor. Los edificios españoles se encuentran entre las letras E, F o G, en términos de emisiones y de consumo energético. Soluciones si hay. España no tiene ninguna ciudad inteligente (smart city) renovable 100%, lo que si existen son edificios inteligentes (smart buildigs), que son los precursores de estas urbes. Shanghai, Seul, Singapur, Zurich, Oslo, Taipei, Lausana, Helsinki, Copenhague, Ginebra... si son smarts citys. Los núcleos urbanos son los responsables del 70% de las emisiones globales, a pesar de que sólo representan el 3% de la superficie terrestre. La eficiencia energética es utilizar la menor cantidad posible de energía con el mismo resultado de confort. El objetivo del gobierno español es multiplicar por 10 esta rehabilitación (fachadas, cubiertas, aislamiento, carpintería, ventanas, placas solares, aerotermia, accesibilidad, etc.), y llegar a más de 500.000 actuaciones para el segundo trimestre de 2026, más de 70.000 hogares cada año.

Generar energía con la fusión nuclear.

Esta es una reacción en la que dos núcleos de átomos ligeros, en general de hidrógeno, se unen para formar otro núcleo más pesado. Por segunda vez, desde diciembre de 2022, el 30 de julio de 2023, científicos de Estados Unidos, en California han conseguido que el rendimiento de una reacción de fusión tuviera ganancia neta de energía, al generar 3'15 megajulios después de que el láser invirtiera 2'05 megajouls. Energía segura y limpia, mientras que la energía nuclear que se utiliza en las centrales nucleares, la energía de fisión, al romper uranio, genera residuos radiactivos peligrosos que no sabemos eliminar. La fusión, con hidrógeno, es la utilizada por el Sol y la que intentamos imitar y dominar. Ahora falta la tecnología necesaria para producir electricidad abundante en grandes centrales y eso todavía tardará. Múltiples empresas, públicas y privadas (de Estados Unidos, Alemania, Reino Unido, China, Suecia.) tienen proyectos que, deben competir y colaborar para alcanzar el objetivo, que es cada vez mas urgente que hay que buscar alternativas a los combustibles fósiles, por el creciente aumento de la demanda de electricidad (de un 30% a un 76% para el 2050) y que las renovables no podrán con todo.

¿Y las baterias de hidrógeno? Hidrógeno gris, azul, verde, rosa...

Por rotura de la molécula de agua, en el proceso llamado hidrólisis, se obtiene hidrógeno y oxígeno. Hidrógeno para hacer baterías como combustible obtenido del agua. Parece fácil la solución, ¿no? No emitiríamos CO_2 y lo podemos producir a partir de las moléculas de agua, que no nos las acabaríamos.

Actualmente, la mayoría se produce a partir de gas natural (metano) y agua y, de media, se emiten entre ocho y diez toneladas de CO2 por cada tonelada de hidrógeno producido, es el llamado *hidrógeno gris*. Si este dióxido de carbono se capturara, tendríamos *hidrógeno azul* y, si en lugar de emplear metano, se produjera la electrólisis a partir de la rotura de la molécula de agua usando para ello energías renovables, como la eólica o la solar, obtendríamos *hidrógeno verde*. El problema es que, para obtenerlo, se requiere entre cinco y siete veces más energía que con el hidrógeno gris.

El hidrógeno verde, su producción es, en estos momentos, un proceso costoso que sólo se hace en algunos sectores. Este proceso apenas genera gases de efecto invernadero. Este hidrógeno combustible, se podrá comprimir a 800-900 bares o licuar a menos 253 grados para transportar y distribuir. Con este hidrógeno, que llamamos verde, tendremos un hidrógeno energético que puede ser la base del futuro transporte. Dice la Agencia Internacional de Energía que el coste de producción caerá 64% en 20 años. Ahora el precio del hidrógeno verde está entre 4 y 7 euros el kilogramo. Iberdrola, Talgo, Airbus, Naturgy, Repsol y otros ya están invirtiendo dinero y apostando por el hidrógeno.

El almacenamiento y el transporte del hidrógeno verde es, por ahora, uno de los grandes problemas de esta fuente de energía. Todavía no se ha encontrado una manera de almacenar y transportar grandes cantidades de este material ya que se trata de un elemento muy poco denso y que, por tanto, ocupa mucho espacio. Debido a la densidad, en un barril cabe mucho menos hidrógeno verde que petroleo. Esto hace que, aunque el hidrógeno sea más limpio y más eficiente, sea mucho más complicado almacenar y transportar de forma eficiente.

En el sector del transporte, ya hay vehículos, como algunos autobuses de Barcelona, que se alimentan con hidrógeno y, en lugar de generar emisiones contaminantes, generan agua. Dentro del vehículo, el hidrógeno, almacenado en unas baterías, se vuelve a mezclar con oxígeno para generar electricidad. Llenar el depósito de hidrógeno dura unos 10 minutos. Para que el hidrógeno sea rentable aún se necesitan más incentivos, como el de incentivar la demanda.

Los primeros barcos, de 11 metros, propulsados por hidrógeno verde, ya han navegado en las aguas del Puerto de Barcelona. Estos barcos, que se deslizan sobre el mar gracias a sus hidroalas, han sido promovidos por los impulsores de la Copa América (America's Cup Event), que se han aliado con el Departament d'Empresa de la Generalitat, el Ayuntamiento de Barcelona y el Port de Barcelona, lo que ha permitido equipar el puerto con la primera estación de repostaje de hidrógeno para barcos del mundo. Una prueba de rendimiento demuestra en el primer prototipo una autonomía de casi 6 horas, en las que se cubren 280 km (o 151,2 millas náuticas) a una velocidad promedio de 28.3 nudos (más de 52 km/hora). La instalación se basa en un tráiler lleno de hidrógeno y una gran máquina de compresión, con la que se logra introducir el hidrógeno a la nave a 350 bares de presión. Cuanta más presión, más litros pueden albergar los tanques del barco. El llenado tarda de 20 a 40 minutos, cuando hace dos años se tardaba diez horas.

Proyectos energéticos nuevos europeos, hay muchos y, de los 166 totales, 65 destacan por ser de hidrógeno. El proyecto del *hidroducto submarino entre Barcelona y Marsella, el llamado H2Med*, que aspira a unir la Península Ibérica con Alemania, y que Europa lo considera como prioritario en cuanto a financiación, se espera que entre en funcionamiento en el periodo 2027-2030.

Por ahora hay poca demanda y pocos incentivos para usar este nuevo combustible. También hay proyectos de electrolizadores en Cartagena, Bilbao, Asturias, Tarragona... Y también hay otros proyectos en España como el cable submarino a través del Golfo de Vizcaya que conectará Gatika y la localidad francesa de Cubnezais, la interconexión eléctrica entre España y Portugal, interconexiones entre Navarra y las Landas francesas, así como entre Aragón y Marsillon (Francia). El proyecto de hidrógeno verde para Europa se ha podido aprobar con el concenso de Portugal, España, Francia y Alemania. A Francia se le permitirá inyectar su *hidrógeno, llamado rosa,* producido con su potente energía nuclear. Alemania es el país con más demanda.

Pasaremos de las gasolineras actuales a las electrolineras, a las hidrogeneras y a las fotolineras en pocos años. En cualquier caso, el hidrógeno aún no es la solución universal.

El coche eléctrico, su llegada está siendo muy lenta. A finales de 2022 había 325.675 vehículos eléctricos matriculados, lejos del objetivo de los 540.000 para 2025. Y de los 5,5 millones previstos para 2030. La falta de planes de ayudas más importantes y de más puntos de recarga, es lo que está ralentizando la entrada importante en nuestro mercado.

Las bombas de calor están llamadas a tener un papel importante en la transferencia energética. Consumen unas 4 veces menos energías que las calderas de gas o petróleo. Estas bombas no son aparatos de aire acondicionado, que trabajan con el aire exterior y lo calientan o enfrían, sino que trabajan con el aire exterior para calentar agua y que se puede conectar a los radiadores. En 2022 España fue el quinto país con una tasa más baja de venta de bombas de calor de toda Europa.

El autoconsumo, es una modalidad que ha vivido un boom desde 2018, pasando de 0'4 GW instalados a 5'2 GW.

Afortunadamente la ciudadanía es cada día más consciente de lo que hay que hacer respecto al consumo responsable, sobre todo en alternativas responsables en alimentación, movilidad, energía... Pero hay cuestiones que todavía no nos planteamos por falta de formación-e-ducación, como es el caso del consumo exagerado que tienen algunas de las nuevas tecnologías. He comentado, en otro capítulo, que por ejemplo la famosa "Nube", donde se guarda tantísima información, consume, prácticamente, tanta electricidad como los Estados Unidos. YouTube, de Google, es la empresa que más electricidad consume del mundo. Y aquí todavía no ponemos límites. Como tampoco lo hacemos con el uso del móvil porque lanzamos cada año a la basura mas de 2.000 millones de teléfonos móviles y que solo reciclamos el 10%. Ya os he dicho que, además, contienen algunos elementos que son escasos en la naturaleza, caros y contaminantes. Tampoco con el crecimiento de la IA estamos pensando en las limitaciones.

Aquel mensaje del Club de Roma de 1972, sobre "los límites del crecimiento", sigue siendo válido, ya nos alertaba sobre el cambio climático, la pérdida de suelo fértil o la extinción de especies. Los Objetivos del Desarrollo Sostenible (ODS) y La Agenda 2030 de las Naciones Unidas, son una hoja de ruta que deberíamos abordar con ambición e inteligencia para compensar los enormes desequilibrios del modelo social y político actual. Y eso hay que explicarlo en la escuela. Hay países que sí necesitan crecer, pero los países ricos tenemos que poner límites al crecimiento.

Esto puede ser un escenario imposible para los más jóvenes, pero, los que somos mayores sabemos que se puede vivir con mucho menos y seguir siendo igual de felices, sustituyendo la dopamina que segregamos con la compra compulsiva, por la serotonina de ser respetado en un grupo de amigos y por los vecinos de donde vives. Todo hace pensar que se cumplirá una frase que pronunció el famoso economista británico JM Keynes (1883-1946) en una conferencia en Madrid, en 1930, cuando predijo que "en 2030 la humanidad debería trabajar menos para mantener el bienestar". Ya preveía lo que pasaría.

No hace falta decir que estas opciones de las energías alternativas al consumo de petróleo y otras que tendrán importancia en el futuro, son tecnologías maravillosas que nos están abriendo caminos más sostenibles para la naturaleza con la transformación energética. Pero algunos proyectos no han evaluado los graves inconvenientes que pueden provocar. Un caso sería el proyecto de parque eólico del Cap de Creus y las Illes Medes, en la Costa Brava. Colisiones de aves, tortugas y cetáceos, ruido de las turbinas, contaminación por metales pesados procedentes de los llamados ánodos de sacrificio (recubrimientos protectores de metales), efectos sobre los peces de los campos electromagnéticos del cableado, impacto paisajístico de las turbinas, etc.

Suprimir la producción de gasolinas, buena parte del plástico, una parte importante de los coches, suprimir la producción eléctrica por centrales nucleares y por gas natural, subir el precio para viajar con aviones tan contaminantes, rebajar las pérdidas del sector primario (sobre todo agricultura y ganadería) y la transformación de muchos servicios por la IA, nos lleva a pensar que nos encontramos ante una revolución económica que tendrá que resolver como nos repartimos el trabajo y como vivimos con menos recursos.

Repartir trabajo, dar nueva formación a los que cambian de trabajo y obtener una vivienda asequible inferior a los 400 €/mes deberían ser los nuevos retos de una administración que verá caer el presupuesto y deberá mantener lo imprescindible del estado de bienestar: sanidad, enseñanza, atención a las personas mayores, orden público, etc. La sostenibilidad podría ser como una nueva religión, que puede hacer que la gente compre sólo lo imprescindible, que deje de viajar tan lejos a cambio de estar con amigos, etc.

La transición ecológica no sólo es irrenunciable, sino que necesita ser más rápida, ambiciosa y justa. Un caso reciente, que puede servir de ejemplo, es el realizado en las cuencas mineras de Asturias, de León y de Aragón, que son zonas donde esta transición ha supuesto el cierre de empresas y el desmantelamiento del sector económico de la minería. Se aceptará de forma diferente en función de si ha habido o no un proceso de transición justa. Parece ser que, en general, si lo ha sido. Vale la pena consultar los estudios empíricos recientes realizados por Bolet, Green y Gonzalez-Eguino (2023) o consultar el Observatorio sobre Percepción de la Transición Justa en España 2022-2023, elaborado por Red to Red con el apoyo de la Fundación Cepsa.

Debemos saber que los minerales y componentes para la energía solar y eólica, nos vienen sobretodo de China y por lo tanto la dependencia sigue siendo total.

Soluciones si las hay y reducir el cambio climático pasa por diferentes acciones, como la de aplicar el concepto de economía circular en la producción de energía y en la gestión de residuos, diseñar ciudades más sostenibles y, por supuesto, gestionar mejor los recursos naturales. También nuevas investigaciones nos ayudaran a disminuir el CO2 atmosférico. Leo que un nuevo tratamiento se está probando en California (Innovative Genomics Instiyute) contra los gases tóxicos de los 1.500 millones de vacas, que están produciendo un alto porcentaje del calentamiento global. Se trata de modificar genéticamente los microbios del estómago de las vacas para eliminar tantas emisiones, sobretodo, de gas metano, que llegaría a reducirse en un 98%. El metano es el segundo gas mas importante en la crisis climática; su potencial de calentamiento por partícula de metano (CH4) es 80 veces superior al CO2. Reducir las emisiones tiene soluciones, como la de añadir un aditivo (Bovaer) a la dieta alimentaria de las vacas que, reduce sus emisiones en un 30%, reducir las fugas en algunas instalaciones energéticas, etc.

Tecnologías de Captura. El uso y almacenamiento de CO2 (CCUS).

Nos dice el gran profesor Mariano Marzo (1951) experto en la geología del petróleo, que la Unión Europea ha pedido a los países que fijen objetivos específicos para los próximos años, porque se tendrán que capturar 50 millones de toneladas el año 2030, y 280 millones el 2040. España no tiene aun proyectos en este campo, cuando ya existen 700 repartidos por todo el mundo y España los necesita para seguir siendo competitiva.

Dejo para el capítulo siguiente hablar de los nuevos materiales, que están tan relacionados con las transformaciones energéticas y que nos están cambiando la vida.

CAPÍTULO 7
LOS NUEVOS MATERIALES QUE
NOS ESTÁN CAMBIANDO LA VIDA

La humanidad empezará verdaderamente a merecer su nombre el dia en que
haya cesado la explotación del hombre por el hombre
Julio Cortazar (1914-1984)

No puedo dejar de lado hablar de los nuevos materiales sin los cuales no tendríamos ni móvil, ni placas solares, ni aerogeneradores, ni coches eléctricos, ni robots, ni IA, ni una infinidad de útiles electrónicos y no electrónicos.

La transición energética deberá hacerse con un puñado de materiales que contienen una serie de elementos químicos llamados *críticos* y *tierras raras*, la mayoría ubicados en minas de zonas o países en conflicto o inestables. El *cobre, niquel, cobalto, litio, cromo, grafito, manganeso y zin*c, son algunos de los minerales críticos mas relevantes para la transición energética. Son considerados *crí*riticos porque se conocen pocos depósitos y de los cuales hay un suministro esporádico. Además tenemos el *escandio (Sc), el itrio (Y),* los 15 lantánidos, que son: *lantano (La), cerio (Ce), proseudimio(Pr), neodimio (Nd), prometrio (Pm), samario (Sm), europio (Eu), gadolinio (Gd), terbio (Tb), disprosio (Dy), holmio (Ho), erbio (Er), tulio (Tm), iterbio (Yb) y lutecio (Lu)* y algunos mas como *paladio (Pd), indio (In), renio (Re), niobio(Nb) y tantalio (Ta).*

El mercado de estos minerales se ha duplicado en los últimos 5 años. Un coche eléctrico necesita seis veces más de minerales que uno de combustión. Una plataforma eólica marina necesita 13 veces más de algunos metales que una planta de gas tradicional y, una eólica terrestre 9 veces más. El *litio*, por ejemplo, triplicó su demanda el año 2017 y también lo hizo el año 2022 el *cobalto*, cuyas necesidades han aumentado un 70%, entre estos años o el *níquel* un 40%. La demanda de *cobre, níquel, litio, cobalto y grafito* ha sido espectacular.

En 2024 podría haber una importante carencia de otros como el *galio (Ga)* y *germanio* (Ge), que son imprescindibles para la fabricación de semiconductores. Sin *litio, cobalto o grafito* no tendríamos placas solares, aerogeneradores o los electrodos componentes de las baterías de los vehículos eléctricos.

Los materiales que hasta ahora eran básicos para la economía, por las utilidades que presentaban, van dejando de serlo y son sustituidos por otros que hasta ahora no tenían valor. El precio de la plata, por ejemplo, cayó con la aparición de la fotografía digital de un 20% de demanda mundial al 5%, de 2004 a 2013. Con la plata se fijaba la imagen en el celuloide de las cámaras de fotografía antiguas. Mientras que el *neodimio*, que se utiliza en turbinas eólicas y dispositivos portátiles, pasó de valer 50 dólares/kg, en el año 2010, a los 500 dólares en el año 2011. Lo mismo ocurrió con el *europio* utilizado en pantallas de cristal líquido, el *renio*, que forma parte de aleaciones utilizadas en aviones de última generación, el *litio* con la aparición de las baterías del ión *litio*, etc. etc.

Actualizar un correo electrónico o darle a "me gusta" a una foto en *Instagram*, depende de una serie de materiales, con nombres poco conocidos como *vanadio, antimonio, neodimio, disprosio*, etc. Solo un móvil puede llevar entre 30 y 120 de estos materiales. Las placas solares también contienen *indio, galio y cadmio*, que son muy tóxicos. Las pantallas actuales de teléfonos inteligentes y las tabletas son de óxido de *indio y estaño*, un material escaso, caro y contaminante.

Si por un casual, se produjera una falta de estos materiales *(litio, cobre o las llamadas tierras raras)* sería en estos momentos la gran amenaza para seguir transformando el modelo energético y reducir las amenazas del cambio climático.

Es evidente que con estos metales fabricamos placas solares, aerogeneradores, vehículos eléctricos, etc. que están reduciendo y reducirán el uso de combustibles fósiles, pero hay que recordar que la mayoría son escasos, proceden de minas ubicadas en zonas políticamente muy inestables, se extraen, la mayoría, con explotación humana y sin protección toxicológica de los trabajadores y, lo que también es muy grave, que los productos fabricados no se están reciclando para recuperar estos valiosos materiales. Se recicla poco. Os he dicho que la humanidad está lanzando mas de 2 mil millones de móviles cada año a la basura y se reciclan solo el 10%. Las alas de los aerogeneradores ya se abandonan después de su tiempo útil. La reutilización de estos materiales es muy baja: el *litio*, menos del 1%, o el 30% en el caso del *cobalto*. Para producir una tonelada de *litio* se pueden necesitar alrededor de 70.000 litros de agua y las reservas mundiales de este elemento están en zonas de estrés hídrico.

¿Cómo es que todo esto no se explica? El caso, por ejemplo, de la enorme cantidad de *cobre* que necesitamos para cada coche eléctrico (89 kilogramos, 6 veces más que para un vehículo de combustión interna) o las 4'7 toneladas de este metal para una turbina eólica de tres megawatios, está haciendo que la demanda y el precio se dispare, debido a esta llamada "transición verde". Además, sabemos que la minería de *cobre* provoca el incremento de casos de cáncer. Podeis consultar el caso de la ciudad chilena de Antofagasta.

Los residuos van al campo y la contaminación es enorme. En China, por ejemplo, miles de minas de *tungsteno, galio, grafito, indio, antimonio y germanio*, trabajan sin ningún control y hablar de la contaminación allí es un tema tabú.

Igual que tenemos que poner límites a la combustión de petróleo, también debería hacerse ya con el uso de estos materiales muy contaminantes y algunos muy escasos. Solucionaremos el primer problema, el del petróleo, que ahora es el malo de la película, pero habremos generado otro. Pensad que en Alemania ya hay infinidad de turbinas eólicas abandonadas, después de 20 años de vida útil, que no se reciclan por resultar más económico ir a extraer los metales de la mina.

Pongo una pequeña lista de estos materiales y de su principal origen: *cobalto* (República del Congo), *grafito* (China), *iridio* (Sudáfrica), *neodimio* (China y Australia), *cobre* (Chile), *disprosio* (China y Birmania), *litio* (Australia, Chile, China), *manganeso* (Sudáfrica, Gabon), *níquel* (Indonesia), *platino* (Sudáfrica), etc.

Actualmente el 63% de todas las denominadas "tierras raras" están en manos chinas y el proceso de separación (procesamiento y refinamiento) de las rocas o minerales que los contienen, el 85% también está en manos de los chinos. El *grafito*, por ejemplo, está en manos chinas, con el 65% y, además de sus refineries sale más del 90% del grafito mundial que se utiliza en los ánodos (la parte que libera los electrones durante la descarga) de las baterías de los vehículos eléctricos. Tres cuartas partes de las plantas de baterías del mundo están en China. Además, China ha creado las *baterías de litio-ferrofosfato*, de las que tiene el monopolio. Estas permiten más autonomía a menor coste, no se sobrecalientan tanto y pueden ser recargadas hasta 2.000 veces sin perder capacidad, el doble que las actuales de iones de *litio*.

También los usamos en nanotubos de carbono con infinitas aplicaciones, como en las sartenes antiadhentes, las bombillas de bajo consumo, los envases biodegradables, los materiales biocompatibles con implantes, en el teflón para sustituir vasos sanguíneos, el metacrilato para sustituir un cristalino opaco con cataratas, etc.

¿Y en los materiales de uso cotidiano? Cocinamos poniendo al fuego alimentos en contacto con aluminio, acero inoxidable, hierro, barro, teflón, silicona o vidrio. ¿Cuál es el mejor? La ciencia, poco a poco, nos va dando respuestas. Algunos compuestos utilizados como antiadherentes pueden alterar el equilibrio hormonal; así el teflón (politetrafluoroetileno) es inalterable a menos de 260° C, pero el ácido que se utiliza para fijarlo en las sartenes (los perfluorados) sí puede migrar a los alimentos. Los materiales más recomendados son el vidrio, el barro, la cerámica, el acero y el hierro. El aluminio se ha relacionado con el Alzheimer y el teflón con cánceres de vejiga y riñón (según el American Cancer Society).

Como podeis ver nuestra dependencia es total y, no todo son ventajas con las nuevas tecnologías.

Os quiero hacer un comentario, no sobre la conocida fiebre del *oro*, sino la del *litio*. En Extremadura hay *litio* de fácil extracción. Hoy, este metal blanquecino plateado, en forma de *hidróxido de litio*, es clave para la fabricación de baterías de automóviles eléctricos y China y Chile son los dos grandes productores mundiales de los que depende Europa. El hallazgo de dos minas en Cáceres ha llegado a alterar la convivencia ciudadana. Extremadura tiene malas experiencias en cuestión de promesas de prosperidad. Las antiguas minas de fosfatos, el Plan Badajoz de regadío, en la época franquista, las Centrales Nucleares de Valdecaballeros y Almaraz o el cultivo del 80% del tabaco español que produce, no han cumplido lo que prometían y ahora muchos piensan que con el *litio* pasará lo mismo. Extremadura continúa siendo igual de pobre y sin buenas vías de comunicación. Y mucho más cuando el *litio* ha bajado mucho el precio debido al total monopolio de China.

No puedo olvidarme de hablar de un material innovador y revolucionario: el *grafeno*, que fue descubierto en 2004. Es un material que se extrae del *grafito* y se compone de carbono puro, y que encontramos en objetos tan cotidianos como la mina de un lápiz. Destaca por ser duro, flexible, ligero, buen conductor térmico y eléctrico y con una alta resistencia. Se calcula que este material es 200 veces más resistente que el acero, 5 veces más ligero que el aluminio y 1.000 veces mejor conductor que el cobre. Con estas propiedades, tiene aplicaciones en el sector energético, el de la construcción, la salud y la electrónica. Se podría ampliar por diez la vida útil de las baterías, además de poderlas cargar en menos tiempo, lo que se traduce en una mejora de la autonomía. Es cuestión de tiempo que *el grafeno* sustituya gran parte de las baterías de *litio*, que son las que se utilizan actualmente. Idóneo para fabricar baterías para drones, ya que éstas serían más ligeras y duraderas, minimizando así una de las mayores limitacions que presentan los drones. El *grafeno* se puede doblar por lo que las posibilidades de rotura son mucho más bajas. Se podría aplicar en la fabricación de móviles, televisores, vehículos, etc. Al ser tan resistente, se esperan grandes avances en el sector de la iluminación. Por ejemplo, las bombillas de *grafeno* podrían ampliar su vida útil y consumir menos energía que las luces LED de que disponemos en la actualidad. También para mejorar el aislamiento de los edificios. Y no sólo eso, sino que podrían ser más resistentes a la corrosión, a la humedad y al fuego y, por tanto, más duraderos y sostenibles. Se podrían desarrollar prótesis más fuertes, flexibles y ligeras. Incluso, podríamos estar hablando de fabricación de huesos y músculos que se introducirían mediante operaciones quirúrgicas o, incluso, para transformar fotones en electrones (82% más eficientes que las placas solares actuales).

Se fabricarían dispositivos electrónicos más pequeños, ligeros, duraderos y eficientes, imposibles de obtener con los componentes que se utilizan hoy en día y se conseguiría que los dispositivos sean inmunes a la humedad, una de las principales causas de deterioro. Como ocurre a menudo, también deberán sopesarse sus inconvenientes, como el caso de las mascarillas con *grafeno* utilizadas al comienzo de la pandemia que, no dejaban pasar los virus pero que causaba toxicidad en los pulmones. ¿Pronto chips de *grafeno*? El problema del *grafeno*, todavía, es fabricarlo a escala industrial y a bajo coste.

En 1859 se perforó el primer pozo de petróleo en Pensilvania, en Estados Unidos, y el mundo no se podía imaginar la importancia que aquel hecho debía tener en nuestras vidas. Recordemos sólo dos derivados del petróleo: la gasolina (1888, primeros coches de gasolina) y el plástico (1909, comienzo de la era del plástico). Ahora nos tendremos que librar de los derivados del petróleo y los nuevos materiales nos ayudarán, pero tenemos que pensar en el uso racional que les debemos dar.

Es evidente que todos estos materiales nos permiten fabricar herramientas increíbles que nos mejoran la calidad de vida y eso es lo que llamamos bienestar. Pero, quizas estareis conmigo, si os digo que al crecimiento le tenemos que poner algunas limitaciones. Queremos vivir demasiado rápido y tener de todo sin pensar en las consecuencias que os señalo.

Un último ejemplo: el descubrimiento de *un nuevo semiconductor cuántico,* que ha batido el récord de velocidad: hasta un millón de veces más rápido que los de *silicio.* Los semiconductores son elementos, entre conductores de corriente y aislantes, según las condiciones y de múltiples aplicaciones en circuitos de la mayoría de los aparatos electrónicos. Con un material superatómico (llamado $Re_6Se_8Cl_2$ compuesto de *reni, selenio y cloro*), los electrones recorren, en los experimentos, micrómetros en menos de un nanosegundo. En términos de transporte de energía, es el mejor semiconductor que conocemos, al menos hasta ahora, afirma Milan Delor (Universidad de Columbia). De igual manera que los procesadores actuales de un ordenador son igualmente millones de veces más rápidos que los de los ordenadores de hace 20 años. Este descubrimiento ofrece nuevas perspectivas en la búsqueda de materiales con aplicaciones revolucionarias para la electrónica y la tecnología de semiconductores. Este descubrimiento no solo amplía nuestro entendimiento de los semiconductores superatómicos, sino que también abre nuevas posibilidades para el desarrollo de tecnologías más eficientes y avanzadas en el ámbito de la electrónica y la informática.

Las nuevas partículas que se van descubriendo, como el *bosón de Higgs* o la *antimateria*, aún no tienen aplicaciones, pero pasó igual con el descubrimiento del electrón, en 1897 por Joseph John Thomson (1856-1940); nadie se podía imaginar las infinitas aplicaciones que llegaría a tener.

CAPÍTULO 8
¿QUÉ ESPERAMOS EN TÉRMINOS DE SALUD?

La investigación sobre las enfermedades ha avanzado tanto que cada vez es más difícil encontrar a alguien que esté completamente sano.
Aldoux Huxley (1894-1963)

La edición genética, terapias CAR-T, la detección temprana de una enfermedad, la gravedad de las radiaciones en pequeñas dosis, creación de órganos humanos en embriones de cerdo, hormona que endurece los huesos, el envejecimiento de los órganos, personas que enferman más que otras, detección de Alzheimer y de cáncer de colon con un análisis de sangre, tabaco e inmunidad, mejorar la salud con la IA, nanorobots contra el cáncer, estimulación magnética transcraneal, nuevos mapas del cáncer, nuevos medicamentos y nuevas vacunas, edad de jubilación ideal, cirugía para la depresión resistente...

A menudo, los ricos, por vivir como ricos, pensamos que cuando una enfermedad tiene tratamientos que lo puedan solucionar (medicamentos, cirugía...) el problema ya está resuelto y podemos dejar de preocuparnos. Un buen ejemplo es el del SIDA: aquí está bastante bien resuelto con fármacos, pero ¿sabéis que en el mundo mueren 800.000 personas cada año y se infectan 1.200.000? ¿O que el mismo *SIDA* es una enfermedad de predominio heterosexual donde el prototipo es una mujer negra infectada por un marido que tiene muchas parejas y no usa preservativo? Este ejemplo que pongo del SIDA es para que hagais una reflexión. La desinformación sólo se puede combatir con conocimientos y con educación.

La salud del mañana, sobre todo, depende de la investigación científica de hoy. La música, el arte, la historia, la filosofía y otras humanidades también son muy importantes y forman parte imprescindible de nuestra salud y de nuestro bienestar, pero no nos librarán del SIDA, del cáncer, de los infartos o del Alzheimer. Una parte de la salud mental y no mental tiene mucho que ver con la música, el arte, etc. pero, sobre todo, tiene que ver con la ciencia.

Nuevos conocimientos que afectan a la salud (de los nuevos medicamentos os hablaré después)

La edición genética para reparar genes defectuosos

La Administración de Alimentos y Medicamentos de Estados Unidos (la FDA) ha aprobado recientemente el primer tratamiento basado en la revolucionaria tecnología de edición genética, de la que ya os he hablado en el capítulo de las nuevas tecnologías. El nuevo tratamiento será una valiosa herramienta para luchar contra muchas enfermedades, como el caso de la anemia de células falciformes en pacientes mayores de 12 años, que os lo explico en el capítulo dedicado a la genética. Se utiliza la tecnología de edición genética *CRISPR*, que permite cortar y pegar, en el libro de instrucciones de 3.000 millones de letras que contiene nuestro ADN y que componen el genoma de un ser humano, para así corregir los errores. No obstante, se trata todavía de una terapia muy cara y compleja de administrar, así que, por ahora, estará sólo al alcance de unos pocos privilegiados. En el Hospital de la

Vall d'Hebron de Barcelona han empezado a diagnosticar a enfermos de una discapacidad intelectual, hasta ahora de causa desconocida y que se debe a un solo gen *(RNU4-2)*. Se abren así las puertas a futuros tratamientos, sobretodo, de estas enfermedades debidas a un solo gen, que son muchísimas.

Las terapias CAR-T

La *terapia CAR-T* es un tratamiento innovador que, hasta ahora, se ha estado desarrollando para tratar algunos tipos de tumores o enfermedades hematológicas, como linfomas, leucemias o mielomas. El nombre CAR-T (hace referencia a las siglas en inglés de *linfocitos T* que actúan como *Receptores de Antígenos Quiméricos*). Consiste en extraer células del sistema inmunitario de los pacientes (linfocitos), en este caso las células T, que se modifican genéticamente, reprogramándolas, y posteriormente se vuelven a inyectar al paciente. Las inmunoterapias *CAR-T* son, por ahora, lo más revolucionario en el mundo del cáncer. No funciona en todos los pacientes, pero cuando lo hace, salva vidas. El tratamiento se hace de una sola vez y si funciona, acaba con el problema. El linfoma tratado con *CAR-T,* tiene una tasa de curación del 45%, hasta hace poco solo era la mitad que ahora; lo dice Miguel Angel Perales, una autoridad oncológica mundial, jefe del Servicio de Transplante de Médula Ósea del Hospital Memorial Sloan Kattering de Nueva York.

El potencial de las *terapias CAR-T* va más allá de las enfermedades de la sangre y uno de los retos es el de aplicarlas a los tumores sólidos. Es una esperanza en la lucha contra el cáncer de mama, el lupus y otras enfermedades autoinmunes. Que hay datos esperanzadores en muchos tumores, también nos lo dice el inmunólogo

Manel Juan, Jefe del Servicio de Inmunología del Hospital Clínic de Barcelona. El Hospital de la Vall d'Hebron de Barcelona, es el centro que registra más actividad de inmunoterapia con *CAR-T* en España, con cerca de 300 pacientes tratados desde 2019, sobre todo pacientes refractarios con linfomas B, T y leucemias agudas linfoblásticas. En un ensayo (sobre el lupus) participan centros de España, Francia, Alemania y Australia. Dentro de España participarán Vall d'Hebron y el Hospital General Universitario Gregorio Marañón de Madrid. Los grandes hospitales públicos españoles están autorizados para extraer los linfocitos y reintroducirlos, pero la modificación genética es propiedad de multinacionales como la Suiza Novartis. Ahora esta terapia, impulsada por el Instituto de Salud Carlos III, ya está en seis hospitales públicos: Clínic de Barcelona, 12 de Octubre de Madrid, Virgen del Rocio de Sevilla, Salamanca, Virgen de la Arrixaca de Murcia, Clinic de Santiago de Compostela y la Clínica Universitaria de Navarra (este de titularidad privada). Con la incorporación a los centros públicos el precio por paciente ha bajado considerablemente.

Las *terapias CAR-T* tienen un riesgo conocido, porque aumentan los riesgos de alguna neoplasia secundaria y mayor inmunodeficiencia, pero el balance riesgo-beneficio sigue siendo muy positivo. Son terapias empleadas con pacientes que ya han sido tratados con los tratamientos conocidos disponibles de radioterapia y quimioterapia y que tienen mal pronóstico. Desde 2017, se han aprobado algunas de estas terapias, por la FEDA y por la EMA. Decenas de miles de pacientes ya han sido tratados y abren una vía de esperanza, sobre todo, en los cánceres más agresivos. Aunque, como dice el oncólogo Aleix Prat, las terapias celulares contra el cáncer avanzan, pero la quimio y la radio seguirán.

Y también debemos hablar de las terapias *TIL*, que consisten en la activación de los linfocitos para que se amplíen en número y actúen contra el tumor. Esta terapia se ha mostrado muy eficaz en el melanoma (un tipo de cáncer de piel).

La detección temprana o precoz de las enfermedades

Si, por ejemplo, sabemos que somos portadores de hipercolesterolemia hereditaria, causante de tener colesterol alto (lo es el 7% de la población), podremos evitar un infarto antes de los 55 años. También la detección de los contaminantes de los que nuestro cuerpo es portador, como os he explicado antes, o si somos portadores de los genes que determinan el cáncer de mama hereditario o de tantos otros indicadores. La prevención es básica.

Hoy, con ecografías de las principales arterias, nos lo dice el cardiologo, Valentin Fuster, se pueden detectar futuros problemas cardíacos y circulatorios.

Cerca de 18 millones de personas mueren cada año en el mundo a causa de las enfermedades del corazón o las relacionadas con el aparato circulatorio. Hay importantes avances. Uno es el de la *resonancia magnética cardíaca de perfusión,* se puede obtener una imagen completa de alta resolución del corazón y de los flujos sanguíneos gracias al uso de modelos computacionales y de IA. También cómo inducir la proliferación de células vasculares normales para formar nuevos vasos sanguíneos, un proceso denominado *angiogénesis*. También la *resincronización ventricular secuencial cardíaca,* mediante un *marcapasos biventricular* es una de las soluciones terapéuticas más prometedoras, con implantación mediante técnicas mínimamente invasivas y, también, con las *terapias celulares,* que estudian la posibilidad de insertar células pluripotenciales en el corazón para restituir sus funciones, hasta los avances con *fármacos nuevos* que reducen el colesterol o el desarrollo de anticoagulantes más seguros y efectivos.

El premio Nobel de física de 2023 le fue concedido al húngaro Ferenc Krausz y su equipo, por producir un sistema de luz láser muy corto (en *attosegundos* o trillonésimas parte de un segundo) para poder observar cómo se mueven los electrones. Con esto, nos dice Krausz, se puede detectar y diagnosticar el cáncer en fases iniciales y esto es importante para poder tratarlo. Ahora la detección se hace tarde, porque, en muchos casos, todavía no hay síntomas. El cáncer de pulmón se acostumbra a descubrir en la fase 4, cuando a los diagnosticados les queda solo un año de vida. A partir de ahora se diagnosticará en fases 1, 2 o 3.

A finales de 2023 empezó en España el proyecto *Cassandra (Cancer Screening, Smoking Cessation and Respiratory Assessment)*, una prueba piloto de cribados de cáncer de pulmón. En principio, estas pruebas de detección precoz del tumor más mortal forman parte del Servicio Nacional de Salud (SNS) durante cinco años y se suman, así, a otros cribados ya existentes, como los de mama o colon. Unos 12 hospitales españoles (a los que se iran sumando 40 más) ya empiezan a realizan tomagrafías axiales computerizadas (TAC) a personas de entre 50 y 75 años que sean fumadoras activas o hayan dejado de fumar, como máximo, en los últimos 15 años. Cada año mueren en España 29.000 personas por este tumor. Diferentes estudios señalan que estos cribados, vigentes en otros países, reducen hasta un 20% las muertes por cáncer de pulmón, al detectarlo en una fase precoz. Los cribados de cáncer de pulmón pueden salvar 11 vidas por cada mil habitantes.

También se pueden prevenir infartos con un simple análisis de sangre, según nos cuentan investigadores del Centro Nacional de Investigaciones Cardiovasculares (CNIC) Carlos III de Madrid que, con su descubrimiento de unos biomarcadores que detectan una aterosclerosis en estado incipiente.

Nuevos conocimientos sobre la dieta y el estrés materno durante el embarazo. La dieta mediterránea y la reducción del estrés materno durante el embarazo mejoran el neuro desarrollo infantil en los dos primeros años de vida. Así lo demuestra un análisis del ensayo clínico *IMPACT-BCN* publicado en la revista *JAMA Network Open*. Ya un ensayo clínico publicado en 2021 en la revista *JAMA* habia demostrado, por primera vez, que la dieta mediterránea o la reducción del estrés durante el embarazo reducían en más de un 30 % el riesgo de tener un bebé con bajo peso al nacer. Ahora los investigadores han querido evaluar también los efectos de las intervenciones en el estilo de vida materno durante el embarazo sobre el neurodesarrollo infantil. Los resultados indican que, los hijos e hijas de las mujeres que siguieron un programa de dieta mediterránea y de reducción de estrés, durante el embarazo mostraron mejores resultados de desarrollo sensorial y motor, relación con objetos y formación de conceptos y socioemocionales. El ensayo clínico se realizó en BCNatal, centro de referencia en medicina maternofetal de los hospitales de Barcelona, Clínic y Sant Joan de Déu.

La gravedad de la radiación en pequeñas dosis

Un trabajo de 2023, realizado con 310.000 trabajadores de la industria nuclear de Francia, Reino Unido y Estados Unidos, concluye que el riesgo de padecer cáncer por acumulación de pequeñas dosis crónicas de radiación, son tan perjudiciales como las agudas, aunque sólo sean puntuales. El estudio, publicado en agosto de 2023, en la revista *TMJ* y firmado, también, por la epidemióloga Isabelle Thierry Chef, responsable del grupo de Radiación Médica del Instituto de Salud Global de Barcelona sugiere un mayor riesgo de cáncer en la industria nuclear de lo que se suponía. La ciencia va aportando más datos con estudios recientes y que debemos considerar.

La creación de órganos humanos en embriones de cerdo

También quiero comentar otro avance espectacular. Científicos chinos y el médico español Miguel Angel Esteban, han conseguido crear el primer boceto de órgano humano dentro de un embrión de cerdo. Esto abre las puertas para fabricar recambios de órganos para trasplantar a las personas. Introduciendo células humanas manipuladas o reprogramadas, en embriones porcinos, que aún no habían desarrollado sus riñones, podían fabricar riñones humanos. Es un gran paso adelante, dado que en el mundo se trasplanten unos 150.000 órganos al año y, solo en Estados Unidos 100.000 personas están en listas de espera y 17 de ellas mueren cada día. La legislación china, más permisiva que la española o norteamericana, puede hacerlo. No hay que escandalizarse de que un norteamericano vivió dos meses con un corazón de cerdo en el año 2022 y murió de un fallo cardíaco, pero sin síntomas de rechazo del órgano trasplantado. Podeis pensar si uno de vosotros, lectores, necesitara un riñón para un hijo y no hiciera falta que un hermano compatible y sano se lo tuviera que dar, porque lo podríamos ir a buscar al laboratorio donde lo pueden fabricar, si, fabricar, con la ayuda de un animal.

Descubierta una hormona capaz de fortalecer los huesos

La *CCN3* se encuentra en el hipotálamo y nos explica por qué las madres lactantes mantienen su masa ósea a pesar de la pérdida de calcio, que durante este periodo se va a la leche para el bebé. Por ahora el estudio de la Universidad de California tiene explicación en hembras de ratón y en células humanas, pero abre la puerta a un importante potencial terapéutico para tratar la *osteoporosis*, que afecta a una de cada tres mujeres y a uno de cada cinco hombres de más de 50 años. El cuerpo femenino utiliza las hormonas sexuales, llamadas estrógenos, para mantener la masa ósea, pero con la menopausia o los tratamientos anti hormonales los huesos se vuelven más porosos y frágiles.

Conocer el envejecimiento de los órganos

Un estudio de la Universidad de Stanford, publicado en diciembre de 2023 en la revista *Nature,* dice que un simple análisis de sangre revela, con décadas de antelación, el envejecimiento acelerado de los órganos. Un envejecimiento acelerado del corazón aumentaba en un 250% la quiebra cardíaca, y un deterioro más rápido del sistema vascular o del cerebro estaba relacionado con más probabilidades de sufrir Alzheimer en el futuro o el de los riñones se asociaba a un mayor riesgo de diabetes e hipertensión. Utilizando *Machine learning* (aprendizaje automático), entrenaron un algoritmo que seleccionaba las proteínas que tenían más relación con el envejecimiento. El objetivo de este tipo de trabajos es conocer con mucha antelación que algo no va bien con un órgano concreto para poder tomar con suficiente antelación medidas preventivas. Esta prueba detectaba este envejecimiento acelerado cuando todavía no había síntomas.

¿Por qué unas personas enferman más que otras?

Depende de su sistema inmunológico. Esta barrera invisible diseñada para defender nuestro cuerpo de virus, bacterias y otros agentes tanto internos como externos que, ya se empieza a configurar desde antes de nacer, viene determinada por factores genéticos y de elementos ambientales como, por ejemplo, los hábitos alimentarios, el ejercicio, el descanso y la gestión del estrés y que va cambiando a lo largo de la vida. Pero, ¿por qué dos personas que tienen los mismos hábitos enferman de forma diferente? ¿Y por qué hay gente que casi nunca se pone enferma?

Un equipo internacional de investigadores ha recopilado y analizado datos sobre más de 48.500 personas y en múltiples modelos animales. El análisis de esta información desveló que uno de los factores más importantes para mantenerse sanos no es tanto la fortaleza del sistema inmunitario sino su capacidad de adaptarse rápidamente para hacer frente a infecciones y procesos inflamatorios. Este fenómeno se conoce como *resiliencia inmunitaria* y viene determinado, mayoritariamente, por factores hereditarios y se puede monitorizar a través de los niveles de los linfocitos T y diferentes marcas genéticas. También hay una correlación entre la *resiliencia inmunológica* y la esperanza de vida. Según argumentan los expertos que han liderado esta investigación, las personas con una alta capacidad de reaccionar tanto a las infecciones como a enfermedades inflamatorias también son las que, de media, viven más. Incluso en los casos donde se acaban desarrollando enfermedades como el VIH, gripe, COVID-19, sepsis o cáncer de piel, estos individuos con alta resiliencia inmunológica son los que más probabilidades tienen de superar la afección con buen resultado. La *resiliencia inmunológica* suele ser más común entre las mujeres, según señala este estudio, por esta razón enferman menos que los hombres.

La fortaleza de nuestro sistema inmune también depende de nuestro historial de enfermedades. Este fenómeno se conoce como *inmunidad adaptativa* y tiene que ver con la capacidad de nuestro organismo para recordar infecciones pasadas y evitar futuros contagios. En el caso de la COVID-19, por ejemplo, varios estudios apuntan a que las personas con alergias tienen un sistema inmune más preparado para desarrollar una respuesta celular rápida y potente para hacer frente a una infección por coronavirus. Lo mismo ocurre en el caso de los constipados, que fortalecen y protegen ante virus parecidos de otras infecciones respiratorias.

¿Fumar tiene algo que ver con nuestras defensas?

Un estudio liderado por científicos del Instituto Pasteur y la Universidad de Oxford y publicado el 14 de febrero de 1924 en la revista *Nature,* apunta el tabaquismo como uno de los factores que más influye en las respuestas inmunitarias humanas. La investigación se ha basado en el análisis de 1.000 individuos, en los que analizaron la secreción de citocinas (unas proteínas liberadas cuando el cuerpo encuentra un patógeno y que tienen un papel clave en la lucha contra infecciones y otras enfermedades). Y, en los análisis, se encontró que los fumadores tienen más alteraciones del sistema inmune; los niveles de citocinas liberadas están alterados. Estos hallazgos ayudarían a entender porqué el tabaco es un factor de riesgo en el desarrollo de tumores.

El oncólogo Josep Tabernero, director de la Vall Hebron Instituto de Oncología (VHIO), nos dice: 'Para prevenir el cáncer, hay que prohibir el tabaco en público y retirar el coche de combustión de la ciudad"

Biopsia líquida ¿El análisis de sangre puede detectar un Alzheimer o un cáncer de colon?

Hasta ahora el Alzheimer sólo se podía detectar con una prueba de imagen PET (tomografía por emisión de positrones) para ver los cambios anatómicos en el cerebro o bien con el análisis del líquido cefaloraquídeo del interior de la columna vertebral. La primera es cara y la segunda es una técnica invasiva. Ahora se puede detectar *con un biomarcador de una proteína, llamada tau*, que se acumula de manera anómala en el cerebro de las personas con Alzheimer y que luego se libera en la sangre. Las proteínas *tau y beta-amiloide* son las que aumentan con el Alzheimer. Así se podrán evitar las pruebas más costosas e invasivas en la mayoría de casos y ayudar a decidir qué pacientes son los candidatos a recibir un tratamiento de anticuerpos contra la proteína beta-amiloide, que aumenta cuando hay Alzheimer, y así frenar la progresión de la enfermedad.

También un simple análisis de sangre (biopsia líquida) resulta altamente eficaz en la detección del cáncer colorectal. Su sensibilidad es la misma que la de las pruebas de sangre oculta en excrementos. Los cribados de cáncer de colon (en Cataluña están dirigidos a hombres y mujeres de entre 50 y 69 años y consisten en detectar, en las deposiciones, pequeñas cantidades de sangre que no se ven a simple vista) disminuyen considerablemente la mortalidad del cáncer colorectal. Sin embargo, la participación en estos cribados es baja. En Barcelona ciudad, por ejemplo, no supera el 50%. La biopsia líquida tiene una fiabilidad de hasta el 90%, muy similar a los cribados de la sangre en heces. Los médicos creen que la gente no participa porque estas pruebas implican "manipular excrementos", lo que conlleva un "estigma social". Por eso hace tiempo que se habla de encontrar un biomarcador que se pueda obtener con una analítica de sangre para favorecer este cribado. El objetivo es detectar el ADN tumoral circulando por la sangre y detectar tumores de forma precoz. El estudio también prueba que la biopsia líquida detecta pólipos de colon y recto con mayor probabilidad que con los cribados anteriores.

¿Podemos mejorar la salud con la Inteligencia Artificial?

La IA se ha revelado como una herramienta de gran potencial, capaz de agilizar procesos y allanar el camino hacia una atención médica más precisa, personalizada y ágil. La IA permite y permitirá analizar gran cantidad de información en poco tiempo y avanzar de manera mucho más rápida en la comprensión de las enfermedades.

Pondré algunos ejemplos (*neurorehabilitación, Machine learning, Deep learning* y el de la simulación digital o la generación de órganos virtuales).

En la *neurorehabilitación*, Ezequiel Hidalgo, médico especialista en medicina física y rehabilitación, investigador del Instituto Ramón y Cajal de Investigación Sanitaria, vio en la aplicación de nuevas tecnologías, una oportunidad de oro para mejorar y personalizar las terapias de rehabilitación. En España se producen 130.000 derrames cerebrales cada año y los pacientes que los padecen se suman a los 33 millones de personas que ya viven con las secuelas del daño cerebral en todo el mundo. *CereVRal* utiliza la realidad virtual para proporcionar, a las personas que han sufrido un accidente cerebral, terapias inmersivas de rehabilitación y, tras recibir tratamiento en hospitales públicos, los que no se pueden seguir pagando el seguimiento de forma privada, esta plataforma, les permite acceder a vídeos terapéuticos y seguirlos en su casa, con un móvil de gama media, mediante realidad virtual.

La *Machine learning* para detectar hígados viables para el trasplante. Hoy en día, el exceso de grasa en el hígado puede provocar complicaciones después de un trasplante, por eso muchos hígados son descartados y no llegan a ser trasplantados. El equipo formado por Gemma Piella, de la Universidad Pompeu Fabra, y la doctora Concepción Gómez Gavara, de la Vall d'Hebron Instituto de Investigación (VHIR), han querido solucionar este problema con la creación de *LiverColor*, una innovadora herramienta diagnóstica que utiliza la IA para evaluar los hígados que se trasplantarán. El personal médico o de cirugía sólo tendrá que hacer una fotografía y subirla a la aplicación móvil, y el algoritmo de clasificación se encargará de confrontar las características de color y textura para determinar al momento el grado de esteatosis o cantidad de grasa y si el hígado es apto, o no, para ser trasplantado.

El *Deep learning* (aprendizaje profundo) para encontrar nuevas maneras de interpretar el gran volumen de datos y conseguir nuevas estrategias terapéuticas para aplicar en la leucemia mieloide aguda (Carolina Florian, Instituto de Investigación Biomédica de Bellvitge de Barcelona). Esto permitirá definir nuevas dianas terapéuticas para detener el crecimiento tumoral. Estamos viviendo algo que, biológicamente hablando, no tiene precedentes porque hasta ahora necesitábamos años enteros para hacer experimentos.

Y añado que los hospitales públicos ya utilizan la IA en el diagnóstico del cáncer de mama y, próximamente se utilizará para el cáncer de pulmón. Siete centros sanitarios del Instituto Catalán de Salud y hasta 168 patólogos trabajan en red en *Digipáticos*, el proyecto que ha permitido crear la red digital de anatomía patológica más grande del mundo. *Digipáticos* permite analizar un millón de muestras anuales.

¿Que es eso de la simulación digital y la generación virtual de órganos?

Ya tenemos los asistentes virtuales por vía telefónica o los relojes *GPS* con detector de caídas que facilitan el cuidado de los abuelos en su casa. Pero ahora, la *simulación digital o virtual* se abre paso a la medicina preventiva de la mano del Barcelona Supercomputing Center (BSC). Y que se ha presentado en el marco del Mobile World Congress de Barcelona, en febrero de 2024. Este avance consiste en la creación digital de órganos o partes del cuerpo humano para practicar operaciones que luego se llevarán a cabo en personas reales. O para detectar enfermedades de manera más precoz. Sirve, entre otras cosas, para que luego las cirujias aún sean más precisas y haya menos margen de error. Estos modelos virtuales evitan tener que hacer pruebas al cuerpo humano. Un modelo digital de un órgano, en este caso el corazón, permitiría, por ejemplo, detectar antes una cardiopatía.

"En esta nueva era de los datos, gracias a la supercomputación, podremos avanzar como nunca antes hacia la medicina personalizada para prevenir y curar enfermedades de una manera mucho más efectiva y eficiente", nos ha dicho Josep Maria Martorell, el director adjunto del BSC. La generación de humanos virtuales mediante la combinación de simulladores y IA es, según el BSC y el Mobile World Capital, una de las aplicaciones con más potencial que ofrece la supercomputación en el campo de la salud.

Nanorrobots contra el cáncer

Se consiguen reducir, en un 90%, los tumores de vejiga utilizando nanorrobots. Una investigación ha demostrado cómo estas nano-máquinas se impulsan con urea presente en la orina y se dirigen específicamente al tumor, atacándolo con un radioisótopo que transportan a su superficie. El trabajo realizado en ratones, liderado por el Instituto de Bioingeniería de Cataluña (IBEC) y el CIC biomaGUNE e impulsada por CaixaResearch de la Fundación "la Caixa", abre la puerta a nuevos tratamientos más eficientes para el cáncer de vejiga. El cáncer de vejiga tiene una incidencia alta y más de un 70% de tasa de recurrencia. Actualmente, para su diagnóstico y seguimiento, los pacientes se someten a múltiples intervenciones invasivas y costosas (de 2 a 4 por año durante al menos 5 años), lo que lo convierte en la enfermedad oncológica que más coste supone por paciente para los sistemas de salud.

Estimulación Magnetica Transcraneal.

Sabemos que una de cada cinco personas tendrá depresión alguna vez en la vida. Y sigue aumentando entre niños y adolescentes. En psiquiatría y en neurología hay tres tipos de tratamientos. Los fármacos, las psicoterapias y los tratamientos de estimulación cerebral. Estos últimos, con máquinas que aplican energía eléctrica o electromagnética sobre el cerebro con la intención de cambiar la actividad de las neuronas, porque lo hacen de una forma inadecuada.

El doctor Joan Camprodon, director científico de Guttmann Barcelona y jefe de Neuropsiquiatría del Massachusetts General Hospital (Harvard Medical School), nos explica algunos tratamientos. Herramientas quirúrgicas con *implantación de electrodos, la estimulación cerebral profunda* con *marcapasos* o la *estimulación magnética transcraneal,* que es un tratamiento no quirúrgico.

El Hospital de Bellvitge de Barcelona también se avanza en el uso de este nuevo sistema para tratar la depresión resistente mediante una nueva estimulación magnética transcraneal (EMT). En los últimos años se han desarrollado bobinas que permiten que la estimulación electromagnética llegue a profundizar tres centímetros y no uno como antes. Unas 30 sesiones, de unos 10 a 20 minutos, durante 6 semanas, de forma ambulatoria, sin anestesia y con pocas molestias locales, como cefaleas. Eso lo explica muy bien el jefe de psiquiatría del Hospital de Bellvitge, Pino Alonso que, también nos habla de la respuesta positiva, en todos los centros internacionales que se está aplicando. Hoy por hoy, este tratamiento es muy caro.

Nuevos mapas del cáncer

Se publican en *Nature* los atlas tridimensionales de algunos de los cánceres más letales: páncreas, mama con metástasis, colon, riñón, útero y vías biliares. Es una hazaña científica que ha llevado años de trabajo y que analiza muestras de más de 2.000 pacientes. Los resultados son parte del, un proyecto internacional liderado por Estados Unidos que quiere cartografiar todos los tipos de tumor conocidos. Con esta publicación, ya hay 14 atlas de 21 tipos de tumor distintos. Los nuevos atlas ofrecen la primera visualización del cáncer en tres dimensiones. También aportan la descripción más detallada hasta la fecha no solo de cómo es, dónde está y qué hace cada célula de un cáncer, sino cómo se comunican entre sí, y cómo se relacionan con el llamado microambiente tumoral: el tejido circundante que en muchas ocasiones actúa como una muralla para el sistema inmune y los tratamientos oncológicos.

¿Tenemos nuevos medicamentos?

Un medicamento para la obesidad. La Organización Mundial de la Salud define la obesidad como "una enfermedad multifactorial que se debe a un entorno obesogénico, factores psicosociales y variantes genéticas". Hay muchas razones por las que muchas personas tienen sobrepeso y obesidad. Razones culturales, hereditarias, alimentarias y otras. Lo cierto es que el 22'8% de los hombres y el 20'5% de las mujeres, de entre 25 y 64 años, tienen obesidad en España y, hasta ahora, no hay soluciones efectivas. Sabemos que la dieta y el ejercicio o la cirugía bariátrica pueden conseguir mejoras importantes, pero, ¿y si se descubriera un medicamento que resolviera el problema?

Empiezan a llegar soluciones farmacológicas legales, en forma de moléculas transformadas por la industria, que imitan la acción de algunas hormonas (GLP-1 y GIP). Estos medicamentos potencian la acción de la insulina, ralentizan el vaciado del estomago, aumentan la sensación de saciedad y reducen el hambre. Por ahora, *la semaglutida*, es un medicamento aun caro y complementario que se receta a los de un grado de obesidad elevado, a niños/niñas de 12 años que pesen 60 kilogramos, a diabéticos con obesidad, etc. pero a la corta o a la larga deberá funcionar para todos los que lo necesiten. Da unos resultados parecidos a los de la cirugía para adelgazar. *Semaglutida, liraglutida, du-*

laglutida, la gente los busca donde sea y eso está provocando problemas de agotamientos de existencias por los diabéticos (DM2). El más conocido es el de nombre comercial *Ozempic*. Permite actuar sobre la obesidad y también sobre las enfermedades asociadas como: diabetes, cardiovasculares, apneas de sueño... El consumo de este medicamento y de sus análogos se ha disparado y ya se detectan casos de venta sin receta médica por la Agencia Española del Medicamento. En la revista científica *The Lancet* se analizó la intervención contra la obesidad que obtiene resultados heterogéneos, con personas que apenas pierden un 5% de su peso inicial y otras que pierden hasta un 40%.

¿Y medicamentos contra las bacterias resistentes a los antibioticos?

Las bacterias multirresistentes provocan más de 23.000 muertes al año en España y 1,2 millones en el mundo. Los datos más recientes (del 2025) revelan que pueden ser hasta 8 veces superior a las estimaciones hechas hasta ahora por el ministerio de sanidad. Estos ya matan más que el SIDA, la malaria y algunos cánceres. Es una amenaza para la salud mundial. En la lucha contra las bacterias que no podemos matar con antibióticos, se están abriendo paso terapias alternativas a los antibióticos, como la utilización de *virus* que atacan estos microorganismos mutados, también con los sistemas de *edición genética* o con la utilización de *anticuerpos*. Todavía están en fase incipiente pero que podrían dar buenos resultados en el futuro. Ya tenemos casos de virus bacteriófagos, los que matan bacterias, que se están usando como último recurso.

Ya se está probando en humanos un antibiótico nuevo contra una de las bacterias resistentes más peligrosas, el *Acinetobacter baumannii*.

Lo ha publicado la prestigiosa revista *Nature* el día 3 de enero de 2024. La *zosurabalpina* bloquea la formación de una de las membranas de estas bacterias, llamadas Gram negativas y así la bacteria tiene menos probabilidades de sobrevivir y puede ser atacado por antibióticos que antes no podían actuar.

También se habla de que pronto tendremos un nuevo fármaco frente a las bacterias resistentes a los antibióticos (*Emblaveo*), fabricado con la combinación de varias moleculas y del que no he encontrado mas referencias.

¿Pueden tener relación con la contaminación atmosférica estas bacterias multirresistentes?

Resulta que una publicación del 7 de agosto de 2023, por *The Lancet Planetary Health*, ha encontrado una correlación entre la resistencia a los antibióticos y la contaminación atmosférica. Sin establecer aún como causa directa, ni los mecanismos, pero si se puede decir que esta resistencia a los antibióticos aumenta con la contaminación. Las partículas finas del aire, de menos de 2'5 micras, contienen bacterias y material genético de antibióticos, que los incorporamos cuando los inhalamos. Reducir estas partículas, con las nuevas recomendaciones de la ONU y la OMS, hará disminuir considerablemente el número de fallecidos.

Las percepciones del peligro de los contaminantes ambientales sobre la salud son cada vez mayores, pero no se les hace mucho caso. En niños/niñas vemos que se adelanta la pubertad, que hay más jóvenes con déficit de atención, muchos problemas hormonales, menstruaciones irregulares, ovarios poliquísticos, aumento de cánceres infantiles, etc. pero nos hemos acostumbrado al confort y no sabemos prescindir de tantas sustancias químicas que lo provocan. Los miles de productos químicos que pueden provocar problemas de salud, no lo hacen de forma inmediata y nos confiamos.

El caso de Nueva Delhi, la ciudad con mayor contaminación atmosférica del mundo, es preocupante. Ya empiezan a haber clínicas para atender a los enfermos por esta polución, sobre todo, la causada por las partículas menores de 2'5 micras de diámetro, las más cancerígenas, generadas por la quema de los rastrojos de los arrozales y por quemar mucho carbón de mala calidad. Sensación de ahogo, mareos, migraña, neumonías, faringitis, bronquitis, conjuntivitis, ansiedad, insomnio, asma, cáncer de pulmón, infartos, hipertensión, incluso, la pérdida de hasta 12 años de esperanza de vida en Delhi. Los habitants ricos se marchan de esta cámara de gas.

Detectar los contaminantes más importantes que acumulamos en nuestro organismo es una tarea urgente, nos lo dice la investigadora Angela Castaño, directora durante 7 años del Centro Nacional de Salud Ambiental. También nos dice algo que a mí me parece importante: evitar rutinas. No utilizar siempre las mismas marcas de alimentos, bebidas, limpieza, cosméticos, etc. porque, aunque llevan productos legales, a la larga pueden tener efectos adversos importantes que ahora no se conocen. Los interesados pueden consultar sobre lo que está pasando con la *acrilamida, el bisfenol A, el aspartano, el glifosato, los PFAS*, etc.

Ahora con los superordenadores, como el nuevo *MareNostrum 5*, se puede mostrar cómo el cambio climático afecta a nuestra salud. En el área mediterránea, donde el calentamiento está siendo mayor que en otras áreas, es el lugar donde se debe actuar inmediatamente. Eso nos lo dice la ciencia y, en este caso concreto, la investigadora y jefa del equipo de resiliencia sanitaria en el Barcelona Supercomputer Center, Rachel Lowe, dado que Barcelona tiene uno de los peores índices de contaminación atmosférica de Europa.

Quiero resaltar que España hay muchos microbiólogos, pero es el único país europeo que no tiene especialidad médica en enfermedades infecciosas. En España nos automedicamos más que en el resto de Europa y, además, todavía un 5% de las farmacias venden antibióticos sin presentar receta. El uso de tantos antibióticos hace aparecer las super bacterias resistentes, sobre todo en los hospitales de donde salen y que luego las podemos encontrar en los animales de compañía o en las aguas residuales.

También hay resistencia a los fármacos contra los hongos

Los hongos son unos organismos que posiblemente la mayoría asociaréis a las setas que comemos o a las levaduras que utilizamos para fabricar el pan y el queso, pero muchos medicamentos como el antibiótico penicilina o la rosuvastatina (para controlar el colesterol), se obtienen de hongos. También dentro de nuestro organismo tenemos hongos, la *micobiota* (no microbiota), que nos protegen de infecciones y nos ayuda a digerir ciertos azúcares en el intestino. Pero no todos son beneficiosos. Los hongos causan tantas muertes como la malaria o la tuberculosis y estropean un tercio de nuestras cosechas. En personas inmuno deprimidas, algunos hongos (*Aspergillus, Cryptococcus y Candida*) pueden causar graves complicaciones. En su conjunto, las infecciones fúngicas afectan a aproximadamente 1.000 millones de personas al año en todo el mundo y llegan a causar la muerte de un millón y medio de ellas. Hoy el mayor desafío es superar la aparición de algunos resistentes a los fármacos antifúngicos. El uso de ingentes cantidades de fungicidas en agricultura es la principal causa de que aparezca esta resistencia. La población con pocas defensas va en aumento y seguramente seremos testigos de un fuerte aumento en el número de pacientes con infecciones fúngicas. Nos llegan, sobre todo, en forma de esporas microscópicas presentes en el aire y, que, por tanto, se dispersan fácilmente. El aumento de estas infecciones fúngicas, nos dice la ONU, que se están expandiendo por todo el mundo y se atribuyen, sobre todo, al calentamiento global y al aumento de los viajes y el comercio internacional. Este es un problema, todavía, sin solución.

Y mas y mas medicamentos nuevos

- *El inclisiran de ARN*, que rebaja el colesterol en personas que con los métodos tradicionales (estatinas, anticosos y dieta sana) no les es suficiente. Este compuesto bloquea la producción de una enzima que el cuerpo humano fabrica de manera natural y que favorece un nivel alto de colesterol malo (LDL). Un 9% de personas no toleran bien las estatinas y el peligro de sufrir ictus o infartos es elevado. *Leqvio* (nombre comercial) proporciona una reducción eficaz y sostenida del colesterol unido a lipoproteínas de baja densidad, de hasta un 54% en los pacientes más graves, con dos dosis al año. El precio todavía es elevado.

- Nuevos medicamentos para tratar la degeneración macular asociada a la edad (DMAE) y así empezar a tratar a las personas que van perdiendo la visión por degeneración de la retina de los ojos y que desarrollan 400.000 personas en Europa cada año, 50.000 en

España y 18.000 en Cataluña.

- Otros para tratar la depresión resistente, como la *esketamina*, que actúa sobre los receptores neuronales (NMDA*)* de forma más rápida que con los tratamientos actuales.

- Nuevos anticuerpos contra la proteína beta amiloide para el Alzheimer. El *Lecanemab*, ha frenado en un 27% el declive cognitivo en las fases iniciales de la enfermedad en un estudio clínico, En EstadosUnidos, donde ya se ha aprobado, el precio es altísimo, de miles de dólares al año. *Lecanemab y Donanemab* retrasan el deterioro cognitivo o Alzheimer.

- La terapia génica *Hemgenix*, para curar la hemofilia, ha costado 3,5 millones de dólares y se ha administrado, por primera vez en 2023 en Estados Unidos, y ha sido la más cara de la historia.

- Nuevo medicamento, el *Casgevy*, creado por edición genética, para tratar errores en algunos genes que producen la anemia falciforme y la betatalasemia.

- Nuevo medicamento para el hígado graso. El hígado graso de origen metabólico, no alcohólico, que afecta a entre el 25% y el 30% de los europeos y que en un 20% de estos pacientes desarrolla esteatohepatitis, lesiones metabólicas previas a la cirrosis, que ya es de mayor gravedad. Es para este grupo de pacientes por el que se indica ahora este nuevo fármaco. Es un fármaco oral que actúa sobre los receptores beta de la hormona tiroidea situados en las células del hígado y ayuda a regular el metabolismo de los lípidos y la glucosa. El ensayo clínico en fase tres, en el que ha participado el

Hospital de la Vall d'Hebron de Barcelona, cuenta con la colaboración de 245 centros de 15 países en todo el mundo. Está previsto que el ensayo continúe hasta que los pacientes hayan recibido el tratamiento durante cuatro años y medio, con el fin de estudiar su evolución, incluida la posible progresión a cirrosis.

- Un fármaco anticancerígeno creado en el Instituto de Oncología del Hospital de la Vall d'Hebron de Barcelona ensayado con éxito en cánceres de páncreas con metástasis. El *Omomyc* obtiene resultados prometedores en tumores en los que ninguna otra terapia funcionaba. El reto es conseguir que llegue pronto a los pacientes.

- Otro fármaco contra el cáncer que permite abrir una nueva vía para tratar el Parkinson. El *Rucaparib*, ya usado en cáncer de ovario, de mama y de próstata, que, al descomponerse para ser eliminado, forma metabolitos, que actuan reduciendo unas proteínas que son las que van acumulando en pacientes de Parkinson. Esto sugiere el potencial terapéutico de este metabólito y la aplicación en esta enfermedad degenerativa. Así lo explica un estudio, publicado en el mes de abril de 2024 en *la Cell Chemical Biology* por investigadores del IDIBELL y el Instituto Catalán de Oncología.

- El *CFT1946* ha sido presentado por la Sociedad Europea de Oncología Médica (ESMO), en el congreso realizado en septiembre de 2024 y que actua contra tumores sólidos, con resultados prometedores.

- Y también presentado en el Congreso de septiembre de La Sociedad Europea de Cardiologia, un estudio con mas de 6.000 personas de 37 paises, el medicamento *Fineronona*, que eleva la supervivencia de pacientes con insufuciencia cardiaca que, hasta ahora, tenían pocas opciones terapéuticas.

- La diabetis es una enfermedad que afecta a 500 millones de personas en todo el mundo y se nos anuncia que un equipo de investigadores chinos afirma que ha logrado por primera vez en la historia la curación de un caso de diabetes de tipo 1. publicado en la revista *Cell* en octubre de 2024. La técnica consiste en extraer las células del paciente y 'resetearlas' para que produzcan insulina. Despues de un año del trasplante, a una mujer de 25 años, los niveles de insulina siguen bien. Ya en abril se anunció el primer caso de éxito de estas terapias en un paciente de 59 años con diabetes de tipo 2, una enfermedad en la que el cuerpo ya no produce suficiente insulina. La comunidad científica aplaude con entusiasmo los resultados, pero dice que quedan por hacer más ensayos antes de poderlo llevar al gran público y esperar al menos unos años para saber si la curación es definitiva.

- Dos medicamentos mas que mejoran el cáncer de colon metastásico debido a la mutación del gen BRAF. El estudio coordinado por el oncólogo J. Tabernero del VHIO, en el que han participado 410 hospitales de 29 paises. Los fármacos *Enhertu y Trodelvy* estaran, finalment, financiados para tratar el cáncer de mama metastásico. Esta terapia avanzada, recomendada por la EMA, ha demostrado su eficacia aumentando la supervivencia de las pacientes.

- Lenacapavir. La revista Science ha triat el desenvolupament d'aquest medicament contra el VIH com el fet científic més important de l'any 2024. Un fármaco administrable cada 6 meses y de eficacia demostrada.

Hay un acceso rápido, gratuito y sencillo a información detallada sobre más de 32.000 medicamentos disponibles en España con la aplicación *Medicament Accesible Plus*, desarrollada por el Colegio de Farmacéuticos y la Fundación ONCE. Muy útil para personas con discapacidad, incluso visual.

Y también aparecen nuevas vacunas

Van apareciendo nuevas vacunas y variantes de las ya existentes. Las nuevas variantes, ya aprobadas por la vacunación de la pandemia de la COVID, son las que ya se están utilizando para protegernos en 2024.

La vacuna *RTS, S*, contra la malaria, fue aprobada por la OMS en 2021, y hoy, todavía, se distribuye en pocos países y es de una eficiencia moderada, reduce los casos de paludismo grave en un 29%. Son cuatro dosis y el suministro actual no puede satisfacer la gran demanda. Ahora una vacuna, la *R21/Matrix*, desarrollada por la Universidad de Oxford en colaboración con el Serum Instute de la India, contra la malaria, tiene una alta eficacia, un coste de producción bajo y se puede fabricar a gran escala. Pasa del 50% al 75% de eficacia en términos de reducción del número de episodios de malaria en el marco temporal de un año. Falta la supervisión de la OMS, aunque algunos países ya se han adelantado a utilizarla.

También se utiliza la *quimioprevención* de la malaria estacional que es una intervención altamente eficaz para prevenir la malaria en los más vulnerables a los efectos de la enfermedad. Implica la administración de dosis mensuales de fármacos antipalúdicos a niños de entre 3 y 59 meses durante la temporada máxima de transmisión de la malaria. De malaria mueren cada año más de medio millón de personas y la gran mayoría son niños.

La OMS también ha recomendado la *nueva vacuna contra el dengue*, desarrollada en Japón. La vacuna está en principio recomendada para los de tipo 1 y 2 (el más peligroso) del virus del dengue, ya que, en los otros dos conocidos, el 3 y el 4, sigue habiendo incertidumbre sobre su eficacia. La transmisión del dengue está aumentando en todo el mundo. El mosquito *Aedes aegypti*, su vector de transmisión está presente en cada vez más regiones, debido al calentamiento global. Brasil, con más de 530.000 casos y 90 muertes en 2023, ha tenido los peores datos en 40 años, en 2024, pero ya es el primer país del mundo en incorporar la vacuna contra el dengue a la sanidad pública. Al margen de las vacunas, Brasil también trabaja desde hace años con el llamado *método Wolbachia*: mosquitos criados en laboratorio, con una bacteria que les impide transmitir el dengue a otros mosquitos y, en consecuencia, a la población humana circundante. A la larga, estos mosquitos modificados procrean y superan a la población nativa, reduciendo la capacidad de transmisión, no sólo de dengue sino también de zika, chikungunya y fiebre amarilla.

El catedrático aragonés de microbiología Carlos Martín Montañés lidera la investigación que busca una *vacuna española para la tuberculosis*, causada por la bacteria *Mycobacterium tuberculosis*. La vacuna que se desarrolla en la Universidad de Zaragoza ya está en fase IV, probándose en humanos. No se descarta que esta enfermedad pueda ser erradicada en el 2030. Es la enfermedad más mortífera del mundo; se calculan mil millones de muertes a lo largo de la historia, más que los causados por la peste o cualquier otra enfermedad. Aproximadamente una cuarta parte de la población mundial ha contraído el bacilo en algún momento, pero tan solo un 5% acaba desarrollando la enfermedad. Ésta puede tratarse y curarse, pero de no hacerlo, hasta el 50% de los afectados puede morir. Siguiendo el tratamiento recomendado, el 85% de los afectados se cura.

¿Como tenemos el tema del cáncer?

El cáncer mata a 10 millones de personas cada año en el mundo. Tenemos un 7% de cánceres hereditarios, el resto no lo son y, contra todos ellos podemos actuar. Sobretodo con medidas de prevención, dietas, vacunas, medicamentos, radiación, terapias celulares, cirugias, etc. La vacunación contra el cáncer todavía es limitada, hay alguna vacuna contra los virus del papiloma, causante del cáncer de útero o el Epstein-Barr, causante de la mononucleosis. El cáncer tampoco es contagioso, salvo el cáncer de cuello de útero producido por el virus de papiloma humano, aunque este es muy poco frecuente

La incidencia del cáncer sigue creciendo. En 2022, los oncólogos diagnosticaban unos 19 millones de casos al año en todo el mundo. Las estadísticas apuntan a que en 2040 la cifra alcanzará los 27 millones.

El 1987 la supervivencia al cáncer era del 40%, ahora es de más del 60% y se espera que el 2030 llegue al 70% o al 80%. Y, no es lo mismo un cáncer de mama o de próstata, donde la esperanza de supervivencia es de más del 90%, que un cáncer de pancreas, en que la supervivencia es de menos del 5%.

En un trabajo de investigación del año 2023, realizado por chinos, ingleses y de Estados Unidos, se demuestra que ha subido un 79%, la cifra de casos de cáncer en la población más joven de 50 años, entre el año 1990 y el 2019, sobre todo, el colorectal. Y que las causas han sido, sobre todo, la mala alimentación, el aire contaminado que respiramos, el tabaco, el alcohol y el sobrepeso. La mayoría de los casos continúan aumentando, sobre todo, debido al envejecimiento de la población. Se diagnosticarán en 2025, unos 300.000 nuevos casos, un 3'3% mas y se calcula que, para 2050, el aumento será del 77% y morirán 35 millones de personas. Pero gracias a los nuevos tratamientos y al aumento de los cribados le iremos ganando, lentamente, la batalla. *The Lancet*, ha publicado en 2023 que cada año podrían evitarse 1,5 millones de muertes con la prevención y 800 mil más si tuvieran acceso a una atención óptima.

¿Y que mas nos dice la ciencia sobre el cáncer?

Ya hace mucho tiempo que se sabe que el sedentarismo, las dietas ricas en carne roja y sal, las pobres en fruta y fibra vegetal, el tabaco, el alcohol o la hiperglucemia, son factores negativos para la salud y, por lo tanto, hay que cuidar estos desencadenantes y así podremos reducir los riesgos. Con las revisiones periódicas podemos controlar bastante los sustos que tendríamos si no las hacemos. Si el cáncer de mama es tan letal, es por no detectarlo a tiempo. En este cáncer, en que el 7% se considera hereditario, un control genético nos dirá si la persona es portadora de la mutación peligrosa y con una mastectomía a tiempo, también, se puede solucionar el problema. Hay familias en las que se da más el cáncer de mama, aunque no sean portadores de la mutación del cáncer de mama hereditario, esto se asocia a hábitos de vida o a factores ambientales.

Hay ensayos clínicos con algunas terapias preventivas ante el cáncer familiar, pero no hay ninguno aprobado como tal (si exceptuamos la cirugía preventiva para algunos casos de predisposición a cáncer de mama). Sí existen fármacos específicos para tratar tumores con mutaciones en los genes *BRCA1 y 2* (precisamente las más frecuentes en el cáncer de mama familiar) o para pacientes con cáncer de colon, que los hacen más sensibles a inmunoterapia. Se considera que la suma de los tumores, hereditario y familiar está entre un 10% y un 15%.

La detección precoz o temprana es básica, como os comento, anteriormente, en este mismo capítulo.

También se anuncian nuevos fármacos, llamados *fotosensibilizadores*, activados por luz, de una longitud de onda determinada, con capacidad de atravesar los tejidos y llegar a estos fármacos, no tóxicos en la oscuridad, pero si que desarrollan su toxicidad contra las células cancerígenas por la acción de esta luz. Se abre la puerta a esta *fototerapia* contra unos tumores muy agresivos y que son muy grandes y de mal pronóstico. Un equipo de la UB, liderado por Vicente Marchán, está llevando a cabo pruebas de seguridad y eficacia en modelos animales.

La quimioterapia inteligente, de mayor precisión, es en estos momentos una de las principales esperanzas en el tratamiento y la cura del cáncer. Los fármacos *ADC* (las siglas en inglés de *antibody-drug conjugate*), su nombre científico, son prometedores a la hora de tratar diferentes tipos de tumores con dosis más bajas de quimio y con menos toxicidad y mejor tolerancia del tratamiento. Los *ADC* son una mezcla de quimioterapia que va unida a un anticuerpo. Su funcionamiento es, en apariencia, sencillo: estos medicamentos entran en el torrente sanguíneo, pero no se activan hasta que identifican una célula tumoral, evitando así dañar otras células y tejidos sanos. La quimioterapia inteligente es una de las grandes novedades del congreso anual de la Sociedad Europea de Oncología Médica (ESMO 2024), que se ha celebrado en Barcelona. La mayoría de ensayos en torno estos nuevos tratamientos, están todavía en fase uno. En cáncer de mama hay algún ensayo de *ADC* en fase tres (cuando se comprueba su seguridad). Nos lo dice la oncóloga Ángela Lamarca, de la Fundación Jiménez Díaz.

¿Y el reto de encontrar vacunas contra el cáncer?

Los éxitos con las vacunas contra el cáncer, hasta ahora, son escasos. Si las hay contra el virus de la hepatitis B, que ayuda a prevenir el cáncer de hígado y la inmunización contra el virus del papiloma humano, que ha reducido un 87% entre las chicas vacunadas, el tumor de cérvix o cuello de útero. Las farmacéuticas Moderna y Merck experimentan con un prototipo de *ARNm combinado con inmunoterapia*, contra el melanoma y que ya está en fase II y con bastante éxito. También en pulmón y vejiga hay avances. Josep Tabernero, director del Hospital de la Vall d'Hebron Instituto de Oncología y Perales destacan el éxito con una *vacuna de ADN* sobre el cáncer de pulmón, después de un año de la aplicación de la vacuna. Y también observada la eficacia de otra vacuna, combinada con otros inhibidores y quimioterapia sobre el cáncer de páncreas. Ahora, la necesidad de fabricar vacunas personalizadas implica un elevado coste.

Nos dice Joan Massagué (oncólogo y director del Instituto Sloan Kettering de Nueva York) que se han descubierto los primeros medicamentos experimentales para prevenir las metástasis pero que nos faltan unos 20 años para llegar a tener controlado el cáncer.

Mariano Barbacid, descubridor del primer oncogen humano y jefe del centro de investigación del CNIO, el Centro Nacional de Investigaciones Oncológicas, nos dice que la quimioterapia sigue siendo el tratamiento más frecuente, pero que también existe la medicina de precisión y la inmunoterapia, efectivas según el tipo de tumores. Las nuevas terapias todavía son caras y tendremos que poner más recursos; esta es la cuestión más urgente.

Si hablamos de vida saludable ¿sabemos cual es la edad de jubilación ideal?

El debate no es fácil, no hay consenso, ni entre las personas ni entre los países. En España la edad de jubilación actual es de 66 años y 4 meses; o bien en 65 cuando se han cotizado 37 años y 9 meses. A partir de 2027 aumentará a los 67 y, para jubilarse a los 65 será necesario haber cotizado 38 años y 6 meses. En Europa sólo Alemania, Bélgica, Bulgaria, Grecia e Italia están por aumentarla hasta el 67. Otros países importantes del mundo (Canadá, Rusia, Japón o Australia) tienen una jubilación más temprana. Nos dicen los entendidos que ahora el declive físico y mental, de media, empieza a los 66'3 años.

Es cierto que la población vive más años, pero también es cierto que, en Europa, países que tienen una esperanza de vida menor que la nuestra, tienen una calidad de vida, después de la jubilación, de más años que nosotros. Por lo tanto, debemos valorar, no tanto la cantidad de vida como la calidad de vida.

La salud tras la jubilación dependerá del tipo de trabajo laboral que se ha tenido, del estilo de vida, del nivel de renta o del nivel cultural. Si, la renta y el nivel cultural hace que el acceso a los sistemas de salud y los hábitos sean diferentes. Hoy ya tenemos algunas herramientas científicas para determinar la edad biológica y la esperanza de vida individual y, deberíamos decidir al respecto. Fijar una edad de jubilación para todos parece que hace que la gente lo acepte mejor, pero lo ideal sería adaptarla a cada persona, según sus condicionantes, sobre todo, físicos y mentales y, también los económicos, familiares, laborales, etc.

Sabemos que los mayores de 70 años están al frente de los peores datos en salud mental. Es un grupo de edad que duplica la tasa media de suicidios en España, según el Instituto Nacional de Estadística. La evolución demográfica nos dice que esto irá a más. El segundo problema de la salud mental en las personas mayores es la depresión. El 7% de las personas entre 65 y 70 años tiene diagnosticada una depresión, el doble que los adolescentes. Ahora, el porcentaje crece a medida que avanza la edad y llega al 16% de los mayores de 85 años. La enfermedad afecta especialmente a las mujeres. Casi de la mitad de las mayores de 85 años (el 43%) tiene síntomas compatibles con la depresión. Jubilaciones traumáticas, enfermedades incapacitantes, pérdida de movilidad, soledad, aislamiento, problemas económicos, falta de atención o el empeoramiento de otras patologías son algunos de los factores de riesgo que han hecho que los problemas de salud mental se hayan agravado. A veces un suicidio se desencadena con la primera incontinencia urinaria. En el Sagrat Cor de Martorell (Barcelona) está la única unidad de urgencias de psiquiatría geriátrica (especializada en mayores de 65 años) de Cataluña, y la segunda en toda España. La especialidad de psicogeriatría sigue sin reconocerse en España. Ahora han subido un 68% las consultas telefónicas por conductas suicidas.

Ahora, además, se ha sabido que retrasar la edad de jubilación aumenta la mortalidad entre los 60 y los 69 años. El estudio lo ha publicado FEDEA (Fundación de Estudios De Economia Aplicada), en septiembre de 2024.

Algunos conocimientos más y muy recientes.

- Una cirugía sencilla de las fístulas, del dolor y de la vergüenza, provocadas por la mutilación genital, mejora el problema.

- Un antibiótico (*la colistina*) usado en dosis altas, contra la neumonía, se ha demostrado que es tóxico para los riñones. En lugar de administrarlo por vía intravenosa se hará por nebulización y, así, irá directa al pulmón y no a la sangre. De esta manera evita afectar a los riñones.

- Un TAC en menores de 22 años aumenta el 16% el riesgo de desarrollar un tumor maligno del tipo mieloma o linfoma según un estudio realizado con un millón de personas, durante 5 años y por 276 hospitales. Los TAC*s* en niños aumentan el riesgo de desarrollar cáncer, en general.

- La detección precoz del cáncer colorectal con el análisis de los microorganismos de nuestro intestino podrá determinar si una persona sufre riesgo de tener cáncer colorectal o lesión precancerosa. Así se podrán reducir en un 30% las colonoscopias innecesarias.

-Un ácido graso, considerado perjudicial para las arterias por pertenecer a los llamados de estructura trans, presente en la carne roja y en los lácteos, el ácido trasvaccénico, activa los linfocitos TCD8+ para infiltrarse en los tumores y aniquilar las células malignas. Pacientes con linfoma, que tienen un nivel alto de este ácido, responden mejor al tratamiento con el método de las células *CAR-T*, explicado antes. *El ácido trasvaccénico*, como suplemento en la dieta, podría ayudar en la inmunidad antitumoral.

- *La vitamina D* reduce los riesgos de desarrollar tumores y mejora la eficacia de las inmunoterapias, debido a que favorece bacterias intestinales que potencian el sistema inmune. Según datos del Instituto Francis Crick de Londres y publicado el más de abril de 2024. La bacteria *Bacteroides fragilis* hace esta función, aunque no se sepa cómo lo hace. Estos estudios son muy amplios (análisis de un millón y medio de personas en Dinamarca) con el fin de relacionar los niveles de la vitamina D, a lo largo del tiempo y el desarrollo de cánceres.

- *Embriones humanos sintéticos*, fabricados en el laboratorio a partir de células madre manipuladas, para convertirse en masas de células para formar estructuras tridimensionales que imitan a un embrión de entre 6 y 14 días. También pueden permitir el estudio más allá del límite de los 14 días que establece la ley, que es cuando empieza la formación de las tres capas embrionarias (gastrulación) y la formación de la línea primitiva donde se formará el sistema nervioso. Esto permitiría comprender los procesos de formación y diferenciación celular, así como las causas de muchas malformaciones congénitas y de enfermedades relacionadas con el desarrollo. Estos embriones implican aspectos científicos, filosóficos, religiosos, sociales y legales, aún no resueltos.

- El Hospital de Sant Pau de Barcelona utiliza la *cirugía para el tratamiento de la depresión resistente*, que representa un tercio de todas las depresiones. Del *Trastorno Obsesivo Compulsivo (TOC)*, ya empiezan a operar en otros centros.

- Se han seleccionados los *5 biomarcadores* para saber si un cáncer responderá a la inmunoterapia y así ayudar a decidir, en un futuro próximo, el tratamiento para cada paciente. Ha sido publicado en la revista *Nature Genetics*.

- *Prótesis lumbar* (neuroprótesis) que, en dos años, ha hecho recuperar la movilidad para volver a caminar a una persona con Parkinson que, casi, no se aguantaba de pie y que ya no salía de su casa.

Solamente un ejemplo final, para deciros que la practica médica y los científicos, también cometen errores. A menudo por el desconocimiento sobre ciertos tratamientos o productos que, con el tiempo, tienen algún efecto negativo y que deben ser sustituidos por otros. Ahora se ha descubierto que los tratamientos que se hicieron hace más de treinta años, con hormona del crecimiento (*c-hGH*), extraída del cerebro de cadáveres, con el fin de hacer crecer a jóvenes de baja estatura, estaban contaminados con proteínas que desarrollaban la enfermedad de *Creutzfeldt-Jakob*, un trastorno cerebral que a menudo deriva en demencia. Esta hormona se sustituyó por una sintética, no contaminada, en 1985. Por poner un error cometido por desconocimiento.

Muchas cosas van cambiando en los tratamientos. Ahora ya no usamos ni el *algodón*, ni los *polvos de talco*, ni *alcohol* sobre las heridas y pronto, tampoco el *Nolotil* para el dolor, la aspirina como calmante, la mercromina como desinfectante, etc. etc. Pensad por qué lo hacemos. Terapias y medicamentos nuevos no dejan de aparecer...

CAPÍTULO 9
NADIE SE ALIMENTA BIEN

Sea el alimento tu medicina
Hipócrates, s. V a. C.

Dieta mediterránea, carne roja y cáncer, crononutrición, incompatibilidad entre nu-
trientes y medicamentos, carne de laboratorio, complementos/suplementos alimenta-
rios, ¿zumo de fruta o fruta?, alimentos transgénicos, ecológicos, de proximidad…

La Unión Europea ordena, el viernes día 6 de octubre de 2023, reducir los niveles de nitratos y nitritos utilizados como conservantes alimentarios, que llevan, sobre todo, los embutidos, las carnes procesadas, los quesos y el pescado. Resulta que estas sustancias, que evitan que proliferen microbios patógenos y que mantienen el color rojo, están en el origen de diversos tipos de cánceres, sobre todo los digestivos y también afectan a los bebés al interferir en el transporte de oxígeno por la sangre. Incluso el Ministerio de Sanidad recomienda que los niños menores de un año no tomen algunas hortalizas como las acelgas, borrajes o espinacas, o bien que el consumo sea bajo, hasta los 3 o 4 años, dado que también contienen nitratos y nitritos en exceso. He querido empezar con este ejemplo para demostrar que no sabemos lo que nos estamos llevando a la boca. Esto lo explicaré, con más detalle, después, cuando os hable de la carne roja y procesada o de los residuos de pesticidas que contienen las frutas y hortalizas.

A veces utilizo el ejemplo del pan, porque hay mucha gente que me dice que solo come pan del panadero de confianza de toda la vida. En panadero lo puede procesar correctamente, pero puede ser que el trigo venga de Chile, en cámaras de barcos, que son como cámaras de gas, donde han tratado el grano con productos para que no germine ni se estropee. El panadero no puede controlar ni el orígen, ni al agricultor, ni al transportista, ni al molinero que le proporciona la harina.

Me gusta poner ejemplos de productos que nos aconsejan por ser más sostenibles o más sanos, sin tener un criterio científico demostrado. Resulta que las pajitas para beber líquidos, las de papel o bambú, que por ser vegetales nos decían que eran las mejores y ahora resulta que son las peores. Llevan más sustancias que pueden alterar el funcionamiento de nuestras hormonas, sobre todo, en las primeras etapas de la vida.

Es muy reciente, también, el conocimiento de que los aditivos que se utilizan como aromatizantes de muchos alimentos, con sabor de humo, como si fuera un ahumado tradicional, tienen el riesgo de dañar el material genético del organismo y provocar cáncer. Están en aperitivos, comidas procesadas, embutidos, carnes, pescados, quesos, sopas, bebidas, patatas fritas, helados o dulces y, repito, son una alternativa al ahumado tradicional, del que tampoco se debe abusar.

La dieta mediterranea

Basada en una alimentación rica en verduras, legumbres, pescado, carnes blancas, lácteos, cereales y grasas saludables, como el aceite de oliva o las nueces.

Que, la gran majoría, no hacemos dieta mediterránea se puede demostrar con datos. Según los últimos datos de la OMS, en España, el 39% de las niñas y el 38% de los niños de 7 a 9 años presenta sobrepeso (incluyendo la obesidad). Y en la población adulta, el 50% la suma de obesidad y sobrepeso. Son las peores cifras, con Grecia, Chipre e Italia, países también referentes de la dieta mediterránea. Sólo un 13% de los menores consumen una ración de verdura al día y menos del 40%, una pieza de fruta. Pero también se consume un exceso de sal, de azúcar, de carne, de aceites perjudiciales camuflados en alimentos procesados, la escasa fibra vegetal, etc. Todo ello conlleva el aumento actual de diabetes, cánceres, hipertensión, sobrepeso, alergias, infertilidad, etc. Somos el segundo país de Europa con más diabéticos. No hacen falta más indicadores.

Hay que tener en cuenta que la obesidad ya es la evidencia más común de malnutrición en la mayoría de los países. La investigación del Imperial College de Londres, publicada en febrero del año 2024, en *The Lancet,* recopila datos de más de 3.600 estudios y analiza la evolución de la obesidad. Cifra en 878 millones de adultos y 160 millones de niños/niñas, las personas en el mundo que sufren esta dolencia. La obesidad infantil se ha cuadruplicado en tres décadas y en los adultos, casi se ha triplicado. Ningún país del mundo ha conseguido reducir la obesidad. España se encuentra hacia la mitad de la tabla: la prevalencia en adultos es del 13% en mujeres y del 19% en hombres; en niños, oscila entre el 9% en ellas y el 12% en ellos.

Otro indicador de la mala alimentació, en este caso de los escolares, es el abuso de las meriendas no saludables. Un estudio con 2.163

meriendas de 734 familias catalanas con niños y niñas de 3 a 13 años, realizado por FoodLab de la Universitat Oberta de Catalunya (UOC) en colaboración con la Agència de Salut Pública de Catalunya (ASPCAT) y publicado en la revista *Nutrients*, nos dice que, el 42% consistía en bocadillos, seguidos de bollería (24%), fruta (14%) y una combinación de fruta y bollería (6%). De las meriendas registradas, solo el 22% se consideraba saludable. La mayoría de los productos que toman los escolares contienen demasiados de azúcares añadidos y consisten, básicamente, en bollería industrial, cereales refinados, productos ultraprocesados y bebidas azucaradas disfrazadas de saludables. Lo que ocurre en Catalunya no es una excepción, los resultados del informe universitario son similares a los de otros estudios del resto España y también en países de nuestro entorno. Hay que recordar que el abuso de la bollería industrial está relacionado con algunos tipos de cáncer, con la obesidad o con el desarrollo neuronal infantil, en este caso por contener unas sustancias llamadas "disruptores hormonales" que influirán también en su comportamiento.

Todos consumimos, cada dia más, alimentos procesados o ultraprocesados y quiero recordar que una lata de atun también es un alimento procesado.

Para saber con certeza que una dieta vegetariana es más saludable que una convencional habría que hacer un experimento con miles de niños recién nacidos, divididos al azar en dos grupos, que se alimentarían durante toda la vida, bien con una dieta vegetariana o bien con una dieta convencional. Como este experimento es inviable, sólo nos queda hacer encuestas de consumo, relativamente fiables. Ante esto sólo nos queda la sensatdez.

Carne roja, carne procesada y cáncer

La carne roja es la carne muscular de los mamíferos, que incluye carne de bovino, porcino, ovino, cabrío y equino. En cambio, la carne procesada es toda aquella carne que ha sido transformada por medio de la salazón, el curado, la fermentación, el ahumado u otros procesos, para mejorar el gusto o la conservación. Son carnes procesadas (salchichas de Frankfurt, jamón, cecina, fuet, bacón, latas de conservas...)

La IARC (Agencia Internacional de la Investigación sobre el Cáncer), que es una agencia de la OMS, concluyó que el consumo de carne roja y de carne procesada aumentan la probabilidad de tener un cáncer colorectal.

Así como el tabaco no tiene ningún beneficio nutricional, el consumo moderado de carne roja aporta beneficios nutricionales para nuestra salud, nos aporta buenas dosis de aminoácidos para fabricar proteínas, hierro, vitamina B, etc. Pero se recomienda consumir un máximo de 70 gramos de carne roja al día y hacer un consumo ocasional de carne procesada. En España se toman casi 50 kilos de carne por persona al año, que equivalen a unos 137 gramos diarios, de media, muy lejos de las recomendaciones de la OMS que dice que la cifra debería ser de 21 kilos (casi 60 gramos al dia).

El "peligro", es la capacidad de causar un daño, mientras que, el "riesgo", es la probabilidad de que se produzca el daño si nos exponemos a un peligro concreto. La IARC cataloga los peligros, pero no evalúa el riesgo (o sea, no analiza la cantidad o frecuencia de consumo para que la carne provoque cáncer). Esta agencia concluye que el consumo de carne procesada es cancerígeno y que la carne roja probablemente también lo es. Aunque la IARC clasifica en el mismo grupo el tabaco y la carne procesada, no tienen el mismo grado de riesgo. Hay 1 millón de muertes anuales por cáncer en todo el mundo atribuibles al consumo de tabaco y tan solo 34.000 atribuibles a cánceres provocados por dietas ricas en carne procesada. Fumar es la causa del 82% de los casos de cáncer de pulmón, mientras que la carne procesada es la causa del 12% de los cánceres de colon y recto.

Aunque el informe no reconoce cuál es el mecanismo que hace que la carne pueda provocar cáncer, hay varias teorías que lo avalan, que aún deben ser contrastadas. La carne está formada por varios componentes que se pueden alterar o formar durante el procesamiento o la cocción. Hay una bacteria (*Clostridium botulinum*) que genera uno de los venenos más tóxicos conocidos: la toxina botulínica. Esta bacteria puede contaminar varios alimentos, como la carne. Para evitarlo, se añade un tipo de sales, *los nitritos y nitratos*, que evitan el crecimiento de estas bacterias sin alterar el alimento. Estos nitritos no son tóxicos por sí mismos, pero pueden reaccionar con unos compuestos que están presentes de forma natural, tanto en la carne como en nuestro organismo: *las aminas*. Cuando las aminas y los nitritos reaccionan, dan lugar a las *nitrosaminas*, que al llegar al colon pueden causar un daño celular y derivar en cáncer de colon. Cuanto más elevada es la temperatura, más fácil es que haya reacción. El nitrato, además, se encuentra de forma natural también en los vegetales de hoja verde, como las espinacas, que no se debieran comer en grandes cantidades, sobretodo los ninos.

La cocción de la carne roja y de la carne procesada también produce *aminas aromáticas heterocíclicas*. Algunos de estos compuestos son cancerígenos conocidos o sospechosos de poder serlo.

Y otro peligro de la carne roja es que algunos microbios de la flora intestinal transforman la *carnitina* (compuesto fabricado a partir de aminoácidos de la carne y que transporta grasas hacia las mitocondrias de las células, para obtener energía) de la carne roja en un óxido que favorece la formación de colesterol en la pared de las arterías y esto, como ya sabemos, puede llegar a causar un infarto.

Se publica el 25 de enero del 2025 que, un estudio, con 133.771 personas realizado durante 4 décads, liderado por la Universidad de Harvard y el MIT, en el que también se ha hallado una clara relación entre el consumo de carne roja y un mayor riesgo de padecer demencia o, en general, signos de deterioro cognitivo. Y las posibles explicaciones son que el excesivo consumo altera los microbios intestinales con la producción de un compuesto (óxido de trimetilamina) que puede favorecer la agregación de dos proteínas (amiloide y tau) relacionadas con el Alzheimer. También el alto contenido de grasas saturadas y de sal de la carne roja podría perjudicar la salud de las células cerebrales.

Alimentación y ritmos biologicos (crononutrición)

Algunas investigaciones ya han aportado luz sobre la importancia que tiene para el organismo una buena sincronización de las horas de la comida con los ritmos diarios de nuestro cuerpo, que son este reloj biológico de 24 horas que regula las funciones fisiológicas internas. Los científicos han descubierto que no desayunar se asocia, por ejemplo, con más riesgo de obesidad, y cenar tarde también está vinculada a un incremento de peso. Ser más matutino o más vespertino en las horas de sueño, viene regulado genéticamente en cada uno de nosotros.

El hecho de comer o cenar tarde, puede alterar el sueño porque no puedes hacer una buena digestión. La alteración de los ritmos circadianos o circadiarios puede favorecer el desarrollo de patologías digestivas, como el síndrome del intestino irritable y las enfermedades inflamatorias intestinales. Los que trabajan de noche y duermen de día, lo saben y estos cambios de horarios se relacionan con alteraciones metabólicas y enfermedades como obesidad, trastornos del sueño, riesgo cardiovascular, desregulación de la temperatura corporal y malestar psicosocial. El páncreas, por ejemplo, es más perezoso de noche y está más activo de día. Cenar tarde coincide con que se está segregando melatonina, que es la hormona que te prepara para el sueño, con la insulina, que ayuda a distribuir el alimento. Pero, en presencia de melatonina, se reduce la secreción de insulina y la tolerancia al azúcar y carbohidratos es peor. También tengo que decir, sobre la crononutrición, que quedan aun ciertas cuestiones por resolver.

¿Conocemos las incompatibilidades de los nutrientes con los medicamentos?

Hay alimentos que, por su composición pueden cambiar el efecto terapéutico de un medicamento, aumentarlo o disminuirlo. No es lo mismo tomar *hierro* por la mañana si se acompaña con kiwi que con un yogur. Las frutas, con vitamina C, favorecen la absorción y el calcio. O si estás tomando *tiroxina*, mejor en ayunas, dado que los alimento disminuyen la absorción. Si *los antibióticos* se toman mezclados con la comida, algunos de sus componentes (la fibra, el hierro, el calcio, etc.) pueden inactivar su efecto. Ciertos fármacos, como el conocido *ibuprofeno* y otros analgésicos y antiinflamatorios que, deben tomarse con alimentos sólidos y densos para proteger el aparato digestivo y no causar lesiones en la mucosa gástrica o duodenal.

He leido que, con el *paracetamol,* ni manzana ni pera (no conozco el motivo). También algunas plantas medicinales pueden interferir en el metabolismo de ciertos medicamentos elevando el riesgo de toxicidad. El Consejo General del Colegio de Farmacéuticos de España ha elaborado un completo informe sobre las interacciones entre alimentos y medicamentos. Por lo tanto, estaréis conmigo cuando digo que, alimentarse bien es muy complicado.

¿Y la carne de laboratorio?

La ingeniería de tejidos ya se utiliza en medicina regenerativa para ayudar a crear piel, tendones o huesos y reparar tejidos dañados. Se extraen células de un animal y se cultivan en laboratorio, que se alimentan de forma controlada. Se duplican cada 24 horas y en dos semanas se consigue carne cultivada, en grandes tanques como los de los productos lácteos o los de la cerveza. Los tanques contienen una gran masa de carne picada con la que se podrán hacer hamburguesas, almóndigas, salchichas, etc. Es carne sin grasa, pero se le puede añadir aceite de oliva saludable. Sólo es necesaria la autorización de la Agencia Europea de Seguridad Alimentaria (EFSA), que constate que no hay riesgo para la salud. Ya se puede vender en Singapur o en Estados Unidos.

Ya hay solicitudes de científicos que piden inversión de dinero público para investigar nuevos alimentos, entre los que se incluye la *carne cultivada, la fermentación de precisión y las proteínas vegetales,* como formas de luchar contra el cambio climático y hacer la dieta más saludable. La *fermentación de precisión* ya ha conseguido microbios manipulados genéticamente, que fabrican una proteína, la caseína, presente en la leche y que puede dar el sabor láctico a bebidas vegetales.

En la actualidad un grupo de investigadores japoneses crea en el laboratorio la famosa carne *wagyu* con células madre de la vaca. Tardan varias semanas en crear un centímetro cúbico de carne *wagyu* y con un coste de más de 800 euros. Hay que mejorar mucho la eficiencia del procedimiento. También en el futuro se podrán obtener panes, pastas y galletas de algas. Faltan avances en la legislación europea, que bajen los precios y que el consumidor esté dispuesto a cambiar. Ya sabemos que la juventud está dispuesta a probar la carne cultivada, sobre todo por la concienciación medioambiental y del bienestar animal. En unos años será un producto más de los supermercados.

Cada vez más dietas personalizadas, atendiendo a las intolerancias, a la edad o a la actividad física de las personas. También asistimos a un boom sobre las aplicaciones *(apps)* sobre alimentación saludable, que con solo escanear el código de barras dan la información deseada.

Sobre la carne vegetal, el 85% de los españoles dicen que consumirían carne vegetal, si fuera de un alto valor nutricional y tuviera un gusto parecido al de la carne animal. También se valora el hecho de tener menor impacto ambiental. El gusto continúa siendo su principal hándicap.

¿Zumo de fruta o fruta?

Si te comes una naranja, se liberan los azúcares poco a poco y tu cuerpo los absorbe también poco a poco y así llegan a tu torrente sanguíneo y a tu hígado de forma gradual. La fibra que tiene, además, ralentiza la absorción de los azúcares, nos llena más y comemos menos. En los zumos, estos azúcares están en forma libre porque no permanecen dentro de las células, como ocurre en una naranja entera, y los absorbemos y los metabolizamos mucho más rápido. Tu páncreas debe trabajar más para producir más insulina para retirar el exceso de azúcar del torrente sanguíneo. El zumo no tiene tanta fibra y además, consumes más calorías porque te exprimes tres naranjas y no una, con lo cual, los zumos si se toman a diario, engordan (unos 5 kilos anuales según estudios recientes de la Universidad de Harvard). La creencia generalizada de que los zumos son un superalimento, por su contenido en vitaminas y minerales, es un error. Los superalimentos son como Superman: no existen. Comer fruta es saludable, tomar zumos a diario, no tanto.

Complementos y/o suplementos alimentarios

Una investigación del Instituto de Investigación Biomédica de Barcelona, por el equipo de Manuel Serrano, presentado en el mes de noviembre de 2023 en *Nature Metabolism*, confirma que la vitamina *B12* (cianocobalamina) tiene un papel importante en la reparación de tejidos y puede ayudar a mantener una buena salud en edades avanzadas, dado que el nivel de la *B12* va disminuyendo con la edad. El estudio, realizado con ratones, abre posibilidades para administrarla en la recuperacion de lesiones y en dosis más adecuadas en el envejecimiento, dado que su déficit impide la reparación correcta de los tejidos. En algunas personas mayores, aunque se alimenten bien, pueden tener un bajo nivel de *B12* y por lo tanto es habitual que se les recepten suplementos y ahora, con estas confirmaciones, con más razones.

Nunca son necesarias las grandes dosis ni de vitaminas ni de proteínas. Será aconsejable un suplemento/complemento cuando haya síntomas o pruebas analíticas que lo confirmen, como os he dicho en mujeres de más de 50 años pueden tener necesidad de vitamina *D, B12 o folatos*; o las mujeres en edad fértil de *ácido fólico, vit D y hierro;* o en menores de 5 años *vitaminas A, D y C*, o *los veganos de vit B12 y D2.* O en las personas que realizan deportes, que exigen esfuerzos de larga duración o de alta actividad muscular, también pueden necesitarlo. Recuerdo que el ácido fólico (la vitamina B9) puede reducir drásticamente los casos de defectos de formación del tubo neural del embrión durante la gestación. La ciencia no encuentra beneficios a largo plazo con la ingesta de multi vitaminas. Los consejos nutricionales que se dan en las redes sociales disparan la alerta médica. El Instituto Nacional del Cáncer de los Estados Unidos, publicó el mes de julio de 2024, en *Jama Network Open*, un estudio que nos dice que las personas que las tomaban a diario no tenían mejor salud, ni por enfermedades cardiovasculares, ni cerebrovasculares, ni en la mortalidad por cáncer y tampoco afectaba a la longevidad.

Otra cuestión son los trastornos digestivos que, en general, son de diagnóstico difícil. Los comercios que diagnostican intolerancias alimentarias, en general, no son de fiar y es el médico quien debe decirlo. Las alergias están relacionadas con el sistema inmune y pueden poner en riesgo nuestra vida, pero las intolerancias alimentarias no, sólo provocan malestar. En el capítulo sobre las modas actuales también hablamos de los suplementos/complementos alimentarios, por el hecho de que están de moda y que en la mayoría de los casos son innecesarios.

Las bebidas energéticas, ¿dan alas? Pues no, son un cóctel de azúcar y cafeína con riesgos para la salud. Están de moda (ver la explicación en el artículo sobre las modas). La evidencia científica desaconseja su consumo, sobre todo entre la población infantil y adolescente, y profesionales de la nutrición reclaman que se restrinja su contenido máximo de cafeína. En España, el consumo de estas bebidas está completamente normalizado, y no hay regulación específica ni de los ingredientes que pueden contener, ni de sus concentraciones máximas, ni en qué posibles combinaciones. Se estima que el 70% de las personas desconoce la composición de las bebidas energéticas, o cuáles son sus posibles efectos secundarios.

Alimentos transgenicos, ecologicos, de proximidad...

Asegurar que nadie se alimenta bien no es ningún atrevimiento por mi parte. Hay mucha gente que todavía está en contra de los alimentos transgénicos y que defiende, en exclusiva, los alimentos ecológicos. Os haré un par de comentarios al respecto.

Con los transgénicos, hasta ahora, no se ha demostrado que generen ningún problema para nuestra salud, ni la soja, ni el maíz, ni la colza, ni la remolacha azucarera, ni la berenjena, ni la calabaza, ni la patata, ni la manzana, entre otros. A largo plazo todavía no lo sabemos, como ocurre con tantos otros productos no alimentarios que usamos a diario. Pero atención: casi toda la carne que comemos proviene de animales alimentados con piensos transgénicos, y el 60% de los alimentos elaborados que consumimos guarda relación con algún transgénico. La única forma de estar casi seguros de no consumir productos u organismos modificados genéticamente (OMG), sería consumir siempre productos ecológicos. Digo "casi" porque el control de si son verdaderamente ecológicos todavía es insuficiente.

Somos uno de los países del mundo que más alimentos ecológicos producimos y de los que menos consumimos. Pueden ser extraordinarios, pero se escapan de nuestro control. Igual pasa con la proximidad, más fácil de hacer con una lechuga, pero más difícil con un lucio o una cigala.

Si un 41% de las frutas y hortalizas en Europa contienen residuos de pesticidas (insecticidas, fungicidas, plaguicidas...), como ha revelado el último informe de la máxima Autoridad Europea de Seguridad Alimentaria (EFSA), es una razón suficiente para saber que no nos alimentamos bien. Es legal, pero los niveles máximos de estos contaminantes, que cambia con el tiempo, no valoran los riesgos asociados para la salud. En los tomates se detectaron hasta un total de 16 tipos de pesticidas diferentes y en las fresas, 27. Algunos de estos son contaminantes hormonales (disruptores endocrinos) y en este caso, incluso, la dosis más baja es motivo de alerta porque puede, con el paso del tiempo, conllevar un peligro. Son dosis legales, por ahora, pero tienen toxicidad y tenemos que ser prudentes porque pueden tener efectos acumulativos.

También en la alimentación nos dejamos llevar por percepciones equivocadas; el caso del pescado que comemos es un buen ejemplo. En muchas especies el 90% ya proviene de la acuicultura, que se basa en cultivos controlados, con piensos y hormonas. Pasa lo mismo con la mayoría de la carne de cerdo o pollo. ¿Y con los huevos? ¿Consumis huevos cero?

Si no podemos asegurar que seguimos una dieta mediterránea, ni podemos saber la procedencia de lo que comemos, ni los tratamientos que se han llevado a cabo, esto es más que suficiente para asegurar que nadie se alimenta bien.

CAPÍTULO 10
AGRICULTURA Y HAMBRE

La agricultura ha sido el mayor invento de la humanidad.
Javier Sampedro (1960)

La revolución agraria del Neolítico, el hambre en el mundo y las revoluciones verdes, agricultura y cambio climático, agricultura en África, fertilizantes, cultivo de productos tropicales en España, tomates sin gusto, desaparición de polinizadores, la gestión del agua, agricultura y espacios protegidos, nuevas propuestas y acuerdos...

Javier Sampedro (1960), investigador y periodista, opina que el mayor invento de la humanidad ha sido el de la agricultura. Sin despreciar al del fuego, la rueda, el lenguaje, la escritura, la máquina de vapor, la electricidad, el ordenador, la IA, etc. Fue el cambio más transformador de la historia de la humanidad. Empezar a cultivar sus alimentos, nuevos asentamientos, mayores poblaciones, división del trabajo... Incluso se produjeron cambios en el ADN humano, hace 12.000 años (como la duplicación de genes que permitieron digerir mejor las féculas de los abundantes cereales) y, así mejorar la alimentación, la salud y la reproducción, en aquella sociedad agrícola. Este descubrimiento se produjo al comparar 533 genomas antiguos con miles de genomas modernos.

Hoy las cosechas afectadas por el clima actual, los precios inestables y los costes de producción crecientes, son los importantes problemas que marcan la nueva normalidad del sector agrícola en un mundo dominado por las empresas multinacionales (Cargill o Bunge en semillas, Timac, Yara y Fertiberia en abonos, Basf, FQV, Syngenta o Bayer en fitosanitarios, Virbac, Zoetis, Zotal o Braum en productos vegtarinarios y John Deere, Kubota, Clas o Same en maquinaria). Esta es la realidad. Hay muchos problemas de dependencia, pero se pueden hacer cosas. Apunto aquí solo una que ya se está llevando a cabo: el cooperativismo. Ya hay miles de cooperativas en España, que canalizan los medios de producción de sus socios, canalizando las ventas.

Estan ocurriendo cosas que no debemos ignorar, como que el campo pierda efectivos, casi 70.000 personas menos afiliadas a la Seguridad Social (991.288 en total) desde agosto del 2021 a agosto del 2024.

El hambre y las revoluciones verdes.

Tampoco podemos pasar por alto que 11 personas se mueran de hambre cada minuto mientras otras tiramos comida. Sólo en España se tiran 7,7 millones de toneladas al año, 176 kg per cápita. Cada año se pierden o se tiran 1.600 millones de toneladas de alimentos (un tercio de los que se producen) por valor de mil millones de euros. Los Objetivos de Desarrollo Sostenible (ODS) de la ONU establecen el reto de reducirlo a la mitad, para tratar de eliminar la pobreza extrema y en concreto la desnutrición. La FAO es el guardián del segundo de los objetivos de desarrollo sostenible: terminar con el hambre en el mundo. 757 millones de personas en el mundo padecieron hambre en 2023, y se espera que, aunque esta cifra disminuirá hasta 2030, seguirá habiendo 582 millones de personas padeciendo hambre en esa fecha. Y resulta que 2.300 millones de personas la padecen de modo moderado o grave. Y la mayoría de esas personas viven en áreas urbanas, donde tenemos más alimentos ultra procesados, que, en general contienen un alto contenido de grasas, azúcar y sal. Los alimentos más saludables son más caros.

¿Cómo es posible que, en pleno siglo XXI, el hambre siga siendo el mayor problema de salud del mundo? La cruda realidad es que hay comida más que suficiente en el planeta para alimentar a todos, pero la política, la economía mundial y las guerras no nos permiten aplicar ninguna solución. Lo que resulta cada vez más alarmante, aunque en general no se sepa, es la crisis de salud mental, de los niños que la sufren y de sus padres. El estrés y la ansiedad de tener que lidiar con el hambre día a día, y la lucha por conseguir alimentos suficientes para los hijos, también está teniendo un grave problema de salud mental para los padres.

El número de habitantes del planeta alcanzó los 8.000 millones en noviembre de 2022, lo que supone tres veces más que a mediados del siglo XX. La ONU calcula que crecerá otros 2.000 millones en los próximos 30 años. En resumen, que para seguir alimentándonos como hasta ahora se necesitarían entre 2 y 3 planetas como el nuestro.

Cerca de un 30% de toda la tierra agrícola del mundo está siendo ocupada para producir alimentos que nunca se llegarán a consumir, porque se estropearán. Y, además, millones de toneladas de fertilizantes se utilizan para estos cultivos que serán desaprovechados.

La pérdida de alimentos tiene lugar en todos los pasos de la cadena alimentaria.

En los países en desarrollo, el problema viene de una deficiente producción y transporte, mientras que en los países desarrollados es más frecuente en la fase de consumo. Una de las principales limitaciones de la agricultura es la pérdida generalizada de fertilidad del suelo, debida a las bajas tasas de reciclaje de la biomasa procedente de los residuos de los cultivos para aportarla a los suelos.

La llamada *revolución verde* acuñada en 1968, aportaba mejoras genéticas (trigo, arroz, maíz), como también lo hizo la mecanización del campo y el uso de plaguicidas y fertilizantes o en los sistemas de riego, pero no lograron acabar con el hambre. Se aumentó la producción, pero no se dio importancia a la calidad nutricional (deficiencia en algunos nutrientes) de los productos ni a la distribución justa. Además, todo ello comportaba un sobrecoste de las semillas, la degradación del suelo por agotamiento de nutrientes, deforestación, pérdida de biodiversidad, contaminación de las aguas, etc.

La FAO, Organización de la ONU para la Alimentación y la Agricultura, declaró en el año 2023, el Año Internacional del Mijo, con el fin de impulsar el cultivo y el consumo de este cereal en todos los mercados del mundo. El *mijo* crece en lugares donde otros cereales no sobreviven, en suelos degradados, con poca agua, a temperaturas de hasta 60 grados y con pocos fertilizantes. Contiene fibra, vitaminas y antioxidantes, es hipoglucémico y apto para celíacos. Es, por tanto, un "superalimento", un cereal idóneo en estos tiempos. ¿Estaríamos hablando ahora de una *nueva revolución agraria o verde*? La primera salvó a centenares de millones de personas, con las nuevas variedades de los cereales que alimentaron al 50% de la población mundial, pero las consecuencias no previstas causaron daños graves sobre nuestras vidas y la del planeta.

Agricultura y cambio climático

La agricultura mundial es responsable de un 30% del cambio climático global, pero también recibe sus consecuencias y de manera importante. El calentamiento de la atmósfera perjudica algunos tipos de cultivos, pero favorece a otros, en función de la ubicación. Se deberán modificar, por ejemplo, las fechas de siembra, el sistema de regadío o plantar variedades que se adapten mejor al cambio climático. Según los modelos digitales creados por grupos de científicos, para el maíz se prevén pérdidas generalizadas de producción, mientras que para el trigo puede haber un beneficio en latitudes más altas si el calentamiento es moderado. Hay que saber que el aumento de CO_2, por sí solo, es beneficioso para la vegetación, porque con el se realiza la fotosíntesis de las plantas, pero el calentamiento que provoca hace que haya menos disponibilidad de agua, porque sabemos que la fotosíntesis de las plantas se realiza con CO_2, luz y agua. El impacto del cambio climático obligará, por tanto, a revisar la distribución mundial de los cultivos.

La agricultura en África

Según la FAO (Organizació de las Naciones Unidas para la Agricultura y la Alimentación), en África los pequeños agricultores aun utilizan hoy, para sus cultivos, entre un 90% y un 95% de semillas guardadas por ellos mismos, pero también a través de la mejora genética se van obteniendo variedades adaptables al clima y que puedan produir más cantidad de producto por metro cuadrado que las antiguas, explica Jimmy Lamo, jefe de programas de investigación de cereales de NARO (Organización Nacional de Investigación Agrícola de Uganda). Hoy sabemos que la agricultura intensiva contamina mucho y, al final, la factura la pagamos todos. Esta nueva revolución pendiente debemos hacerla protegiendo los recursos naturales, sin acabar de cargarnos el planeta. El equilibrio entre deforestación y agricultura es delicado. Según el Banco Mundial, en Uganda la tasa de pérdida de la cubierta forestal es del 2,6% anual, una de las más altas del mundo.

El cambio climático está poniendo en peligro los sistemas agrícolas en toda África, pero muchas mujeres emprendedoras están utilizando la ciencia para mejorar su supervivencia. En algunos países africanos, las mujeres representan hasta el 60% de la fuerza de trabajo en la agricultura familiar con unos recursos desiguales a los de sus colegas masculinos, según datos de la FAO. Si las mujeres tienen el mismo acceso a las habilidades, recursos y oportunidades que los hombres, pueden ser un motor poderoso en la lucha contra el hambre, la malnutrición y la pobreza.

El mundo subdesarrollado busca soluciones sostenibles y baratas como son las motobombas solares en Senegal. En Senegal, como en Uganda, alrededor del 80% de la población, depende de la agricultura y de las escasas lluvias. Ya empiezan a invertir en la formación de mujeres científicas y campesinas para salvar la tierra de Uganda. El abono de origen animal aporta nitrógeno, un importante acondicionador del suelo, a pesar de ello, el uso del abono ecológico no se ha generalizado. Nada es comparable a la agricultura del mundo desarrollado, aquí, herbicidas, abonos químicos, cultivos transgénicos... Es otra agricultura.

Fertilizantes

El 70% de estos nutrientes, necesarios para que crezcan las cosechas, acaban en el aire y en las aguas superficiales y subterráneas, dañando de forma importante los ecosistemas. El exceso de nitratos en los abonos afecta a los microorganismos del suelo, provoca emisión de gases de efecto invernadero y puede llegar a contaminar el agua para el consumo humano (no apta cuando supera los 50 miligramos de nitratos por litro). Ya, según los últimos datos, en 2022, 171 municipios de España superaban esta cifra (según el Ministerio de Sanidad). El Tribunal Europeo ha condenado a España por el hecho de no controlar el uso de nitratos en 8 comunidades autónomas. El intento de suprimir el 50% de los pesticidas en la UE no prosperó por la negativa de los agricultores. Pero habrá que ajustar las dosis utilizadas si se quiere seguir con varias casechas anuales. Hay una calculadora (*UPAS*) que permite conocer cuanto fertilizante se debe aplicar según la explotación. Un suelo acostunbrado a funcionar con productos químicos, necesita dos, tres o cuatro años para recuperar la vida. Las soluciones pasan por la colaboración de todos los sectores implicados, productores y consumidores.

Productos tropicales

El cambio climático, la proximidad de las zonas productoras españolas a los mercados europeos y una mayor garantía y seguridad con que se producen, son factores clave para la producción de frutas o productos tropicales en España. España ya es el principal productor europeo de algunas como *el kiwi, el aguacate y la papaya*. Algunos agricultores cambian los manzanos por los *pistachos* y los naranjos por *aguacates*. La superficie cultivada de aguacate se ha multiplicado por ocho en los últimos años. El *mango*, se ha ido extendiendo por el litoral de Málaga y de Granada. El *kiwi (verde, amarillo, rojo)* sigue creciendo. España ya es el primer productor comercial del mundo de *chirimoya*. También se cultiva *papaya, pitahaya, maracuyá...* Por primera vez, España alcanza la primera cosecha de *cacao*, después de cien años de intentos fallidos.

Tomates sin gusto

Os pondré un ejemplo de nuestra agricultura y es el hecho de *que la mayoría de los tomates no tengan gusto*. Nuestros antepasados no se conformaban sólo en conseguir comida, sino que también en obtener las mejores semillas para sembrarlas de nuevo. Pero ahora nos importa mucho la apariencia, la cantidad y el rendimiento de la cosecha. Se valora sobre todo el tomate grande y rojo. La mejora vegetal permite hoy potenciar genéticamente ciertas características de las plantas, pero a menudo es porque sean resistentes a enfermedades, a la falta de agua o al transporte y, esto, puede ir en detrimento del sabor. Y es lo que está pasando. Pasan cosas parecidas con otros alimentos como por ejemplo cultivar pimientos del mismo tamaño y con los cuatro colores del parchís o salmones coloreados con carotenoides añadidos al pienso en las piscifactorías, con precio muy superior al salmón natural de carne menos rojiza, pero de igual o mejor calidad.

Finalmente se han secuenciado 398 variedades de tomate y parece ser, que hay 13 genes responsables de los compuestos químicos asociados al sabor, que casi habian desaparecido en las variedades insipidas actuales. Con la tecnologia de la edición genètica ahora se ha conseguido augmentar el 30% de sus azucares, sin reduir otras características. Pronto nos llegaran los tomates mas sabrosos.

Desaparición de los polinizadores

Un problema que tendremos que afrontar es el de la *desaparición de los polinizadores* (abejas, mariposas...) por culpa de la agricultura intensiva y la desaparición de hábitats. Un 30% % de abejas están en caída poblacional. Su conservación contribuye a la perpetuación de frutas, hortalizas y cereales. En Cataluña el 20% de las mariposas están amenazadas, así como escarabajos, avispas, etc. Nos tendríamos que deshacer de los plaguicidas y, aunque hay planes para hacerlo, se está haciendo demasiado lentamente. Nuevos inventos, como es el del *pequeño robot que elimina las malas hierbas*, ayudarán a reducir el uso de herbicidas. Este robot es una segadora automática con energía solar y guiada por IA. El mejor herbicida y el más utilizado en el mundo y más económico, sigue siendo el *glifosato*, al que le siguen alargando el permiso de utilización, mientras no haya un buen sustituto. Parece que no importa tanto el peligro que representa para nuestra salud, como potencial carcinógeno, y para la salud de los animales de los ecosistemas. La multinacional Monsanto ha conseguido plantas modificadas genéticamente, como la soja y el maíz, resistentes a este herbicida, con lo cual su uso es más indiscriminado para matar las malas hierbas.

Selección de variedades, rotaciones de cultivos, mejorar la gestión del agua...

Los métodos prometedores para aumentar el rendimiento de los cultivos de manera más sostenible que las prácticas actuales de alto rendimiento incluyen *la selección e identificación de las variedades naturales de una planta* para encontrar la mejor combinación, *la edición genética* que modifica el gen de la planta para mejorar sus propiedades y finalmente, *la modificación genética* que consiste en transferir un gen de un individuo a otro, de la misma especie o de otra. En los países tropicales, también hay que avanzar en el acceso a pastos mejorados y en la atención veterinaria. Un buen ejemplo debería ser el de *mejorar el trigo*. El trigo proporciona el 20% de todas las proteínas y calorías humanas y es el principal alimento básico para 1.500 millones de personas en el Sur Global. La ciencia del trigo requiere con urgencia mayores inversiones para ampliar los estudios genéticos de los parientes silvestres. El camino a seguir es claro: aumentar la inversión en la investigación de los parientes silvestres del trigo que puede producir una nueva generación de variedades de trigo que sean no solo resistentes al clima, sino también regeneren el medio ambiente o sean más resistentes a enfermedades.

La preservación de la tierra también implica retener o crear bloques considerables de tierra sin cultivar que contengan poblaciones más grandes de las muchas especies que dependen de los hábitats naturales. Así como aumentar los rendimientos agrícolas en otras partes de la región para que la producción general se mantenga o incluso aumente. Los investigadores apuntan a estudios de campo realizados en los cinco continentes que demuestran que la preservación de la tierra ofrece ganancias de biodiversidad mucho mayores que las políticas convencionales de agricultura respetuosa con la naturaleza.

El sector de la agricultura/ganadería es el tercer emisor de gases a la atmósfera que incrementan el aumento de las temperaturas y en consecuencia la falta de agua, por lo tanto, hay que actuar en este sentido y también en medidas muy concretas como la estrategia de siembra y de *rotación de cultivo, riego por goteo o las semillas manipuladas genéticamente* para que puedan resistir plagas o sequías.

Los agricultores llevan ya unos cuantos años dependientes del cambio climático, expuestos a pérdidas millonarias y viendo como los costes de producción (carburantes, electricidad, fertilizantes) no dejan de subir de precio. En los últimos tiempos, además, a las altas temperaturas se les están uniendo sequías, temporales y granizadas cada vez más violentas, que han dañado cosechas enteras. Todas las previsiones señalan que, en 2030, la disponibilidad de agua en la cuenca mediterránea se habrá reducido un 20%, y la agricultura deberá seguir produciendo alimentos de la misma calidad y en la misma cantidad que ahora.

El agricultor ha reaccionado ampliando la superficie dedicada a las producciones ecológicas, con el consiguiente ahorro en abonos y tratamientos químicos que esta práctica supone. Y lo ha hecho también desarrollando nuevos cultivos o recuperando antiguas variedades caídas en desuso, más adaptadas a las nuevas condiciones climáticas. Un ejemplo innovador en este caso es el de la manzana *Tutti*, una fruta bicolor resistente al calor extremo, que han creado investigadores del IRTA (Instituto de Investigación y Tecnología Agroalimentaria, que depende de la Generalidad de Cataluña), en colaboración con productores y empresas del sector. Esta manzana se adapta a las tendencias de sabor y textura del consumidor y soporta bien los 40 grados durante unos cuantos días.

Otro ejemplo de esta tendencia es la viña, que además de buscar explotaciones a más altura respecto al nivel del mar, hace ya unos años que ha apostado por sistemas biológicos para combatir las plagas. En el caso del vino y del cava, un factor clave ha sido la demanda de los consumidores, que han empujado a que los cultivos sean ecológicos. España ya dedica una de cada 10 hectáreas de cultivo a productos ecológicos.

La sequía ha cuestionado el actual modelo agrícola. Eso es lo que decían algunos agricultores: "Vamos a tener margen para cambiar de cultivo. Nos repartimos los derechos de uso del agua y cada agricultor declaró lo que pretendía cultivar" "Los agricultores que hemos cambiado de cultivo por la sequía quedamos fuera de las ayudas".

Se han enfrentado a la falta de agua de formas diferentes, por ejemplo, con un cambio de cultivo (en lugar de maíz, optar por girasol o sorgo) o regar los manzanos por goteo, con lo que se han consumido 500 l/m2 menos de agua por hectárea. Y cambiar de variedad "En un futuro, será muy difícil cultivar manzana Gala". "En cambio, la manzana *Granny Smith* se adapta mejor a las actuales circunstancias", etc. Dicen que están dispuestos a encontrar cultivos con menos uso de agua y ampliar el uso del riego por goteo, por ejemplo, en los arrozales, donde ya tenemos alguna prueba piloto que reduce el agua requerida en un 40%".

Otro problema añadido. El sector hortofrutícola alerta de más de 200 casos de importaciones que no cumplen la normativa para incluir fitosanitarios no autorizados por la Unión Europea o que superan los límites máximos autorizados. Y el incremento de las importaciones ha crecido de manera exagerada en la última década.

No entro en términos económicos, no es el objetivo del libro, pero si he indicado algunas cuestiones que tienen solución y que nuestros políticos no ponen remedio. Os he hablado de prever la falta de agua con la construcción de grandes depósitos de reserva, de la interconexión de cuencas hidrográficas con trasvases, de riego por goteo, de cambios de variedades de cultivos, de la preservación de áreas de tierra sin cultivar, etc.

Agricultura y espacios protegidos

Nombraré dos buenos ejemplos para entender lo que está pasando con la preservación de espacios protegidos y la influencia de la agricultura. Me refiero a los parques nacionales de *Las Tablas de Daimiel y de Doñana*. La agricultura cercana de ambas zonas ha aportado beneficios importantes a las comarcas, pero el excesivo consumo de agua ha reducido tanto las aguas subterráneas, los acuíferos, que ya las lagunas principales desaparecen en estos últimos años de pocas lluvias. Al acuífero de *Las Tablas* se le quita más agua de la que entra, y baja 1,20 metros de nivel cada año. Exceso de hectáreas de cultivos, no respetar las normas de extracción de agua, etc. Eso y muchas cosas más nos las dice Miguel Mejías, jefe de hidrogeología del Instituto Geológico y Minero de España. El extraordinario parque de *Doñana* ha perdido la categoría por no cumplir los criterios de conservación mínimos que se piden.

Nuevas propuestas, nuevos acuerdos…

Con motivo de las últimas reivindicaciones y movilizaciones de los agricultores, el Ministro de Agricultura ha hecho una propuesta a las principales organizaciones agrarias (UPA, COAG y Asaja) de 43 medidas que incluyen, entre otras: una inspección única integrada por agricultores y ganaderos, un seguimiento de las importaciones y exportaciones agrarias, apoyo del plan de seguros, instrumentos para el seguimiento de la siniestralidad extraordinaria, el compromiso de mantener las deducciones a las facturas de los carburantes y combustibles y fertilizantes de uso agrario, 700 millones en créditos ICO y ventajas fiscales, etc. Lo bueno es que los acuerdos para una agricultura sostenible, sistemas alimentarios resilientes y acción climática, que firmaron 134 países en el mes de diciembre de 2023 en la cumbre de Dubai, llamada COP28, vayan por el buen camino.

Una reflexión: nuestro campo sigue esperando un cambio generacional. Pero los propietarios agrícolas menores de 35 años no llegan al 5%. Han aumentado las ayudas para la gente joven, pero no es suficiente para impulsar esta dura pero maravillosa, os lo dice un hijo de labrador leonés que de muy pequeño ha trabajado en el campo.

Se saben muchas cosas sobre cómo debería ser la agricultura y la política agraria, pero queda mucho camino por recorrer todavía.

CAPÍTULO 11
EL PROBLEMA DEL AGUA

Los árboles que cantan se tronchan y se secan. Y se tornan llanuras
las montañas serenas. Más la canción del agua es una cosa eterna.
Mañana, 1921 F. García Lorca (1898-1936)

Importancia y deterioro de las aguas subterráneas, desalinizar agua marina, rege-
neración de aguas residuales, las presas de los ríos, depósitos de reserva de aguas
subterráneas, los caudales de los ríos, consumo de agua de las nuevas tecnologías.

España es el tercer país con más consumo de agua de Europa y
el tercero por la cola en infraestructuras hídricas. El dato invita
a la reflexión.

Este gran recurso y gran problema actual que tenemos con el agua
tiene soluciones: recuperación y reutilización de las aguas de lluvia
y aguas residuales, interconexión de cuencas hidrográficas, conservación de las aguas subterráneas, reducir el consumo y las fugas,
control de regadíos, prohibición de pozos ilegales, reducción de las
macro granjas y de las urbanizaciones turísticas desorbitadas, regeneración, desalinización, etc.

Pero las cifras nos dicen, por ejemplo, que actualmente 3.600 millones de personas en el mundo no tienen acceso a suficiente agua, al

menos un mes al año y el dato va en aumento. Y que el número y duración de las sequías ha aumentado un 29% desde el año 2000. O que el llamado estrés hídrico ya afecta al 20% del territorio europeo. Y que las sequías en Europa ya representan 9 billones de euros de daños económicos anuales, etc.

El agua es una molécula formada por dos átomos de hidrógeno y un átomo de oxígeno. Esta simple estructura define todas las propiedades que tiene el agua, y hacen de ella una molécula indispensable para la vida. Después de la unión, los tres átomos son neutros: ninguno tiene más electrones que antes de la unión. Pero los electrones que participan en cada unión se ven más atraídos hacia el oxígeno, ya que tiene más protones en el núcleo y esto provoca que la molécula de agua tenga un átomo de oxígeno negativo (por el hecho de atraer más los electrones y que tienen carga negativa) y dos átomos de hidrógeno positivos (por la falta de carga negativa) y, por lo tanto, podemos decir que es una molécula polar, concretamente, dipolar. Esta bipolaridad hace que el agua sea un buen disolvente, por ejemplo, de la sal común, el $NaCl$. Lo podemos ver cuando disolvemos sal en agua, ya que la sal está formada por iones con carga. El agua, gracias a su potencial polar, puede separar estos iones, de $Na+$ y de $Cl-$.

La vida apareció en el agua y la mayoría de las reacciones químicas esenciales para la vida ocurren en un medio acuoso. Al congelarse, el hielo, al ser menos denso, flota y se situa por encima del agua líquida. Este hecho provoca que las capas de hielo superficial protejan el agua líquida inferior, de la exposición a las temperaturas más bajas, permitiendo así la continuidad y el desarrollo de la vida bajo la superficie.

Aunque no se conozca exactamente cuál fue el primer ser vivo de la Tierra, nos podemos remontar al primero del que tenemos constancia. Este se conoce como *LUCA*, las iniciales del Último Ancestro Universal Común (Last Universal Common Ancestor). Gracias al análisis de secuencias de DNA, podemos estimar que *LUCA* vivía en chimeneas hidrotermales en el fondo del océano, y es por ello que podemos decir, con bastante seguridad, que la vida surgió en el agua.

En España tenemos tres graves problemas con el agua, en términos generales: no nos sobra, está bastante contaminada y bastante mal gestionada. Y si llueve menos y hace más calor, cada vez tendremos menos agua disponible.

Además, las numerosas macrogranjas necesitan agua para dar de beber a los millones y millones de animales que sacrificamos cada año y para la producción de los piensos y forrajes que los alimentan y, que conlleva una ingente producción de excrementos que genera contaminación, tanto del agua superficial como de los acuíferos subterráneos. Tanto es así que, el gobierno europeo de Bruselas se ha visto obligado a llevar a nuestro país ante el Tribunal de Justicia, por el hecho de no evitar la contaminación con nitratos de las masas de agua. Si no hacemos nada para revertir esta situación, se está poniendo en grave peligro el abastecimiento humano, la producción de alimentos y la supervivencia de muchos de los ecosistemas de nuestro país.

Ahora, las prioridades han ido cambiando. Si hace décadas la preocupación era la seguridad alimentaria para evitar posibles intoxicaciones al consumidor, ahora el foco del consumidor responsable ha virado hacia la sostenibilidad medioambiental. La Comisión Europea tiene en marcha una estrategia, apoyada ya por los 27 países, para impulsar una producción más verde. El compromiso es que al menos el 25% de las tierras agrícolas de la UE sean de producción ecológica a finales de esta década.

España encabeza la clasificación europea denominada "riesgo físico", que mide si las extracciones de agua son acordes con la disponibilidad natural de recursos. Hablamos de graves incumplimientos de normas medioambientales, que las autoridades deben empezar por perseguir y eliminar. No es de extrañar que la cadena alemana ALDI haya decidido tomar una medida de presión: ha anunciado que rechazará a partir de ahora vender frutas y verduras que contribuyan a agravar el problema del uso irregular del agua en las zonas más conflictivas de España, como Murcia, Huelva o Daimiel. Quizá la solución a los graves problemas del mar Menor y del robo del agua, con pozos ilegales, en Doñana, no esté en los campos de Murcia y Huelva, ni en los despachos de los gestores o en los tribunales, quizás la llave esté en las decisiones que tomen las grandes cadenas de supermercados, como ha hecho la cadena alemana ALDI.

En el futuro tendremos menos agua y no sólo por sequías. No podemos seguir aumentando los regadíos ni planificar los asentamientos urbanos sin tenerlo en cuenta. Para administrar adecuadamente el agua como recurso, debemos comprender y cuantificar con precisión el ciclo del agua. Después de una lluvia, es importante saber cuánta agua se escurre y se descarga en los ríos o se infiltra en el suelo para, potencialmente, recargar los depósitos de agua subterránea. Gestionar las reservas de agua subterránea es fundamental para garantizar el suministro a agricultores, industrias y áreas urbanas en tiempos de sequía. La gestión conjunta con las aguas superficiales es clave y puede disminuir el riesgo de inundaciones.

Ahora se ha sabido con un importante estudio, publicado en la revista *Science,* que la humanidad ha alterado el ciclo de la vida en todos los ríos del planeta. El ritmo de descomposición de la materia orgánica que llega hasta ellos se está viendo trastocado por el aumento de la temperatura y la mayor carga de nutrientes. Una descomposición más rápida en los ríos significa que más CO2 vuelve a la atmósfera en lugar de moverse río abajo hacia lagos, estuarios y océanos, donde potencialmente podría quedar enterrado y almacenado a largo plazo. Por otra parte, muchos de los fertilizantes agrícolas utilizados en la llamada revolución verde del siglo pasado, acaban en los ríos o lagos, alimentando sus ecosistemas microscópicos en un proceso conocido como *eutrofización* de las aguas y que se ha convertido en una amenaza global.

Importancia y deterioro de las aguas subterráneas.

El año pasado la ONU, en el Día Mundial del Agua, se ha centrado en hacer visibles las aguas subterráneas que, aunque suponen el 99% de la totalidad del agua dulce disponible en estado líquido, son todavía unas grandes desconocidas. El Gobierno de España reconoce que un 40% de las masas de agua superficial (ríos, lagos y aguas costeras) y un 45% de las masas de agua subterránea no se encuentran en buen estado.

Las aguas freáticas o subterráneas cubren una parte importante de la demanda mundial de agua, especialmente en zonas con un clima relativamente seco. También sostienen valiosos ecosistemas, contribuyendo al mantenimiento de la biodiversidad y el caudal base mínimo de los ríos durante las temporadas secas.

El declive de los acuíferos proporciona una advertencia sobre un futuro marcado por el cambio climático, es un buen indicador y la alerta se ha producido por el hecho de que el 50% de los acuíferos mundiales están perdiendo agua. Es especialmente grave en Estados Unidos, España, Oriente Medio, la India, regiones del este de China y Australia. Hay que pensar que las aguas subterráneas aportan la mitad del agua del consumo urbano.

El mal estado de los acuíferos se debe principalmente a dos razones, ambas, relacionadas con la actividad humana. Una es el impacto de la crisis climática, causante de la sequía. Y el segundo motivo es la sobreexplotación para usos agrícolas. Si se extrae más agua de la que se recarga de manera natural, el mar penetra y el agua dulce se estropea por salinización. Un ejemplo: el acuífero murciano de Cingla-Cuchillo pierde 1,6 metros de su nivel de agua al año, una de las cifras más altas del mundo. En Cataluña como en otros lugares, los acuíferos agonizan y la situación amenaza el abastecimiento, ya que el 60% de los municipios de las cuencas internas de Cataluña beben agua subterránea. Estos pulmones de agua, que suelen resistir la crisis hídrica mejor que los embalses y los ríos, presentan registros mínimos inéditos hasta ahora, además de la progresiva salinización y la contaminación por purines y nitratos. En un futuro los pozos para extraer agua, que hasta ahora estaban a 50 metros de profundidad, pronto estarán a 75 o 100. El 40% de los acuíferos costeros ya están en mal estado, en este caso, sobre todo, debido a la salinización. Los seis acuíferos catalanes que sufren la entrada de sal, son: el del Cap de Creus, el de la baja Costa Brava, el del Baix Camp, el del tramo final del baix Ter, el del delta del Llobregat y el de la plana de Alcanar.

Desalinizar agua marina

En los próximos años, el agua no sólo seguirá siendo un recurso crucial en la lucha contra el cambio climático, sino también un punto de tensión en el escenario geopolítico. Hay países desérticos como Arabia o Israel que no tienen problemas de falta de agua, lo obtienen del mar. Son ricos, con abundante petróleo y pueden desalinizar toda la que quieran. Desalar produce agua de buena calidad para el consumo y lo hace a partir de un recurso inagotable, que es el agua marina, pero tiene dos inconvenientes: que desalar es muy caro y que el proceso contamina mucho.

El proceso de desalinización consume mucha energía y los combustibles fósiles que suelen utilizarse contribuyen al calentamiento global. Para el funcionamiento de una planta de estas características se necesita electricidad para calentar el agua en la planta térmica, y además debemos sumar los costes de bombeo para la captación de agua de mar. Se calcula que se requieren alrededor de 4 kW a la hora de energía para producir un metro cúbico de agua de mar desalinizada. Además, no se recomienda que las plantas se paren por completo, ya que, al dejar de pasar agua por las tuberías, los tubos y las membranas, se secan y deben ser renovados.

En la mayor parte de estos procesos, por cada litro de agua potable producido se generan alrededor de 1,5 litros de líquido contaminado con salmuera, cloro, boro... Esta agua residual duplica la salinidad del agua de la zona del océano donde se deposite. Si no se diluye y dispersa, puede formar una salmuera tóxica que, si no se trata, acabaría degradando los ecosistemas costeros y marinos. El aumento de la salinidad y la temperatura puede provocar una disminución en el contenido de oxígeno disuelto y contribuir a la formación de zonas en la que los animales marinos no pueden vivir.

Regenerar aguas residuales

Barcelona tiene un proyecto que serviría para dar suministro a 5 millones de personas en años de sequía extrema. Este "circuito cerrado de agua" funcionaría de la siguiente manera. Todas las aguas residuales que se generen en las ciudades del área metropolitana de Barcelona se derivarían a una red de estaciones de regeneración de agua (plantas de Sant Feliu de Llobregat, Gavà-Viladecans, Sabadell-Vallès Oriental y Besòs), todas estas aguas residuales se 'limpiarían' (proceso de depuración) y se devolverían al Llobregat y al Besòs para aumentar el caudal superficial de los ríos, así como para nutrir los acuíferos subterráneos. La segunda parte de este circuito se centraría en volver a captar parte de estos recursos hídricos, potabilizarlos y volverlos a utilizar en los hogares del territorio. El 30% del agua que se consume en Cataluña ya es regenerada o desalinizada. La regeneración y desalinización han evitado la entrada en emergencia y los posibles cortes de agua a 5,5 millones de personas del área de Barcelona. Vuelvo a recordar que la desalinización es muy cara y además produce salmuera muy contaminante de tierras y aguas.

Para regenerar agua, hay que captar agua, más o menos sucia y depurarla. Luego llega la regeneración. Primero un proceso fisicoquímico y después membranas para eliminar algunas bacterias y luego continuar la desinfección con luz ultravioleta para luego bombear agua rio arriba, para, posteriormente, potabilizarla.

Ahora los esfuerzos están en producir esta agua prepotable para verterla al río más arriba. Una pequeña porción que se destina a la agricultura. En El Prat de Llobregat, lo que se hace es introducir agua regenerada, a través de varios pozos, para que impida la entrada de agua salada del mar. También se llenan camiones cisterna para otros usos como es el riego urbano y la limpieza de calles.

Un reto mayor es llegar a beber agua del río Besós, que no es un río natural, es un colector de aguas residuales que se han depurado. Es decir que el caudal del río se sustenta al 100% en el agua que vierten las depuradoras. Estas plantas cumplen con la normativa, pero el agua resultante no tiene la calidad ideal para ser potabilizada. Contienen amonio, nitratos, cloruros, plástico, metales, restos de medicamentos en la orina, proteínas, aminoácidos o microbios. Se exigen fases complejas para acabar de tratar de potabilizar estas aguas: captación, oxidación, microfiltración, ultrafiltración, ósmosis inversa, re mineralización y cloración. Pero ahí está el próximo reto.

Las presas de los ríos

Todas las presas de los ríos perjudican su curso de una forma u otra. En las cuencas internas de Cataluña, en estos momentos, hay 1.100 estructuras que dificultan la conectividad fluvial. De ellas, sólo 28 son grandes presas. El resto son elementos de menos altura (en el 90% de los casos no superan los cinco metros). La gran mayoría se encuentran en las cuencas del Besòs, del Ter y del Llobregat. La cuestión es que algunos de estos diques y esclusas, 311 en concreto (un 28% del total), están en desuso. Estas pequeñas presas, son infraestructuras hidráulicas que perjudican el devenir de los ríos y empeoran su situación ecológica. De hecho, el 62% de los ríos que dependen de la ACA (Agencia Catalana del Agua) están en un estado mediocre o deficiente. Además, estas infraestructuras también dificultan el avance de los sedimentos.

Suprimir estos obstáculos es una buena noticia para nuestros ríos.

Empezar a restaurar los ecosistemas fluviales derribando estos elementos es el camino a seguir. A menudo, se trata de diques de pequeñas centrales hidroeléctricas que ya no funcionan o de pantanos que se encontraban cerca de colonias ahora abandonadas.

En España el mayor consumo de agua se lo lleva la agricultura y la alimentación. El sector turístico no es el gran culpable de la falta de agua, solo consume entre el 3% y el 4% del agua.

Además de mejorar los sistemas de regadíos o las infraestructuras hídricas, hay ejemplos positivos que me gusta recordar. La fábrica de cerveza Cruzcampo de Sevilla hace años que produce cada litro de cerveza con un consumo de 3'26 litros de agua y no de 5 litros como hacía antes. El agua la devuelve a las cuencas de origen (1.900 millones de litros anuales). Esta empresa ha conseguido reducir en un 37% el consumo de agua desde 2008 y depurar el 100% de sus aguas residuales. También tenemos algunas empresas textiles que han reducido considerablemente el consumo en la confección de ropa (3.117 litros para la confección de un pantalón de algodón), reduciendo el consumo en el proceso de tinción y con la depuración y el reciclado.

En el sector químico con la reutilización de las aguas residuales algunas empresas ya están reduciendo el 30% su consumo; como es el caso de Atlantic Cooper, la principal productora de cobre y ácido sulfúrico de España, que lidera el desarrollo de una planta depuradora de ósmosis inversa y así obtener agua para la reutilización.

Os recuerdo que, cuando Josep Borrell fue ministro de Obras Públicas, Transporte y Medio Ambiente (1993-1996), cuando dijo: "En España no debería haber problemas de agua, se necesita planificar una interconexión de cuencas, incluso más allá de nuestras fronteras". Y lo que se ha hecho es dejar que las comunidades autónomas se peleen entre ellas por los trasvases. El excedente de agua del Ebro del 2024, no se ha podido utilizar porque el trasvase no está hecho.

No entiendo que cuando llueve tanto no se recoja parte de esta agua y se llenen depósitos de reserva. En Barcelona, con un gobierno tripartito, en época de Pasqual Maragall, se hicieron grandes depósitos subterráneos que ahora resultan trascendentales. También los hay en otras ciudades como Madrid o Sevilla. Nos dice el especialista en aguas continentales, Narcís Prat, que todas las urbanizaciones deberían recoger las aguas de lluvia en depósitos de reserva. Yo añado que deberían hacerlo todos los municipios. El agua de lluvia recogida serviría para regar, limpiar calles, lavar coches, etc. e, incluso, se podría potabilitzar, lo que nos daria entre un 15% y un 20% de recursos adicionales.

En Cataluña ya se planificó en 2008 la conexión de Barcelona a la red de agua del Ebro, pero las peleas con el gobierno de Aragón, las comunidades de regantes de Tarragona y el hecho de que empezó a llover, detuvieron la obra. Son algunas consideraciones, pero está claro que no hay una buena planificación.

Los caudales de los ríos

Además de la sequía, la explotación en exceso de los caudales de los ríos también es un problema con consecuencias. Para tener unos ecosistemas terrestres, fluviales y costeros sanos, es imprescindible que los ríos lleguen al mar. Y eso, en muchas ocasiones, no se consigue porque les extraemos demasiada agua. La desembocadura de los ríos ofrece una gran variedad de servicios: aportación de sedimentos que protegen las playas y el litoral contra los temporales, mantenimiento de los humedales y provisión de nutrientes y sustancias claves para el ecosistema marino.

La presencia de agua dulce con su *fitoplancton* tiene un papel fundamental en los hábitats marinos. A partir de este conjunto de microalgas vegetales, se desarrollan varias cadenas tróficas, por ejemplo, las que afectan a las anchoas o las sardinas, especies en declive en algunos puntos del Mediterráneo. El silicio que aportan los ríos es fundamental para la formación de *fitoplancton*. El nitrógeno, el fósforo y un inmenso abanico de nutrientes son la base de la red alimentaria marina. Además, cuando en el cauce de un río hay demasiada presencia de nitratos u otros contaminantes, si hay poca dilución, también aumenta la contaminación marina.

La sequía, la degradación y la explotación de los recursos hídricos que tenemos son los factores que han provocado la situación actual. Pero parece que sólo nos demos cuenta cuando nos amenazan con restricciones o cuando vemos que mueren los peces con las imágenes de los telediarios.

Consumo de agua de las nuevas tecnologías

Ahora también debemos añadir el consumo insaciable de agua de la IA. Amazon no da cifras, pero con las de Google, Meta, Apple y Microsoft, tenemos suficiente evidencia del enorme consumo. Google usa buena parte del agua del río Columbia, en Oregon, para refrigerar los miles de computadoras. El consumo de agua de Google aumentó el 20% en 2022 y el de Microsoft, que tiene el 75% de OpenAi (los creadores de *ChatGPT*), lo hizo en un 34% en el mismo periodo. Si Amazon sigue con su plan de abrir un hipercentro de datos en Talavera de la Reina, consumirá 600 millones de litros anuales de agua potable. Se debe publicar pronto lo que cuesta chatear con *ChatGP* en términos de consumo de agua. Un reciente estudio dice que Europa necesitará, a partir de 2030, más 850 millones de metros cúbicos de agua anuales, sólo para que podamos usar *Internet*. Es un motivo más para valorar mejor el abuso de las herramientas digitales y de esta sociedad de consumo tan depredadora.

Se necesitan pues infraestructuras de todo tipo para estar preparados y no actuar solo con soluciones de emergencia en tiempos de sequía. Suerte que, en Barcelona, sobretodo, con el plan de regeneración, los depósitos subterráneos y las desaladoras de El Prat y de Blanes a pleno rendimiento, se ha podido soportar esta última gran sequía sin grandes problemas, pero hacen falta infraestructuras como las que he indicado en el artículo.

Trasvases, desaladoras, regeneración, infraestructuras o ahorro son soluciones posibles ante este gran desafío de futuro.

Los entendidos, los especialistas en temas hídricos, tienen mucho que decir. ¿Se les hace caso? Con los conocimientos científicos que tenemos se pueden aportar suficientes soluciones al problema.

CAPÍTULO 12
¿CÓMO ES POSIBLE QUE NO PONGAMOS REMEDIO A LA PÉRDIDA DE LA BIODIVERSIDAD?

En la naturaleza no hay nada superfluo
Averroes (siglo XXII)

Especies invasoras, declive en las aguas continentales y en los océanos, declive de polinizadores y de aves, efecto de la agricultura y del cambio climático, medidas de cara al futuro.

Si tenemos alimentos es gracias a la gran variedad de seres vivos que hay en la naturaleza (la biodiversidad).

Seria bueno saber que es una especie. Es un conjunto de individuos que se pueden reproducir entre si y tener descendencia fértil. La especie humana es solo una pero somos mas de ocho mil millones de individuos y, por ejemplo las abejas son unas 20.000 especies (1.105 habitan en España) y los peces 27.000 (85 en España).Se conocen unos 2 millones de especies pero se habla de que pueden haber hasta 10.

Nuestras actividades están contribuyendo al declive, a la pérdida descomunal de especies en todas las partes del mundo. Un ejemplo muy ilustrativo, para empezar, los cultivos de soja y de aceite de palma: dos productos que Europa importa en masa desde países del sur global y que, en esos países, están arrasando ecosistemas y especies. Para entender la crisis de la biodiversidad es muy importante recordar que en la naturaleza todo está interconectado.

En estos momentos, según apunta el último informe de la Plataforma Intergubernamental sobre Diversidad Biológica (IPBES), se calcula que hay un millón de especies en todo el mundo que están en peligro de extinción. En España, se calcula que hay muchísimas especies en situación vulnerable y 199 en peligro de extinción. Un ejemplo significativo: en las últimas dos décadas, Cataluña ha perdido de media el 24% de sus animales salvajes.

¿Cómo es posible que consideramos normal que en los últimos 10 años se hayan perdido el 25% de las aves en Europa? La Tierra ha perdido dos tercios de la fauna salvaje en medio siglo; las poblaciones de vertebrados (peces, anfibios, reptiles, aves y mamíferos) han caído un 68% desde el año 1970. No nos dejemos deslumbrar porque estemos recuperando el lobo, el oso o el lince. La pérdida de biodiversidad es una cuestión que se necesita explicar en las escuelas con urgencia.

Antes había más hormigas, mas gorriones, mas mariposas... Puede ser que ahora encuentres menos insectos aplastados en el cristal del coche cuando vas por la autopista. Si veraneas en un pueblo, seguramente, observas menos mariposas, golondrinas, gorriones y lagartijas. Vemos muchos menos animales de los que veían nuestros abuelos.

Con cada generación que pasa, normalizamos la pérdida de biodiversidad y la práctica de actividades en la naturaleza, que se van poniendo de moda, sean o no áreas protegidas, como ya os detallo en el artículo sobre la sostenibilidad.

Si se rompe el equilibrio de los ecosistemas, está en riesgo el futuro de todas las especies, incluida la nuestra. Parece que vas retirando piezas de una máquina y la cosa aguanta, pero al final, acabas quitando un elemento que te lo desmonta todo. Los aviones también pueden ir perdiendo tornillos y no parece que pase nada grave, hasta que al quitar uno determinado el avión falla. Lo mismo sucede con el colapso de los ecosistemas. Las conexiones entre especies se van simplificando, algunas directamente se extinguen y podemos llegar al desequilibrio del todo. Los ecosistemas sanos regulan el clima. La biodiversidad es un escudo protector contra las enfermedades.

Los 5 grandes responsables de la pérdida de biodiversidad, según el IPBES (la plataforma especializada y vinculada a la ONU), son: los cambios en el uso de los suelos, la crisis climática, la sobreexplotación de recursos, la contaminación y las especies exóticas invasoras.

Las especies invasoras.

Las especies invasoras son responsables del 60% de las extinciones registradas en el mundo y también responsables de muchas enfermedades. Son 3.500 las especies invasoras dañinas, de las 37.000 documentadas. Constantemente movemos especies de lugar. Aunque el cambio climático ayude, los responsables de la translocación de especies somos los humanos. Después, las invasoras se establecen rápidamente porque, a menudo, en su nuevo asentamiento, no tienen predadores. No siempre debemos pensar en animales exóticos que proceden de países lejanos. Por ejemplo, en Ibiza, *la serpiente de herradura*, un animal autóctono en la Península pone en riesgo la población de lagartija de las Pitiusas (Ibiza y Formentera), clave en este ecosistema.

Actualmente hay unas 200 especies invasoras que amenazan nuestros ecosistemas. Cuando una especie exótica crece sin límites y perjudica a las especies autóctonas, se considera invasora. Por ejemplo, *la avispa asiática* es un insecto que devora varios insectos polinizadores autóctonos como las abejas y para eliminarla ya hemos llegado tarde. *Las cotorras argentinas* y la *tórtola turca* ya forman parte de nuestra fauna urbana, aunque las intentemos reducir.

Un ejemplo muy actual es el del *coipú (Myocastor coipus)*, un roedor de las comarcas de Girona, que es una de las especies invasoras más nocivas de Europa, por los perjuicios que conlleva en ciertos cultivos. Hay que decir que ciertos animales autóctonos ya se alimentan de especies invasoras, como *algunos pájaros* que comen gambusias, cangrejos americanos o carpas. Algunos éxitos, como el de la eliminación de la *rana toro* del Delta del Ebro, que se detectó hace 5 años y ahora ya se considera erradicada. Os recomiendo releer el caso del urogallo, que os explico en el capítulo sobre sostenibilidad y, que nos describe la dificultad que tenemos, a veces, para conservar las especies autóctonas.

Ahora bien, algunas de las especies que consideramos propias ya fueron introducidas hace mucho tiempo; como el *pino piñonero*, traido por los romanos, por el valor de sus piñones. ¿Hasta qué punto hay que actuar contra las especies invasoras si, tarde o templado, quedarán incorporadas a los ecosistemas? ¿Eliminamos el pino piñonero? Lo que hay que hacer es valorar el daño que causan en el medio ambiente. Si no causan ningún daño, no hay problema. La ciencia sabe dónde debe vivir cada especie y nuestra misión es seguir conociéndolas más y proteger al máximo el ecosistema que le corresponde a cada una.

En las aguas continentales y en los océanos

En las aguas continentales (ríos, lagos y humedales), muy ricas en biodiversidad y que va disminuyendo por la desertización y el elevado consumo de agua. Esto pone en riesgo varias especies de peces, como la anguila, el fartet o el barbo de montaña, pero también otros animales acuáticos como el desmán de los pirineos o ibérico.

Y en los océanos ocurre algo similar, donde la pesca y la contaminación están empobreciendo los ecosistemas marinos. En los trópicos, la extracción minera deja la mayoría de hábitats dañados.

El declive de los polinizadores

Sabemos que los polinizadores son parte esencial de la cadena alimentaria, facilitan la reproducción de las plantas y por lo tanto mantienen la diversidad del ecosistema. El declive de las mariposas o de las abejas sirve como indicador para radiografiar el estado de los insectos en general. Incluso los murciélagos, además de salvarnos de plagas de insectos y de repartir semillas, también colaboran en la polinización de nuchas flores.

Las aves como indicadores

Si hay menos pájaros, significa que encuentran menos alimento (insectos, por ejemplo). En España, un 25% de las aves están en peligro de extinción, según los datos del libro rojo de las aves de *SEO BirdLife*. Tanto las aves de zonas húmedas, como las aves esteparias o las aves de alta montaña están en regresión en la península ibérica.

En Europa, la pérdida de especies no es tan grave como en el resto del planeta, pero también ocurre y los datos lo evidencian. Un ejemplo es que cada día es más difícil observar pájaros en Europa. En los últimos años, las poblaciones de aves han caído un 25%. El porcentaje aún es peor si miramos las especies típicas de zonas agrícolas: en este caso, el declive es de un 57%. ¿Y por qué? Hay varias causas, pero según un estudio científico publicado en la prestigiosa revista *PNAS*, la primera de la lista es la intensificación y los cambios de la agricultura de las últimas décadas.

El ratón de campo, típico de espacios abiertos, tiene un rol clave porque sirve de presa para otros predadores, como las rapaces nocturnas. Además, el ratón de campo tolera infecciones peligrosas. El cambio climático le perjudica y el 15% de los roedores del mundo están amenazados.

Los efectos del cambio climático

Todavía no se pueden evaluar todos los efectos del cambio climático sobre la pérdida de la biodiversidad porque necesitamos analizar el fenómeno con más tiempo, pero seguro que dentro de 20 años ya tendremos pruebas evidentes de que es un culpable más. Sí se sabe que en zonas polares o en los hábitats de alta montaña ya tiene consecuencias actuales importantes. También es cierto que el cambio climático favorece la presencia de ciertas especies exóticas en lugares que no son su hábitat original.

Hay que decir también que algunas especies se están recuperando. El lince ibérico junto a la nutria, son ejemplos de especies a las que se ha aplicado un plan de conservación ambicioso, a través de reintroducciones. Esto demuestra que, con voluntad política y aceptación ciudadana, es posible salvar una especie de la extinción. El problema es que se necesitaría un plan de recuperación para centenares de especies (sólo en España) y eso es complicado.

Las medidas de conservación de especies icónicas como las águilas o el oso pardo en el Pirineo no sirven para recuperar los ecosistemas al completo. Pero es cierto que las grandes especies proporcionan un gran atractivo social y cultural. Debemos adquirir la capacidad de aprovechar esto como excusa para recuperar ecosistemas enteros. Pocas veces se invierte en especies pequeñas que suelen ser la base de los ecosistemas.

Para evitar el colapso, debe intervenir la política. La Cumbre de Montreal (2022) acordó proteger el 30% de la superficie del planeta para 2030. Los 196 países reunidos se comprometieron a desplegar más medidas para evitar la pérdida de biodiversidad. Un acuerdo que incluye medidas contra especies invasoras o pesticidas. Algunos países se encuentran en dificultades para cumplir con ese 30%. Ahora, en noviembre de 2024, la Cumbre COP 16, celebrada en Cali (Colombia) acabó sin ningún acuerdo.

Que hayan desaparecido de nuestros ecosistemas aves como, por ejemplo, el ostrero negro, el mosquitero canario, el ansar campestre, el ibis eremita, la grulla damisela, la grulla común, el torillo andaluz, etc y no se le dé importancia es un problema a considerar.

Algunas medidas de futuro serían:

- Restaurar un 30% de los hábitats degradados para recuperar y preservar el 100% de las especies.

- Recuperar una agricultura menos agresiva con la naturaleza, que mantenga los beneficios y respete a los polinizadores.

- Consumir productos de una agricultura que fuera sostenible, cosa que no hacemos. Esta alimentación, no responsable que hacemos, ocasiona la pérdida del 80% de la biodiversidad.

- Recuperar pequeños terrenos abandonados, espacios vegetales entre polígonos y tramos de río periféricos y antropizados (transformados por el hombre).

- Proteger los bosques maduros, los auténticos y no degradados. Los tenemos catalogados, pero necesitamos herramientas para mantenerlos.

- Restaurar los bosques de ribera y las zonas húmedas, donde más biodiversidad hemos perdido.

- Visitar la naturaleza con respeto.

- Controlar la introducción de especies invasoras.

Como veis, cuántas cosas se saben sobre la biodiversidad y sin embargo pocas son las acciones o las inversiones al respecto. La ciencia analiza, descubre y propone la forma de actuar, pero los gestores no responden como se debería. Mientras tanto vamos perdiendo especies en todos los ecosistemas y en la mayoría de los casos de manera irreversible.

CAPÍTULO 13
¿HACIA DONDE VA LA GENÉTICA?

La cultura es conocimiento transmitido por via no genética.
Jorge Wagensberg (1948-2018)

Edición genética, mosquitos transgénicos contra la malaria, selección de varie-dades genéticas, Importancia del ARN mensajero, genética y musculatura, clo-nación, paleogenética, ¿recuperar especies desaparecidas?, selección de embriones, epigenética, mutaciones...

La ciencia de la herencia avanza muy rápidamente. No os pue-do hablar de todo lo que se está descubriendo, pero si puedo haceros un resumen.

Todos habéis oído hablar de transgénicos, de selección de varie-dades genéticas, de manipulaciones genéticas o de clonación y, quizás no todos, habéis oído hablar de la edición genética o de la paleogenética.

Los análisis genéticos del ADN, que ya se hacen desde hace tiempo, nos informan de cambios que pueden estar relacionados con la salud. Estos análisis pueden ser: para diagnosticar enfermedades o para de-tectar portadores con antecedentes familiares, para el análisis prenatal del líquido amniótico, para una amniocentesis o análisis de la placenta o de las células libres de la sangre de la madre, para análisis preimplantacionales para una fertilización in vitro, para detectar enfermedades genéticas y metabólicas en los recien nacidos, etc.

La edición genética

La aprobación reciente, en diciembre de 2023, de la técnica de *edición genética* (de la que os hablo en el capítulo sobre las nuevas tecnologías) por parte de la Agencia Europea del Medicamento y de la Agencia Americana, permite tratar enfermedades como la anemia falciforme o la betatalasemia, dos enfermedades genéticas que se pueden superar con la tecnología de cortar y pegar la zona del ADN defectuosa, esto ha abierto nuevas espectativas. Por ahora son procedimientos muy caros, pero abren una nueva era en la medicina. Os he comentado, también, de las nuevas terapias con células *CAR-T*, en el capítulo sobre la ciencia y la salud.

La nueva herramienta técnica para manipular genes de un genoma, llamada *CRISPR*, descubierta hace más de 10 años y ganadora del premio Nobel en 2020, ha revolucionado los laboratorios genéticos del mundo. Se conocen más de 3.000 enfermedades genéticas diferentes y, si con esta tecnología podemos reparar un gen defectuoso, a la larga, nos hace pensar que se pueda intervenir en todos los demás. Ya se está actuando sobre algunas enfermedades. La anemia falciforme es una enfermedad causada por una mutación en el gen para formar la hemoglobina, la proteína que transporta el oxígeno por la sangre. La mutación hace que los glóbulos rojos sean alargados y no circulen bien por los vasos sanguíneos. Las consecuencias son graves si se ha recibido los genes defectuosos del padre y de la madre y no tan graves si sólo se ha recibido de uno de los progenitores. Esta hemoglobina mutante se da, sobre todo, en África ecuatorial y una de cada 12 personas negras lleva la mutación, pero solo una de cada 400 padece la enfermedad. Sabemos que las mutaciones, por el hecho de ser errores, pueden causar algún problema de salud y, en general, se eliminan porque los individuos portadores van muriendo y no llegan a reproducirse. Aquí, las personas con una copia del gen bueno y otra copia mala del gen (sabéis que por cada gen tenemos una copia procedente del padre y otra de la madre) no sufren la enfermedad de forma grave y, además, son más resistentes a la malaria, porque el parásito no puede entrar tan fácilmente en estas células alargadas y estrechas, como lo harían en las células o glóbulos redondeados normales. Por esta razón el gen defectuoso para el transporte de sangre se conserva en la población de esta zona africana donde la malaria es endémica. Las personas sobreviven mejor porque no contraen la malaria. Pues ahora, con una manipulación genética, eliminando el gen defectuoso de la primera célula portadora, se puede o se podrá curar a los que serían portadores de esta anemia falciforme. La terapia génica para curar la hemofilia, hecha por primera vez en el año 2023 en Estados Unidos, ha costado 3,5 millones de dólares, la más cara de la historia.

Con terapias génicas se puede eliminar la adicción al alcohol en ratones. Puede parecer una cuestión simplista, lo de los ratones, pero en este campo de la investigación, casi todo se empieza con ratas. Hay que pensar en los 2 millones de personas en el mundo que mueren cada año por alcoholismo. Estas terapias se hacen con cirugía, incorporando un virus inocuo para nosotros y que, en el caso del alcohol, lo hacemos portador de la proteína reguladora de la dopamina, que es responsable de generar suficiente placer y no tener que recurrir al placer del alcohol. La misma investigación se está aplicando en casos de Parkinson, insertando en el cerebro el factor de crecimiento que estimula las neuronas, cuando éstas empiezan a morir a causa del Parkinson.

Hoy, con la manipulación o edición del material genético de pollos, se puede conseguir crear pollos resistentes, en parte, a la gripe aviar. Lo han hecho en el Instituto Roslin de la Universidad de Edimburgo (donde se creó la oveja Dolly). Se trata de editar, con esta técnica de cortar y pegar, actuando sobre la proteína a la que se engancha este virus mortal.

En julio de 2024 se hace público la nueva técnica para manipular el ADN. Según nos explican los investigadores de Berkeley, Stanford y Tokio, con la intervención sobre unos puentes que hay entre unos genes llamados saltadores o transposones, se puede escoger el lugar específico donde se quiere enviar un trozo de material genético determinado. Esto ya se ha conseguido en bacterias con mucha precisión. *La edición de puentes* mejora la del sistema *CRISPR* al no tener que hacer reparaciones en el ADN celular. El avance, no sabemos aún si funcionará en células de mamíferos, como nos dice el prestigioso investigador del CSIC Lluis Montoliu.

Mosquitos transgénicos contra la malaria

En el planeta hay unas 3.500 especies de mosquitos, pero solo unas pocas transmiten el parásito causante de la malaria. Editar el genoma de estas especies para acabar con las poblaciones salvajes, o para que estas dejen de transmitir el parásito, abre las puertas a acabar con el paludismo como un problema de salud pública, dolencia que se cobra más de 600.000 vidas cada año, la mayoría en África. Se trata de liberar mosquitos transgénicos que reemplacen o eliminen, las poblaciones salvajes de su misma especie. La idea no es suplantar el resto de las herramientas contra la dolencia, como vacunas, insecticides o mosquiteras, sinó la de sumarse al este arsenal disponible para convertir la malària o paludismo en una enfermedad anecdotica.

Al emperador Carlos V, en cuyos dominios nunca se ponía el sol, lo acabó matando un mosquito. En concreto, uno que le transmitió el parásito de la malaria en Yuste, Extremadura. La OMS declaró a España libre de malaria en 1964 y países como Holanda e Italia no lo lograron hasta 1970. Entonces, sí se acabó con la malaria en Europa, ¿no podrían utilizarse los mismos métodos para eliminarla en África?

El objetivo ahora es que los insectos editados genéticamente se crucen con los salvajes hasta que solo existan mosquitos que no transmitan la malaria. También introduciendo una modificación genética que da lugar, de forma predominante, a mosquitos macho, lo que lleva al colapso de la población. Porque solo las hembras transmiten la enfermedad.

Variantes genéticas

El descubrimiento de una variante genética explica el porqué unos pacientes con esclerosis múltiple requieren silla de ruedas y otros pueden subir el Everest. Un estudio reciente con militares reveló que el omnipresente virus de Epstein-Barr, que provoca la enfermedad del beso, también es la causa principal de la esclerosis múltiple, un trastorno infrecuente que, en los casos más graves, hace que los afectados tengan problemas para hablar y caminar. Una nueva investigación, con 22.000 pacientes, identifica la primera variante genética asociada a una evolución más agresiva de la enfermedad. Ser o no ser portador de esta variante determinará la calidad de vida.

Importancia del ARN mensajero

No puedo dejar de señalar la importancia de esta molécula de material genético, que nos ayuda a mejorar la salud de las personas y es la del ARN mensajero. La tecnología actual permite diseñar un ARN en el laboratorio con instrucciones para fabricar, por ejemplo, un trozo de un virus o una proteína, que nos puede faltar, debido a una mutación. Los virus modificados se utilizan, por ejemplo, para transportar esta proteína. Pensar en la importancia de esta terapia con ARN, por el hecho de que ha sido la principal solución al problema de la pandemia de la COVID.

Genética y musculatura

También la genética nos aporta explicaciones actuales en el mundo del deporte. En el capítulo sobre "deporte y ciencia", explico cómo, según un estudio reciente, cuando las personas más jóvenes hacen ejercicio de fuerza y la musculatura crece, se producen cambios en la expresión de más de 150 genes y cuando esto se observa en individuos mayores, los cambios sólo se dan en la expresión de 42 genes. Esta diferencia en la expresión génica parece explicar, al menos en parte, la variación más visible entre cómo responden los jóvenes y los mayores al entrenamiento de fuerza. Por eso las personas mayores no ganan tanta masa muscular con los ejercicios de fuerza; para ello tendrán que realizar mas ejercicios de fuerza. Otra explicación que nos aporta la genética.

¿Y la clonación?

No han pasado ni tres décadas de la clonación de la oveja Dolly (1996) y los miedos y esperanzas que generó están apagados. La clonación fue muy importante durante varios años, pero no como tecnología reproductiva sino terapéutica. La idea era clonar embriones y extraer células madre que se pudieran usar en terapia celular (por ejemplo, para reemplazar tejidos dañados). Sin embargo, en 2007 se descubrieron las células madre pluripotenciales inducidas: una técnica para crear células madre a partir de células adultas, ya sin la necesidad de clonar embriones. La clonación reproductiva de animales se utiliza muy poco: clonación de mascotas y poco más. Se han clonado ratones, vacas, cabras, mamíferos amenazados.... La técnica tradicional de aislar y cruzar el ganado con las características deseadas es más conveniente.

El ámbito en el que se sigue usando de manera muy extendida es para reproducir grandes cantidades de ADN a partir de unas células. Se utiliza la clonación con virus y bacterias para multiplicar el ADN. Esto no plantea problemas éticos.

Si un día el multimillonario Elon Musk se quiere clonar, no habría que preocuparse: el Musk clonado, con otra educación, saldría diferente al actual. En teoría se podría intentar, pero hay barreras éticas: generar una oveja inviable es más aceptable que generar un humano con deformaciones o taras. Además, la fisiología del ser humano es muy compleja y quizás no funcionaría. A nivel físico, dos gemelos, genéticamente idénticos, son muy parecidos, pero a nivel de personalidad pueden ser muy diferentes. Tus genes te pueden dar una predisposición para la música, pero hay que aprender música para ser músico.

Incluso con el fin de investigar enfermedades humanas, hace unos meses, científicos chinos y el médico español Miguel Angel Esteban (1970), han creado un macaco con células procedentes de dos embriones diferentes, un híbrido, también llamado "quimera", que podría ayudar a tratar enfermedades humanas como el *Parkinson y el Alzheimer*. Esteban ya había anunciado la formación de un riñón humanizado dentro de un embrión de cerdo. El primer órgano humano creado dentro de un animal y que nos permite pensar en la posibilidad de fabricar recambios para las personas.

Las técnicas de clonación han mejorado pero la eficiencia en primates es todavía muy baja. En 2018 se anunció la clonación de dos primates. Un nuevo anuncio, publicado en enero de 2024, utilizó 113 embriones para obtener un único nacimiento, un macho de *M. rhesus*, que ya tiene cuatro años. La clonación humana reproductiva es un área en la que hay un consenso universal de que nunca se hará. Fue un criterio adoptado por las Naciones Unidas en 1996, en la Declaración Universal sobre el Genoma Humano y que los Derechos Humanos prohiben.

Hoy, el uso de las técnicas genéticas para conseguir mejoras de plantas y animales y de nuevos medicamentos y vacunas es fundamental. Así como las manipulaciones genéticas de virus, bacterias, plantas y animales, para tratar enfermedades o conseguir mejoras en todos los campos referentes a nuestra salud y a la del medio ambiente. A lo largo de la lectura del libro encontraréis muchas explicaciones al respecto.

¿Y la paleogenética?

La paleogenética nos permite saber cómo eran las poblaciones de hace más de 50.000 años y así poder relacionar cómo han vivido y se han relacionado los diferentes pueblos en el pasado. Y también nos está abriendo las puertas de un pasado remoto y desconocido que nos da luz sobre el presente. La paleogenética actual, que comenzó a desarrollarse hace unos 10 años, nos permite, por ejemplo, con los análisis de miles de restos humanos desde hace 15.000 años (Paleolítico y Neolítico), como las mutaciones encontradas en las grandes migraciones humanas del pasado predisponen, o no, a sufrir algunas enfermedades (autoinmunes, Parkinson, diabetes) o a descubrir porque los nórdicos europeos son, de media, más altos que nosotros. Hay mutaciones que a lo largo del tiempo pueden actuar como hechos positivos o negativos según el ambiente. Todo quedó registrado en el interior de los huesos bien conservados.

También la genómica ha desmontado la imagen que teníamos de *Ötzi*, el hombre de los hielos que fue descubierto momificado en un glaciar de los Alpes en 1991 y asesinado hace 5.000 años. Es la momia más antigua encontrada de nuestra especie. Resulta que ahora descubrimos que ni era blanco, ni corpulento, ni llevaba melenas, sino calvo, de piel oscura y ojos marrones. Eso lo publica la revista *Cell Genomics* en 2024. Tenía 46 años, medía 1'60 metros de altura y pesaba unos 50 kilogramos. Su última comida incluyó carne de cabra montés y un puñado de cereales. Pues gracias a la genética o mejor dicho a la paleogenética, se saben todas estas cosas y muchas más. ¿Verdad que parece increíble que se pueda saber todo esto?

Los análisis del material genético de personas enterradas en el *Machu Pichu* nos permiten saber cómo eran las personas que vivieron allí y desmontan las historias inventadas por personas que desconocían lo que nos aporta la paleogénética actual.

Estos análisis genéticos hechos con los huesos de 14 habitantes enterrados por las cenizas tras la erupción del Vesubio en la ciudad de Pompeya, en el año 79 de nuestra era, desmonta las creencias que se explicaban hasta ahora.

Del mismo modo, estudios de ADN de 94 cadáveres de una necrópolis francesa de hace 6.700 años, ha permitido reconstruir árboles genealógicos de varias generaciones. El estudio nos permite conocer cómo eran las familias, la sociedad y la cultura de una época en la que, todavía, no existía la escritura.

¿Podremos recuperar espécies desaparecidas?

Expertos en genética, bioética y derechos de los animales debaten sobre las implicaciones de los proyectos que plantean traer de vuelta especies desaparecidas. Este año pasado se habló del caso del *mamut lanudo*, por el hecho de haver reconstruido el cromosoma fosilizado de un *mamut lanudo* encontrado en tierras siberianas, de 52.000 años. ¿Es científica y moralmente acceptable esta idea? ¿Es realmente posible 'resucitar' a unos animales que desaparecieron de la faz de la Tierra hace más de 4.000 años? ¿Y es ético invertir millones en recuperar esta especie mientras nos cargamos a otros miles con el avance de la crisis climática? En los últimos años, gracias a los increíbles avances en el campo de la genética y sobre todo en el estudio de los cromosomas antiguos, han empezado a surgir empresas que plantean 'resucitar' a estos animales. La teoría es, al menos sobre el papel, simple. Si tenemos información genética de estos animales podemos mezclarla con la de sus parientes más cercanos, en este caso los elefantes asiáticos, y traer de vuelta a los mamuts. Pero esto no es así. Según explica la investigadora Gemma Marfany, experta en genética y miembro del Observatorio de Bioética de la Universidad de Barcelona, acoplar un código genético a ciegas no es tan sencillo. "En genética, cuando tocas algo corres el riesgo de dañar diez cosas más. Esto es especialmente complicado en el caso de un animal extinto, porque nunca sabes si un gen concreto juega un papel clave para que el animal sea así o si es simplemente una anomalia, En el caso de los mamuts, además, la fórmula para crearlos implica necesariamente mezclar su genoma con el de elefantes asiáticos. Esto de ninguna manera será un mamut. En el mejor de los casos, podríamos tener un elefante peludo". Y, tambien, nos dice "¿Estos pseudomamuts los llevaríamos a una especie de parque jurásico de mamuts?"

¿Selección de embriones?

El Observatorio de Bioética y Derecho de la Universidad de Barcelona ha dado un grito de alerta sobre determinados servicios de selección genética de embriones humanos, procedentes de la fecundación asistida, para después poder implantar los mejores. Estas prácticas se basan en criterios de negocio y no científicos.

Hay miles de enfermedades debidas a la mutación de un solo gen (fibrosis cística, talasemia, anemia falciforme, hemofilia...) y, son éstas las que son más fácilmente accesibles para la terapia genética. De las llamadas enfermedades minoritarias, que hay unas 6.300 identificadas, solamente se investiga sobre un 20%, cuando el 70% tienen carácter genético. Pero las enfermedades más comunes se escapan de estas manipulaciones. No hay un solo gen del infarto, sino decenas o centenares. Sólo si se hace la lectura o la descripción de un genoma entero de las células de embriones creados por las fecundaciones *in vitro*, se podrá escoger lo mejor para implantarlo en el útero de una madre. Esta ya es una oferta de alguna empresa de fecundación *in vitro*, como la californiana Orchid Health. Agresividad, inteligencia, propensión al riesgo o a las adicciones, a la diabetes, al cáncer, altura, deficiencias cognitivas u otras características que tienen, en parte, componentes hereditarios diferentes, que se llaman poligenéticas, sólo se puede diagnosticar un cálculo probabilístico sobre la conveniencia de una cirugía o el consejo de un estilo de vida, pero sin ninguna certeza. También nos lo dice la catedrática de genética Gemma Marfany. El documento también lo firman Itziar de Lacuona, Anna Veiga, Manuel Jesús López, Maria Casado y Josep Santaló, todos nombres de prestigio contrastado. La selección de embriones sólo debe aceptarse en el caso de enfermedades hereditarias graves que comprometan la calidad de vida del descendiente. Esta práctica es ilegal, como la gestación subrogada, pero la gente recurre a ella.

¿Habéis oido hablar de la epigenética?

Pongo un ejemplo de como las condiciones ambientales nos pueden desencadenar trastornos graves, incluso un cáncer. Y ahora no me

refiero a los contaminantes, sino a otros factores llamados epigenéticos. Se puede decir que la epigenética es el conjunto de reacciones que modifican la actividad del ADN sin alterar su composición
química y de cómo se manifiesta o expresa en nuestro organismo o
en el de nuestros descendientes. Los cambios epigenéticos, general-
mente producidos por episodios vitales que nos vienen del exterior,
como el de haver sufrido una "hambruna", la muerte de un ser
querido o un maltrato, dejan unas marcas en el ADN, sin cambiar
su composición. La genética moderna nos enseña que no sólo los
genes nos transmiten toda la herencia que recibimos con el ADN
de los padres, tambien se transmiten estas marcas de los episodios
padecidos y, además se pueden transmitir a una o dos generaciones
más. Repito, son mecanismos de herencia no genéticos porque no
están en los genes, pero si pueden interactuar con ellos y regular la
forma en que estos se manifiesten.

Si el ADN se imagina como una secuencia de letras químicas con las
instrucciones para el funcionamiento de una persona, los cambios
epigenéticos serían como acentos, con capacidad para modificar el
mensaje y desencadenar trastornos, como podría ser la disminución
de las capacidades de la persona afectada o de producirse un cáncer,
a ella o a sus descendientes.

Añadiendo pequeñas moléculas sobre el ADN de las células del
hígado, el equipo del biotecnólogo italiano Angelo Lombardo, del
Instituto de Terapia Génica de San Raffaele Telethon, en Milán, ha
demostrado que el tratamiento con estos editores epigenéticos se
puede producir un silenciamiento estable de un gen, como el del
colesterol malo. El investigador menciona otras patologías, en las
que empleando la edición epigenética se puedan silenciar múltiples

genes. El experto en epigenética Manel Esteller (1968) aplaude el nuevo trabajo. Esteller, es director del Instituto de Investigación Josep Carreras contra la Leucemia, en Badalona y, que, a principios de 2024, su equipo descubrió los factores que permiten predecir si el tratamiento epigenético será efectivo o no en un paciente. Ya tenemos unos cuantos medicamentós epigenéticos.

Las mutaciones

Os pongo sólo algún ejemplo muy reciente, para no alargarme más, por qué el constante descubrimiento de mutaciones causantes de enfermedades no para. Sólo comentar los dos últimos que conozco.

Por un lado, un grupo de científicos y médicos (63 autores de 10 países) ha identificado la mutación que multiplica el riesgo de sufrir *espina bífida*, una grave enfermedad neuronal humana que provoca infecciones recurrentes, insuficiencia renal, secuelas cognitivas irreversibles, etc. La publicación en *Science* nos dice que las personas portadoras de la mutación tienen 15 veces más de riesgo de sufrir malformaciones del sistema nervioso. Es probable que, con el tiempo se pueda avanzar con la prevención y el tratamiento. Y también, publicado en mayo de 2024, se ha conocido que el hecho de llevar dos copias del gen de la proteína *APOE4*, da una probabilidad de desarrollar *Alzheimer*, a partir de los 65 años, prácticamente del 100%. Hasta ahora se sabía que este gen aporta el mayor riesgo genético de sufrir Alzheimer, pero no en qué tanto por ciento. Las otras variantes, *APOE3* y *APOE2* son menos peligrosas. Y esto se ha sabido analizando 3.000 personas muertas y con escáneres cerebrales y otras pruebas diagnósticas de otros 10.000 pacientes para analizar el efecto de ser portadores de esta variante. Esta sería una nueva forma de Alzheimer genético, que se manifiesta unos 10 años antes que las otras formas conocidas: el temprano, causado por mutaciones poco frecuentes y el *Alzheimer* asociado al síndrome de Down, en que 9 de cada 10 pacientes lo acaban desarrollando. Sólo entre el 2% y el 3% de la población blanca tiene este tipo de proteína (*APOE4*).

Cuántas cosas podemos descubrir con la genética, la paleogenética, la epigenética, las mutaciones...

Me gustaría que todas estas informaciones sirvieran para que nos hagamos una idea de por dónde va y por dónde irá en los próximos años, esta maravillosa ciencia que es la genética.

CAPÍTULO 14
¿Y QUE DICE LA CIENCIA DE
LOS MICROBIOS EN LA ACTUALIDAD?

Si dañamos el mundo natural debemos pagar las consecuencias.

Isabel Allende (1942)

Microbiota intestinal, virus contra bacterias resistentes a antibióticos, simbiosis de plantas y bacterias, prebióticos y probióticos, relación con el cáncer, el colesterol, las alergias o la caries, vínculo con el cerebro...

Los microorganismos más conocidos son las bacterias y los virus, pero hay muchos más: protozoos, microalgas, hongos, algunos gusanos, animales tardígrados, nematodos, pulgas de agua, así como las fases iniciales del desarrollo de organismos más grandes, como algunos mosquitos y que representan una pequeña cantidad del conjunto de especies de microbios, conocidos y por descubrir.

La Organización Mundial de la Salud considera patógenos humanos a unos 2.000 organismos.

Hay que recordar que no podemos vivir sin microbios, os voy a dar una razón: hacen una función vital al transformar (oxidación, descomposición, putrefacción, mineralización) toda la materia orgánica de los seres vivos que hay en la naturaleza que, cuando éstos mueren, los microbios, al atacarla, devuelven los nutrientes minerales de nuevo al medio ambiente, donde son necesarios para la alimentación de nuevas plantas y animales.

Sobre la gran importancia de los microbios, os pondré un ejemplo, el de uno que poca gente conoce: la microalga *Prochlorococcus*, de 0'6 micras, que es responsable del 30% de la fotosíntesis de la biosfera y que vive en los 200 primeros metros superficiales del agua de todos los mares y con una gran variabilidad según los océanos. Tiene una importante función en la conservación de la vida marina en cuanto a la utilización y producción de nutrientes para todos los que se alimentan de ella. También las microalgas son microbios.

La microbiota intestinal, nueva frontera de la medicina.

Los científicos hablan de microbiota o de microbioma como un órgano más de nuestro cuerpo, para referirnos, en general, a los microorganismos que habitan el cuerpo humano. A menudo se hace solo referencia a la microbiota intestinal. Sabemos que muchas bacterias son beneficiosas para el ser humano, mientras que, otras, pueden causar enfermedades. Dentro del colon nos ayudan a hacer la digestión, a sintetizar vitaminas, a absorber nutrientes y a evitar que se instalen microbios foráneos.

En la vagina también son útiles las bacterias; durante la edad fértil la vagina es húmeda y allí, donde hay humedad hay bacterias, aparecen los *Lactobacilos*, que acidifican el medio y protegen de las infecciones. Durante el embarazo, el sistema inmune de la embarazada baja su eficacia con el fin de no rechazar el cuerpo extraño, que es el feto (por llevar sustancias desconocidas procedentes del padre), pero, entonces, al segregarse más estrógenos, estos dan más humedad y, por lo tanto, aumentan los *Lactobacilos,* que con la acidez que producen, protegen de la entrada de otros microbios.

Los tenemos en la piel, en los ojos, en la boca... ¿Sabéis que somos portadores de alrededor de medio kilogramo de bacterias, tantas como el número de células de todo el cuerpo? Los seres humanos tenemos principalmente tres tipos de armas externas para combatir las enfermedades infecciosas, que son la higiene, las vacunas y los antibióticos. Y un arma interna que es nuestro sistema inmunitario.

Se multiplican los estudios que analizan los billones de microorganismos que viven en el cuerpo humano y evidencian su relación con el sistema inmune y enfermedades como el cáncer, el Alzheimer o la diabetes. Las bacterias, virus u hongos que viven en el cuerpo humano han pasado de ser considerados perjudiciales a convertirse en una de las grandes esperanzas de la medicina. Si en 2012 apenas se publicaron 2.000 estudios en este campo, en 2023 ya se publicaban 21.600 investigaciones, pero la ciencia todavía está al inicio, porque lo que no se sabe sobre la microbiota es superior a lo que se sabe. Los esfuerzos económicos para conocer a todos estos millones de microbios son comparables con la ingente inversión que la ciencia está realizando para detener el envejecimiento.

Su relación con las enfermedades, más allá del aparato digestivo, tiene que ver, entre otras cosas, que también ayudan al sistema inmunitario a reconocer los patógenos perjudiciales. Además, se conectan con el cerebro a través del llamado nervio vago, que llega hasta el intestino y regula funciones involuntarias del cuerpo como la frecuencia cardíaca, la respiración o el estrés. El problema es cuando esta microbiota se altera y se desequilibra, lo que ocurre cada vez con más frecuencia debido a la dieta insana, el sedentarismo, la falta de sueño, el estrés o los fármacos.

De la relación que pueden tener con tantas enfermedades no se sabe, del todo, si son las causas o las consecuencias, tal y como nos dice el jefe clínico de gastroenterología del hospital de la Vall d'Hebron de Barcelona, Javier Santos.

En este mar de incertidumbre, decenas de evidencias ya se han abierto camino. Por ejemplo, se ha descubierto un grupo de bacterias relacionadas con la aparición del Parkinson. Otro conjunto interviene en la diabetes o el peso corporal. Y, en cuanto al cáncer de colon, hay avances esperanzadores en torno a la posibilidad de que determinados microbios sirvan para predecir antes y mejor del riesgo de padecerlo. Otros, como el Helicobacter pylori puede producir úlceras estomacales o incluso cancer de estómago. Todavía se desconoce, con exactitud, qué se puede considerar una microbiota sana y no hay técnicas que hayan sido capaces de descubrir todas las especies. Ante esto, se está llevando a cabo una especie de *Arca de Noé*, para tener en el laboratorio muestras de todos los microorganismos descubiertos.

¿Virus bacteriófagos contra bacterias resistentes a los antibióticos?

Los virus, a diferencia de las bacterias, son parásitos obligados y por lo tanto deben vivir dentro de otro organismo. Los virus están constituidos por ácidos nucleicos (ADN o ARN) y proteínas que los recubren. Fuera de las células no se mueven, pero pueden reconocer a sus huéspedes de forma específica e inyectar su material genético y, luego, utilizar la maquinaria de la célula para poder multiplicarse. Por ejemplo, los virus que infectan bacterias, llamados virus bacteriófagos o fagos, los más abundantes en la naturaleza, sólo reconocen algún tipo de bacteria y no pueden infectar células eucariotas como las nuestras o las de las plantas. Se estima que hay diez veces más de virus que de bacterias.

Hay cierta esperanza de que serán los fagos, modificados genéticamente, las herramientas para poder combatir las bacterias resistentes a los tratamientos con antibióticos. Recuerdo que los antibióticos sólo matan bacterias. Y recuerdo, también, que el 30% de los antibióticos se usan en el tratamiento y profilaxis de las enfermedades infecciosas bacterianas en humanos y el 70% se usa en la agricultura y la ganadería.

Hay que recordar que, por bacterias resistentes a los antibióticos mueren anualmente más de 700.000 personas en todo el mundo y 25.000 solo en la Unión Europea. En 2050, según la OMS, podrían causar 10 millones de muertes.

El uso de virus bacteriófagos no solo puede tener utilidad clínica, sino que puede tener aplicaciones en la agricultura o la ganadería. Ya algunos países (Estados Unidos y algunos europeos) permiten utilizarlos en el control de patógenos, tanto en la cadena de producción de alimentos como en el producto final. Ya hay preparados comerciales contra algunas bacterias patógenas como la *Escherichia coli*, la *Listeria monocytogenes* o la *Salmonela sp*. Son herramientas de bio control en seguridad alimentaria con buenos resultados en desinfecciones industriales y descontaminación de alimentos. Incluso no se descarta que en un futuro se puedan utilizar como pesticidas y como fertilizantes.

Actualmente ya se pueden encontrar en el mercado más de 150 cepas microbianas como productos de uso agrícola.

Simbiosis de plantas con bacterias.

La *rizosfera* es la zona alrededor de las raíces de las plantas donde conviven en simbiosis bacterias, hongos, gusanos y protozoos con la planta. En esta zona, hay una concentración de organismos mucho más elevada que en el resto del suelo. Y es aquí donde está el intercambio de nutrientes y donde se mantienen a raya potenciales patógenos para la planta. De la misma manera que, nuestras bacterias intestinales nos ayudan a digerir y a transformar buena parte de los alimentos que ingerimos para que los podamos asimilar, además de controlar muchos procesos importantísimos de nuestro cuerpo, *la rizosfera* hace el mismo papel para las plantas. Los organismos que habitan en ella se encargan de oxigenar las raíces y de transformar formas de nitrógeno y fósforo que se encuentran en el suelo, pero que la planta por sí sola no puede utilizar. Son bien conocidos los nódulos que forma la bacteria *Rhizobiun* en las raíces de las leguminosas, proporcionandole el nitrógeno que la planta necesita. A cambio, se alimentan de descamaciones de las células vegetales y de azúcares y proteínas que suelta la planta. Ambos, plantas y bacterias, conviven obteniendo un beneficio, es lo que llamamos una simbiosis.

Todos los seres vivos, por diminutos que sean, tienen como objetivo principal su supervivencia. Para conseguirlo, estos pequeños seres vivos con los que compartimos nuestro estimado planeta Tierra han desarrollado las más diversas y, a veces sorprendentes, estrategias. Sólo explicaré una: la de las termitas que comen madera. Curiosamente, no la pueden digerir. ¿Cómo se alimentan entonces?

La digestión de la celulosa y la lignina, los principales componentes de la madera, no la llevan a cabo las termites, sino un grupo muy especial de protozoos y bacterias que viven en el interior del intestino de estas termitas. La relación que se ha establecido entre ellos es una mera relación de simbiosis que permite la supervivencia de todos, sino sería imposible. Asi funciona la Naturaleza y, como podeis ver, se tiene que conocer para saberla conservar.

¿Son útiles los prebióticos y los probióticos?

Según la Asociación Científica Internacional de Probióticos y Prebióticos (ISAPP), sirven para la producción de ácido, la regulación del tránsito intestinal, la normalización de la microbiota perturbada, el aumento del recambio de las células epiteliales intestinales y la exclusión de patógenos. Además, no se ha demostrado que tengan efectos secundarios importantes.

Hoy los prebióticos (suplementos alimentarios para hacer crecer bacterias) y los probióticos (suplementos bacterianos) ayudan a funcionar a ciertas células del sistema inmunitario. Lo que todavía no se sabe del todo es cuáles son las bacterias que se deben suplementar. Probiótico es aquel alimento, suplemento o medicamento que contiene microorganismos vivos y que, cuando se administran en cantidades adecuadas, confiere un beneficio para la salud. Hay división de opiniones en el colectivo médico sobre recomendar o no la toma de probióticos, ya que los estudios científicos no siempre tienen una evidencia sólida. Si aportan beneficios son acciones recomendables. En cuanto a los alimentos con probióticos, los más fiables son el yogur (que puede ayudar a mejorar la digestión de la lactosa en personas con dificultades) y algunos tipos de kéfir (también útiles para absorber la lactosa y ayudar a erradicar la bacteria del estómago *Helicobacter pylori*, que puede ocasionar cáncer.

Relación con el cáncer, con el aumento de colesterol, la caries, las alergias, las enfermedades emergentes...

Ya os he comentado que la presencia de *Helicobacter pylori* en el estómago puede producir cáncer de estómago y, ahora también se sabe (como ya os he comentado en el artículo sobre la salud) que algunos microbios de la flora intestinal transforman la carnitina (compuesto fabricado a partir de aminoácidos de la carne y que transporta grasas hacia las mitocondrias para obtener energía) de la carne roja en un óxido que favorece la formación de colesterol en la pared de las arterías y esto puede llegar a causar un infarto, según el estudio realizado en Cleveland por el doctor Stanley Hazen, especialista en medicina cardiovascular. Personas que hacían diferentes dietas y se alimentaban de una misma cantidad de carne roja diaria (con carnitina) generaban más cantidades de óxidos, de los que aumentan el colesterol, que aquellas personas que tomaban carne esporádicamente. Podemos, pues, favorecer una flora bacteriana determinada con nuestra dieta.

Uno de los descubrimientos científicos importantes, ya de hace un tiempo (año 2011), publicado por la prestigiosa revista *Science*, y que ya se había publicado en *Nature*, fue el del científico catalán Francesc Guarner, del Instituto de Investigación de la Vall d'Hebron de Barcelona, que, como coautor, descubrió que había tres tipos de individuos (A, B y C) según su flora intestinal predominante. Seguramente que el tratamiento de ciertas patologías, como la enfermedad de *Crohn, la colitis ulcerosa, la diabetes o la obesidad,* será diferente, atendiendo a este criterio de la flora intestinal, ya experimentado con éxito en ratones. Guarner también dice que, al ingerir fibra vegetal variada, la flora intestinal será más sana y, también, que el contacto de los niños con la naturaleza disminuye el riesgo de alergias, dado que también están relacionadas con la flora intestinal.

También se ha encontrado la relación entre las bacterias intestinales y los fármacos antirretrovirales para controlar los virus VIH del Sida. El investigador catalán Carles Blázquez (1994-2023) ha demostrado los beneficios de ciertas bacterias probióticas en el tratamiento de la enfermedad.

Alejandro Mira, investigador del Centro Superior de Investigación de Salud Pública de Valencia, llevó a cabo una investigación con las bacterias bucales. Se dio cuenta de que una trabajadora de su laboratorio no tenía caries (sólo entre el 10% y el 20% de la población mundial no tiene caries) y que su pareja había dejado de tenerla. ¿Le podía haber transmitido boca a boca? Mira descubrió que ciertas bacterias de algunas personas eliminan las bacterias productoras de caries. Estas investigaciones pueden llegar a desarrollar nuevas estrategias en el tratamiento.

Las nuevas enfermedades emergentes responden a nuevas cepas (variedades) de una misma especie (como es el caso del *Staphylococcus aureus*, resistente al antibiótico meticilina), o a patógenos que cambian de huésped (como el VIH), o a cambios en el uso del suelo o a la caza silvestre (el caso del Ébola proveniente de carne de primates infectados o de murciélagos). Un nuevo virus resucitado en el hielo de Siberia, después de 30.000 años, solo puede multiplicarse en amebas unicelulares y no afecta a los humanos. También se sabe que en los años que hay más deshielo en Siberia, por el hecho de liberarse microbios congelados, se han documentado más enfermedades en animales.

Una naturaleza que funcione bien, con unos ecosistemas ricos en especies, es la mejor barrera contra los patógenos. El reciente coronavirus, el de la COVID, podría haber seguido existiendo entre nosotros sin darnos cuenta, de no haber sido por una acción humana que ha acabado forzando la zoonosis, el contacto entre los animales.

La naturaleza tiene la tecnología más avanzada que existe. Cuando la naturaleza no funciona bien, cuando traspasamos un límite en nuestra explotación de recursos, ocurren estas cosas. Nos lanzamos hacia adelante pensando que la tecnología y la riqueza nos librarán de todos los males, pero una economía que no tenga en cuenta la preservación del equilibrio natural será totalmente vulnerable. Porque la naturaleza es la mejor protección que tenemos, era la mejor vacuna contra la COVID.. La naturaleza mantiene una protección de amplio espectro, no cuesta dinero, se mantiene en el tiempo y cumple muchas otras funciones. La naturaleza está de guardia las 24 horas del día, para mantener las condiciones físicas, químicas y biológicas que reducen la carga vírica, para que los riesgos de la zoonosis o infecciones entre animales tengan unas dimensiones pequeñas,

Los servicios que está haciendo la naturaleza son impagables. Todo esto nos lo dice Fernando Valladares, el gran profesor e investigador del CSIC. Ahora, los viajes y el comercio internacional facilitan la expansión de los microbios. La pérdida de biodiversidad de los ecosistemas aumenta la incidencia de las infecciones en huéspedes no habituales, entre ellos ... los humanos.

A medida que la temperatura sube, nos invaden más mosquitos cada año. La OMS nos está advirtiendo del aumento de las enfermedades que transmiten: *dengue, fiebre del Nilo Occidental, Zika, Chikungunya, malaria, fiebre amarilla...*

El vinculo entre la microbiota intestinal y el cerebro.

El intestino envía información al cerebro sobre qué comemos, le indica si hemos obtenido los nutrientes necesarios para mantenernos saludables o la alerta de si el sistema inmunitario está combatiendo algún patógeno. Estos mensajes viajan a través del nervio *vago*, que comunica directamente ambos órganos y que se intercambian sustancias químicas, como los neurotransmisores *serotonina, dopamina o GABA (ácido gamma amino-butírico)*. La combinación o composición de bacterias que tenemos es única para cada uno de nosotros y nos identifica como si se tratara de una segunda huella dactilar. Aunque está conformada por millones de microorganismos, funciona de forma coordinada como un solo órgano, como el hígado o el corazón.

El sistema nervioso intestinal, denominado el segundo cerebro, está conformado por un sistema nervioso intrínseco o entérico (SNE) y un sistema nervioso extrínseco o autónomo (SNA) constituido por el simpático y el parasimpático (nervio vago). La microbiota sabemos que nos ayuda no sólo a digerir los alimentos y extraer su energía, sino también a eliminar toxinas, fabricar vitaminas, protegernos de otros patógenos y entrenar a nuestro sistema inmunitario. Desequilibrios en su composición pueden dar lugar a enfermedades autoinmunes, como el asma o las alergias o ser un factor de riesgo para otras, como la obesidad, la diabetes o el cáncer e, incluso, influir en la eficacia de los tratamientos farmacológicos.

Así, en un futuro no muy lejano, estudiando la composición y el equilibrio de esta microbiota, se podrán diagnosticar enfermedades y diseñar cócteles inteligentes de bacterias, adecuados para cada persona.

Determinados tipos de bacterias intestinales como los *Lactobacillus* que contienen los lácteos pueden modular la producción de algunos neurotransmisores, como la *serotonina o el GABA*, que están directamente asociados a nuestro estado de ánimo e influyen en el desarrollo de trastornos emocionales como la ansiedad y la depresión o que intervienen en el funcionamiento del cerebro como la *dopamina, la norepinefrina, el cortisol o el triptófano.*

Hay evidencias científicas que demuestran el papel que desempeña el desequilibrio de la microbiota intestinal en la aparición de trastornos mentales. Así, las personas con trastorno obsesivo compulsivo (TOC) tienen una menor cantidad de *GABA* y *serotonina*, muchos pacientes con síndrome de intestino irritable también presentan síntomas depresivos, etc. Estos y otros ejemplos y los conocimientos que tenemos sobre los microorganismos nos ayudaran a mejorar su control y nuestro benestar.

CAPÍTULO 15
NOVEDADES REFERENTES AL
CEREBRO. Y A LAS DESIGUALDADES

Todos los grandes eventos tienen lugar en nuestra mente.
Oscar Wilde (1854-1900)

Si la miseria de nuestros pobres no se debe a la naturaleza,
sino a nuestras instituciones, grande será nuestra culpa.
Charles Darwin (1809-1882)

Implantes, interacción con máquinas, neuroderechos, la salud y el cerebro, atlas del cerebro, proyecto EBRAINS, ¿robots para atención psicológica?, enfermedades neurológicas, el miedo, el cerebro y la edad, traumas infantiles y salud, cerebro y desigualdades...

En este capítulo solo os quiero mencionar algunos nuevos conocimientos, avances, novedades y proyectos que se están llevando a cabo relacionados con el cerebro y también me permito hacer una reflexión sobre las desigualdades sociales existentes y en aumento, que nuesrro cerebro (que nos crea el razonamiento) no debería tolerar.

Es en nuestro cerebro donde está la base de todas las conductas: creatividad, agresividad, sexualidad, lenguaje, inteligencias, desigualdades...

Las plantas se comunican mediante raíces y sustancias volátiles, las abejas utilizan conceptos abstractos, los delfines con ondas sonoras subacuáticas, las cucarachas descifran las perturbaciones del aire, los cuervos fabrican herramientas, los pulpos se enfadan y se disfrazan, hay aves que hacen de centinelas, etc. Si hay cerebro hay pensamiento.

Hay casos en los que una sola célula piensa por sí misma, sin tener nada más, como una ameba, que sortea obstáculos y se orienta, sin ojos ni sistema nervioso. Nada que ver con los humanos que podemos acumular conocimientos fuera de nosotros en libros o en base de datos. Tener IA externa podría conducirnos a ser también una especie bastante analfabeta. Hoy gente con poca cultura que te da lecciones de todo porque tiene la información en el móvil, pero ponte a hablar con esa persona sin el móvil, a reflexionar sobre cualquier tema y es entonces cuando te das cuenta de que, estudiar y formarse, sirve para algo. Estoy seguro de que ya hay mucha gente joven que piensa que estudiar durante años, hoy en día, es perder el tiempo.

Evolucionamos adaptándonos y, es un error pensar que cada vez somos mejores. A veces, es retroceder porque la evolución no va hacia un lugar concreto ni predeterminado, va variando según con lo que se encuentra. La ventaja de ponerse de pie para la especie humana hizo liberar las manos, pero volvió frágiles nuestras rodillas o el hecho de estar sentados todo el día delante de una pantalla nos puede producir obesidad, daños vertebrales y diabetes, porque no evoluciobanamos para estar sentados, sino para correr por la sabana. Al hablar del cerebro no debemos dejar de lado pensar de cómo hemos ido evolucionando.

El uso de implantes cerebrales y conexión a ordenadores

En los últimos años ha habido varios proyectos en los que se intenta conectar el cerebro de pacientes con parálisis a ordenadores para que, por ejemplo, recuperen parte del movimiento o su capacidad de habla. El laboratorio de Gregoire Coutine, en Suiza, ya ha conseguido avances muy significativos en esta área, logrando incluso que pacientes completamente inmovilizados pudieran volver a andar. Pero pese a todos estos trabajos, hasta ahora apenas ha habido avances que permitan recuperar algo tan humano como la capacidad del habla.

Ahora, David Bradman, neurocirujano de la Universidad de California, gracias a la ayuda de una máquina, ha conseguido que Casey Harrell haya podido volver a comunicarse con un vocabulario de más de 125.000 palabras y una precisión del 97%. El objetivo era que la máquina pudiera leer la actividad cerebral de Harrel, traducirla al instante y pronunciar todas las palabras que estaba pensando. Para ello, incluso se creó un modelo de voz que sonaba exactamente como la que tenía este paciente antes de que quedara paralizado por la enfermedad.

Se trata de la prueba más exitosa hasta la fecha de este tipo de tecnologías. Hasta ahora, hay sólo medio centenar de personas a las que se han implantado interfaces cerebro-ordenador con microelectrodos para posibilitar su comunicación.

Entre las mejoras que se plantean para el futuro, además de incrementar la velocidad de comunicación, se incluye el desarrollo de aparatos inalámbricos que hacen posible que los pacientes no estén conectados físicamente a una máquina.

También se ha conseguido, por primera vez, transcribir la grabación que hace tu cerebro de una canción. Es una técnica capaz de leer la mente y transcribir los pensamientos. Este tipo de tecnologías podrían, en un futuro, utilizarse para ayudar a las personas que han perdido la movilidad o la capacidad del habla para comunicarse con el exterior. Ya hay varios estudios que, por un lado, están mejorando las técnicas para transcribir las señales cerebrales y, por otro lado, avanzan en la creación de una interfaz que conecte un cerebro con un ordenador.

Estas interfaces cerebro-ordenador (BCI), nos dice el neurocientífico Rafael Yuste (1963), madrileño y profesor de ciencias biológicas de la Universidad de Columbia, presidente de la Fundación Neuroderechos, que hay de dos clases: las invasivas con chips incorporados dentro del cráneo, que están reguladas y protegidas por la privacidad médica y las no invasivas, que son como diademas o cascos, que se venden como producto electrónico sin regulación alguna y que por unos 1.000 dólares se pueden comprar como aparatos de estimulación cerebral con los que, supuestamente, se pueden conseguir mejoras cognitivas, por ejemplo en la memoria. Neuralink, la empresa neurotecnológica fundada en 2016 por Elon Musk, trabaja en estimular neuronas, procesar la información y así poder obtener impactos beneficiosos para las personas.

El 28 de gener de 2024, se anuncia que Neuralink ha instalado con éxito su primer implante cerebral en un ser humano.

Con todo se abren las puertas de obtener mejoras que aun no podemos, del todo, valorar.

Neuroderechos

Los peligros de unir la computadora al cerebro son muchos, al perder privacidad, identidad mental, etc. o el hecho de aumentar, aún más, las desigualdades entre las personas. Sería lógico utilizar el método por necesidades médicas y con grandes mecanismos de control, no como lo que ha pasado con las conocidas tecnologías como Internet, Metaverso o la IA, lanzadas al mercado sin control y con algunas consecuencias que ya no podemos evitar.

Rafael Yuste, se propone impulsar una normativa para proteger la privacidad de los pensamientos del peligro que representan los implantes cerebrales y las tecnologías relacionadas con la mente.

Implantes para conectar el cerebro a las máquinas, dispositivos que inducen recuerdos o aparatos que leen los pensamientos ya se desarrollan en laboratorios. Por ello, desde 2017 Yuste viaja por todo el mundo para conseguir que los gobiernos protejan con leyes los neuroderechos. Ya lo ha conseguido en Chile, Brasil, México y Estados Unidos (el estado de Alabama tiene la primera ley de protección cerebral) y ahora lo hará en España. Yuste nos dice que tener un sensor en la cabeza será de rigor en 10 años, igual que ahora la mayoría tiene un teléfono inteligente. Impresiona, ¿no?

El España, el Centro Nacional de Neurotecnología (Spain Neurotech) trabaja en el ámbito de los neuroderechos desde el punto de vista científico-tecnológico, pero también jurídico, ético o filosófico, con la intención de llevar a cabo los derechos humanos y así poder incorporarlo en medio de la neurotecnología en todo el mundo. El impulso científico de este centro, junto con Yuste, lo realiza José

Carmena (1972), de la Universidad de California-Berkeley, y Álvaro Pascual-Leone (1961), de la Universidad de Harvard.

En un documento se recoge los neuroderechos, que sus impulsores definieron en un artículo en la revista *Nature* de 2017, y que hoy se resumen en cinco puntos: derecho a la identidad personal para integrar cerebros con tecnología y la influencia de los algoritmos; al libre albedrío, porque las herramientas tecnológicas comprometen la autonomía humana; a la privacidad mental, lo más urgente, porque ya se puede recopilar la información cerebral; al acceso equitativo, para no aumentar las desigualdades existentes; y a la protección contra sesgos, para prevenir la discriminación.

La salud y el cerebro

Cuida tu corazón para proteger también tu cerebro (y prevenir enfermedades como el Alzheimer). Así lo asegura una nueva investigación realizada por el Centro Nacional de Investigaciones Cardiovasculares y dirigida por el prestigioso cardiólogo Valentí Fuster (1943). Las enfermedades cardiovasculares y la demencia, en muchas ocasiones coexisten en personas mayores. Cuanto antes empecemos a controlar los factores de riesgo cardiovascular (hipertensión, colesterol, obesidad, falta de ejercicio...), mejor será para nuestro cerebro. La relación entre el riesgo cardiovascular y el menor metabolismo de la glucosa en el cerebro es el indicador de salud cerebral, medido a través de técnicas de imagen como la tomografía por emisión de positrones (PET).

El uso diario de *Internet* genera la misma sensación de confort que la que nos da un paseo por un parque tranquilo. Este amplísimo estudio realizado con 2.414.294 personas de 168 países, por los profesores de las universidades deOxford i Tilburg A. Przybylski y Matti Vuorre y publicado en *Nature*, en el mes de junio del 2024. Concluyen que, las personas con acceso a la *Red* están un 8% más satisfechas que las que no tienen este acceso, pero hay una importante excepción, que son las mujeres de entre 15 y 24 años, en que disminuye el bienestar emocional, sobre todo, relacionado con la exposición constante a estándares de belleza poco realista y al ciber acoso.

Os explicaré uno de los ultimísimos descubrimientos, relacionado con las discapacidades intelectuales, para volver a reflexionar sobre los avances científicos que se van produciendo, pero que aún quedan lejos del conocimiento completo del cerebro humano. Una gran parte de los casos de discapacidad intelectual, de causa hasta ahora desconocida, se deben a mutaciones en un pequeño gen llamado RNU4-2, según una investigación internacional que se presentó el 31 de mayo de 2024, en la revista Nature Medicine. Sabemos que una de cada 700 personas nace con una discapacidad intelectual grave y, de ellas, alrededor de un 3% de los casos se deben al gen RNU4-2. El hecho de poder decir que se ha encontrado la causa es muy útil para hacer un diagnóstico sobre la posible manipulación de este gen y que, espero que pronto, podrá beneficiar a decenas de miles de familiares en todo el mundo.

Mapas o atlas del cerebro

La iniciativa de Estados Unidos del proyecto BRAIN, dirigida por el español Rafael Yuste, publicó en diciembre de 2023 un mapa del cerebro de un ratón. El análisis de más de 4 millones de células que, con la tecnología más moderna, *la transcriptónica espacial,* inventada en 2015 por la biofísica china estadounidense Xiaowei Zhuang (1972), se puede saber la posición de cada célula de los 70 millones de neuronas en el cerebro del ratón, que es del tamaño de un guisante. El cerebro humano contiene 86.000 millones de neuronas, con billones de conexiones entre ellas. Unos meses antes se había publicado el mapa del cerebro de la mosca de la fruta por Albert Cardona (1978) y Marta Zlatic (1977). Los autores sostienen que todo esto ayudará entender muchos trastornos como el autismo, la esquizofrenia, la esclerosis múltiple, la anorexia nerviosa o la adicción al tabaco.

Los trabajos de los atlas del cerebro son parte de la *Brain Initiative Cell Census Network (BICCN)*, un proyecto lanzado en 2017 por los Institutos Nacionales de Salud de Estados Unidos (NIH). El proyecto involucra a los científicos que utilizan las últimas tecnologías para localizar las células en cerebros de humanos y otros animales y caracterizarlas una a una para conocer su forma, su expresión genética y otros rasgos.

Ya lo han hecho con más de 3.000 tipos de células humanas, que ponen de relieve aspectos que las distinguen de las de otros primates y que permitirán identificar, por ejemplo, cuáles de ellas son más propensas mutaciones específicas que causan enfermedades neurológicas.

Hay un estudio reciente (del Parc Taulí y de la UAB) que muestra los beneficios a largo plazo de los *baños de bosque* en personas con sintomatología leve de ansiedad y depresión. Incluso, *las prótesis medulares o neuroprótesis,* que estimulan la médula espinal. El estímulo sube hasta el cerebro para ayudar al desbloqueo de la parálisis. Eduardo Martin (1984) y el grupo de neurocientíficos, que el lidera en el Hospital de Lausana, ha hecho que vuelva a caminar un hombre que llevaba 25 años inmóvil con Parkinson.

Proyecto EBRAINS

La Comisión Europea se lanza a descifrar el cerebro con un nuevo impulso a la neurociencia digital con un proyecto que durará tres años y que se llama *EBRAINS (European Brain Research)*. El proyecto anterior, el *Human Brain Project (Proyecto Cerebro Humano o HBP)*, concluido en septiembre de 2023, en una década logró avances pioneros en esta disciplina y aplicaciones médicas y tecnológicas ante el Parkinson, la esquizofrenia o la ceguera, entre otras patologías.

El vínculo que existe entre la flora intestinal y el cerebro lo explico en el capítulo que os hablo de los microbios. Y del vínculo entre la musculatura y el cerebro, también os lo comento en el capítulo sobre deportes. Y el descubrimiento de un circuito cerebral, que se activa en machos de rata, desde que detectan la presencia de una hembra hasta despertar en ellos el deseo sexual, que induce al apareamiento y produce el placer, lo detallo en el artículo de la sexualidad.

¿Acudirías a un robot para obtener atención psicológica?

Ya he comentado, la existencia de robots para entrevistar a pacientes en consulta médica y lo mismo puede suceder para consultas psicológicas. El explorador *AMIE*, ya ha demostrado que, en muchos casos, ya supera a los médicos de atención primaria diagnosticando enfermedades.

Las herramientas de salud mental basadas en IA ganan cada vez más adeptos y resultan ya de utilidad en determinadas tareas y situaciones. La falta de psicólogos también será un factor a tener en cuenta. La realidad es que la vía de acceso al sistema público de salud es complicada y sin duda insuficiente. España tiene, en la red pública, seis psicólogos clínicos por cada 100.000 habitantes (tres veces menos que la media europea), y 11 psiquiatras por cada 100.000 personas, casi cinco veces menos que en Suiza (con 52) y aproximadamente la mitad que en Francia (con 23), Alemania (con 27) o Países Bajos (con 24).

Character AI: AI-Powered Chat, la mejor *app* con IA del año para Google, uno de los bots conversacionales más populares es el llamado *Psychologist* que, según la BBC, recibió 18 millones de visitas solo durante el pasado mes de noviembre. La plataforma cuenta, además, con 475 robots que incluyen en sus nombres términos como "terapia", "terapeuta", "psiquiatra" o "psicólogo". Se ofrecen a la población contenidos estandarizados por *Internet* que, gracias a la IA, pueden personalizarse para proporcionar exactamente el contenido que cada uno necesita, a través de la interacción con cada persona. Sirve para hacer cribado de casos, diagnóstico y la evaluación de trastornos mentales, de manera que puede facilitar el diagnóstico del profesional y agilizar la toma de decisiones. Igualmente puede ser útil para acompañar a pacientes en diferentes procesos de dolor emocional (como un duelo o la recuperación de un trauma), por el autoconocimiento o conflictos vitales sin gravedad y, incluso, para valorar su posible derivación a unidades de apoyo a emergencias como la prevención del suicidio o los trastornos juveniles graves.

No parece que, por ahora, la IA pueda replicar la empatía humana que conlleva un acompañamiento afectivo con la sensibilidad, la alegría y el sentido común propio de los humanos.

Un estudio con datos de 2021, pero publicado ahora, en la revista *The Lancet Neurology* ha calculado que, el 43% de la población mundial padecía alguna enfermedad del sistema nervioso. Estas patologías ya son la primera causa de mala salud y discapacidad en el mundo, por encima incluso de las enfermedades cardiovasculares y desde 1990, los DALY o años de vida ajustados por discapacidad, causados por enfermedades neurológicas aumentaron un 18%. Hay diferencias por países y por edades. La pérdida de salud del sistema nervioso afectó más y de una forma desproporcionada a las personas de los países de ingresos bajos y medios, en parte debido a una mayor prevalencia de afecciones que afectan a bebés y niños menores de cinco años, explican los autores en el artículo. La enfermedad de mayor impacto en el mundo es el ictus y por edades, en los menores de cinco años, las enfermedades que afectan más son la encefalitis neonatal, la meningitis y los defectos del tubo neural; en niños y adolescentes, destacan los problemas neurológicos asociados a la prematuridad y la epilepsia; en adultos de 20 a 59 años, el ictus, la migraña y la neuropatía diabética están al frente; y en los grupos de más edad, al ictus se suman las demencias y el Párkinson. Esta diversidad por edades apoya la necesidad de pensar en la salud neurológica y la atención médica a lo largo de la vida.

Jesús Porta, presidente de la Sociedad Española de Neurología, celebra la publicación de este estudio. Porta señala tres consejos de vida saludable que ayudan a prevenir patologías cerebrales: Ejercicio físico, ritmos de sueño y alimentación adecuados.

¿Y sobre el miedo?

El miedo emerge de cambios químicos en lo más profundo del cerebro

Un estudio en ratones y en el encéfalo de personas muertas muestra cómo se desata el temor en ausencia de amenazas reales. Las situaciones en las que aparece se suelen reducir a extremos como la violencia personal (violaciones, robos, secuestros, fobias) o colectiva (guerras, conflictos civiles). En las personas con trastorno por estrés post traumático, este pánico suele reaparecer, aunque ya no haya amenazas tangibles. Ahora, un grupo de científicos ha descubierto lo qué pasa en el cerebro para que vuelva esta angustia. En el futuro, podría ser la base para una terapia farmacológica contra el miedo. Investigadores de la Universidad de California en San Diego (Estados Unidos), buscaron la base química del miedo generalizado, estudiaron las partes del cerebro implicadas en este estado, en particular dos regiones en la base del encéfalo. Lo hicieron en ratones y descubren que tras un estrés agudo (sometieron a los roedores a golpes de diferentes intensidades en las patas), determinadas células nerviosas cambian las moléculas (neurotransmisores) que utilizan para enviar señales a otras células nerviosas, como explica el investigador el autor de esta investigación, Nick Spitzer. En concreto, vieron un cambio en los neurotransmisores que se liberan: se sustituía el glutamato por otro conocido por las siglas, *GABA*. Este cambio hace que estas neuronas inhiban, en lugar de excitar, las células con las que establecen conexiones.

También, antes de causarles el daño para experimentar ese estrés agudo, inyectaron en el cerebro de un grupo de roedores un adenovirus para suprimir el gen responsable de la síntesis del *GABA*. Al apagar este neurotransmisor, consiguieron evitar que los ratones adquirieran miedo generalizado. También la administración de un fármaco antidepresivo, la *fluoxetina*, lograron prevenir el cambio en las moléculas de señalización, evitando así la aparición de miedo generalizado en ratones. La *fluoxetina* es el principio activo de un fármaco famoso, el *Prozac*. Lo que comprobaron es que los ratones que recibieron una inyección de este medicamento justo después de los golpes no sólo presentaban aquel intercambio de *glutamat*o por *GABA*, sino que no se quedaban paralizados en las diferentes situaciones en las que los colocaron para inducir el miedo. ¿Qué podría significar esto? "Esta investigación plantea la posibilidad de administrar rápidamente *fluoxetina* a personas después de una experiencia muy mala o aterradora para evitar el miedo generalizado" segun afirma el científico norteamericano.

La investigación, publicada en la revista científica *Science*, fue un paso más allá buscando una correlación con los humanos. Para ello, los investigadores analizaron muestras de una decena de personas fallecidas, la mitad con trastorno de estrés post traumático (TEPT) y el resto como grupo de control. Detectaron estos cambios en el número de neuronas y cantidades relativas de los neurotransmisores.

En cuanto a los tratamientos, el *Prozac* se está usando, pero la psicoterapia sigue siendo fundamental.

El cerebro y la edad

Pienso que vale la pena saber cómo cambia nuestro cerebro con el paso del tiempo y lo haré hablando sólo de los cambios en el cerebro de la mediana edad. ¿Tu cuerpo es igual con 50 años que cuando tenías 20? Pues tu cerebro tampoco. Nos puede costar más prestar atención o memorizar algo, y puede que la velocidad de procesamiento se ralentice, pero las habilidades como el razonamiento verbal o el conocimiento general a menudo se mantienen o incluso mejoran con la edad. A medida que maduramos, nuestros cerebros desarrollan nuevas estrategias para compensar las áreas donde nuestra cognición puede haber mermado.

"Si no eres más o menos consciente de cómo funciona tu cerebro, no puedes hacer nada para cambiarlo", afirma la neuropsicologa clínica Gema Climent (1971) autora de *Viaje a tu cerebro* (Penguin Llibres, 2024). Y es que, a medida que envejecemos, se producen cambios que pueden afectar a la función cognitiva; algo que no tiene por qué suponer un deterioro intelectual, pero que sí hace que el cerebro pueda no ser tan rápido o eficiente en ciertas áreas como el de los adultos jóvenes.

La gente joven, entre los veinte y los treinta y tantos, son mucho mejores en la función ejecutiva, en lo que significa planificación, organización de la atención y la memoria, toma de decisiones sobre objetivos... porque tienes una capacidad mayor para saber lo que tienes sobre la mesa y cuál es tu potencial. Los adultos solemos mantener una buena inteligencia cristalizada (basada en el conocimiento aprendido) pero decaemos en la inteligencia fluida, más asociada a la creatividad y capacidad de abstracción.

Mantener una buena salud cerebral en la mediana edad pasa, según Climent, por factores como la socialización, que la autora considera uno de los grandes protectores ante el deterioro cognitivo; y para mantener la curiosidad por aprender y hacer cosas nuevas, ya sea aprender a bailar, a tocar la guitarra, aprender un idioma, etc. No hay que olvidar un aspecto adicional, cuya importancia resulta fundamental: controlar el estrés cerebral porque, el estrés es malo en todo el cuerpo, y eso incluye el cerebro.

Repercusiones de un maltrato infantil

El maltrato infantil condiciona la salud de quien lo sufrió.

Un ambiente cálido y afectivo durante la infancia puede beneficiar el desarrollo de ciertas estructuras cerebrales, mientras que el estrés o el maltrato pueden alterarlo. Hay pruebas científicas de que esto es así.

Entre las estructuras más importantes en el desarrollo infantil y el funcionamiento del cerebro humano están dos partes de nuestro cerebro: el hipocampo, implicado en la formación de la memoria semántica y autobiográfica, y la corteza cerebral prefrontal.

El hipocampo se desarrolla muy rápidamente en los primeros años de vida y más lentamente después. En el primer año, su volumen se duplica y continúa aumentando el segundo año. Según la OMS, el maltrato infantil se define como los abusos y desatenciones que reciben los menores de 18 años, incluido el maltrato físico, psicológico o sexual, que afecten a su salud, desarrollo o dignidad, o bien pongan en riesgo su supervivencia.

La corteza prefrontal tarda más en madurar que el hipocampo, pero contribuye también significativamente al desarrollo de la memoria explícita durante la infancia y adolescencia. Las neuro-imágenes funcionales de resonancia magnética muestran que las áreas posteriores y la temporal medial del cerebro maduran pronto, pero las frontales tardan más y continúan haciéndolo hasta el adulto joven. El desarrollo de la corteza prefrontal durante la infancia puede ser afectado por factores como la exposición intrauterina a drogas, el estrés crónico o la exposición del niño al agua con plomo. Entre todos estos factores, el maltrato infantil puede afectar negativamente al desarrollo de la persona y su salud mental a lo largo de su vida. Hasta ahora, la investigación ha mostrado que este tipo de maltrato se asocia a un incremento en el riesgo de conducta antisocial persistente y estable, que puede alcanzar hasta los 50 años de vida de la persona. También sabemos que, aproximadamente, el 30% de los pacientes psiquiátricos sufrieron maltrato infantil, que sus alteraciones mentales se inician antes que en quienes no lo sufrieron, son más reincidentes y presentan síntomas más graves.

Sin embargo, aún faltan datos sobre cómo el maltrato infantil origina este daño, por lo que ahora, la neurocientífica Sofía Orellana y un equipo de investigadores de la Universidad Washington en San Luis (Estados Unidos.) acaban de publicar los resultados de un extraordinario trabajo con más de 20.000 sujetos adultos que muestra que el maltrato infantil es directamente predictivo de obesidad, inflamación y traumas mentales, e indirectamente predictivo de factores de riesgo inmuno-metabólico y psicosocial.

Concretamente, sus resultados muestran que, en el adulto, el maltrato infantil origina un mayor índice de masa corporal y de trauma social. Estas variables también miden el efecto del maltrato sobre la *proteína C-reactiva*, producida por el hígado y que aumenta cuando hay inflamación en los tejidos corporales. Esta mayor cantidad de proteína y de masa corporal hicieron que unas partes de la corteza cerebral aumentaron su grosor, lo que podría indicar más neuronas o más conexión entre ellas, y otras lo redujeron, como resultado del maltrato infantil. El maltrato infantil, por tanto, parece tener una importante incidencia en el desarrollo cerebral.

Al final de la infancia se genera un extraordinario incremento de sustancia gris cortical que, posteriormente, durante la adolescencia, sufre una especie de poda que podría estar condicionada no sólo por factores educativos y culturales, sino también por el propio maltrato cuando continúa o se da en estas otras edades más tardías.

Todos estos resultados nos indican que las alteraciones en el metabolismo general que puede originar el maltrato infantil podrían ser la clave para entender los cambios cerebrales que condicionan la salud psicosocial de los adultos incluso décadas después de su exposición al maltrato.

Nuestro cerebro y las desigualdades

¿Las desigualdades, siempre han existido? ¿Y qué nos dice nuestro cerebro al respecto?

Es el cerebro de todos nosotros, el que debe reflexionar y nos debe ordenar que estas desigualdades no sigan aumentando.

Sabemos que sólo hay progreso si progresamos todos. Y la realidad es que las diferencias entre ricos y pobres se siguen ensanchando. Existen desigualdades en todos los campos o colectivos de la sociedad. Desigualdad económica, sexual, de género, de origen, educativa, política, legal, de clase social, de religión, de cultura, de poder...

A lo largo de la historia de la humanidad se han dado muchas situaciones en las que un grupo de individuos se ha impuesto, por medio de la segregación, a otros colectivos. Siempre amparándose en razones de etnia, de lengua, de religión, de ideología... La gente sin recursos, las mujeres, ciertas etnias o las conciencias libres han sido objeto de los supremacismos. No entraré en la explicación de las desigualdades, pero si apuntaré algunos conocimientos y datos actuales que ayudan a entender la situación. También daré algunas cifras en torno a la pobreza, una desigualdad preocupante y que puede dejar marcas (epigenéticas) en el cerebro, como ya he explicado en el capítulo de la genética. Algunas de las otras desigualdades ya quedan reflejadas en algunos capítulos del libro (como en ciencia y recursos, ciencia y salud...)

Ahora, con los nuevos estudios genéticos sobre el pasado, se puede demostrar que las desigualdades y las discriminaciones han existido siempre. Se dispone de estas nuevas herramientas técnicas que nos permiten recuperar y analizar material genético (ADN) antiguo de muestras óseas de hasta decenas de miles de años de antigüedad. Esto nos aporta una información del pasado con un enfoque multidisciplinar (arqueología, paleontología y genética o paleogenética) sobre las migraciones antiguas que han dado forma a las poblaciones humanas modernas. Podemos asegurar que nosotros somos el producto de miles de años de desigualdad, como nos enseña la paleogenética. Podemos descubrir cosas extraordinarias sobre el comportamiento de nuestros antepasados como sus relaciones, su origen o la vida que hacían o de las igualdades o desigualdades existentes y que hasta hace poco no sabíamos. Pero que las desigualdades hayan existido siempre no justifica que no debemos trabajar para solucionar o reducir este, muy grave, problema social que en los países menos desarrollados parecen más evidentes.

El sistema de castas, en la India, fue abolido en 1947 pero todavía muestra una importante solidez, demostrada por los estudios genéticos. También, estas estructuras de aislamiento social, como las castas, existen, por ejemplo, en la gran mayoría de los países africanos (Mauritania, Mali, Costa de Marfil, Sierra Leona, Nigeria, Burkina Faso, Senegal, Gambia, Camerún, Liberia, Chad, Somalia, Etiopía, Djibouti, Níger, Sudán, Argelia y Eritrea). No es nada fácil que el cerebro cambie la conducta tradicional incorporada en tiempos lejanos.

¿Y en los países más ricos? En un futuro cercano, con las técnicas de edición genética, podríamos aspirar a tener todos trabajo, a no estar enfermos y a mejorar ciertas capacidades, físicas y mentales o a alargar la vida. Sólo los más poderosos podrían conseguirlo y, de nuevo, estaríamos creando nuevas desigualdades.

La eugenesia o intento de mejorar a la especie humana se ha intentado en la ficción (*Un mundo feliz*, de Aldous Huxley, es un ejemplo) o en la realidad, fomentando los apareamientos selectivos de personas con rasgos deseables o prohibiendo el apareamiento con personas consideradas inferiores y eso fomenta las desigualdades, la xenofobia y el racismo.

Nos dice el paleogenetista barcelonés Carles Lalueza (1965) que hay estudios recientes de psicología social que apuntan a que la mayoría de nosotros preferimos una sociedad con una cierta desigualdad justa, que una igualdad injusta, a veces impuesta por dictaduras totalitarias. Quien se merece más, parecería lógico, que recibiera más y eso sería desigualdad justa. Afortunadamente somos cada vez más diversos genéticamente, por estar más mezclados y eso es siempre positivo desde muchos puntos de vista.

La pobreza es una forma de desigualdad y viene determinada por unos indicadores como: los pocos recursos, un hogar precario, un sueldo bajo, una mala salud o tener un nivel educativo bajo. España es uno de los países con más desigualdades de la Europa occidental; es el cuarto país de la UE con la tasa de pobreza más elevada. Un 20,7% de la población española, casi 10 millones de personas, está en riesgo de pobreza. En España, el gasto público social representa el 23% del PIB, uno de los niveles más bajos de la Europa occidental. Además, está más centrado en las prestaciones económicas contributivas (por ejemplo, pensiones y prestaciones por desempleo), que constituyen el 64% del gasto total, mientras que en la UE-27 esta proporción es del 52%. España, a pesar de ser una de las economías fuertes del mundo, está a la cola de la UE en cuanto a pobreza infantil. ¿Cómo se entiende que haya 2,4 millones de niños viviendo bajo el umbral de la pobreza? Un tercio de las personas pobres en España tiene un empleo remunerado y 4,2 millones de ciudadanos sobrevivan con menos de 560 euros al mes. Tener estudios superiores tampoco garantiza un trabajo digno.

No hace falta decir que los países ricos tenemos un excedente de alimentos mientras que en el tercer mundo pasan hambre. En el mundo, hay alrededor de 2.000 millones de adultos con sobrepeso u obesidad, mientras que 821 millones de personas están subalimentadas. Habría que hacer reformas estructurales para conseguir una reducción real de la desigualdad ante la pobreza. ¿No debemos cambiar el modelo de sociedad? ¿No debemos apostar por la mejora de las condiciones de vida de la gente y por la buena educación como monedas del cambio?

Cáritas Diocesana de Barcelona alertó el 30 de mayo de 2024 de que han llegado al límite, que cada día se ven obligados a decir no a personas con pocos recursos que llaman a su puerta para pedir ayuda.

¿Cómo es posible que, si el cerebro de la gran mayoría de nosotros nos dice que las desigualdades son injustas, que no debería de haber tanta gente pobre, ni tanta gente muriendo de hambre, y que no seamos capaces de reaccionar?

El ser humano ha llegado a la luna, ha explorado Marte y con sus telescopios espaciales ha observado el Universo y ha descubierto nuevos planetas y exoplanetas, pero no ha sido todavía capaz de descifrar el cerebro humano, un misterio fascinante que mantiene ocupados a los expertos en neurotecnología, un campo interdisciplinar que desarrolla dispositivos y aplicaciones que interactúan con el sistema nervioso. Las primeras aplicaciones, invasivas o no invasivas, ya están en el mercado y los avances prometen mejorar significativamente el conocimiento y los tratamientos de este maravilloso órgano.

CAPÍTULO 16
NUEVOS CONOCIMIENTOS
CIENTÍFICOS EN EL DEPORTE

En la cima del Everest no encontré nada, solo
el placer de un camino recorrido con pasión.
Juanito Oiarzabal (1956)

Sobre entrenamientos, tratamiento de algunas lesiones, cámaras hiperbáricas,
geles calóricos, ejercicio y tumores, las nuevas zapatillas para correr, chips en
zapatillas o en protectores bucales, ejercicio por la mañana o al atardecer, cuánto
hay que caminar, medir el envejecimiento muscular, actividad física y género,
competiciones justas, sobre el cansancio y la recuperación del esfuerzo...

Es innegable la eclosión de muchos deportes como aconteci-mientos de atracción de masas y de audiencias televisivas, que generan mucho dinero y seguir fabricando superestrellas, no sólo de fútbol.

Ahora hay una necesidad de hacer cosas que no haya hecho nadie, desde hacer colas para subir al Everest, hasta subirlo más rápi-do que nadie, como hace Kilian Jornet o el caso de la noruega Kristin Harila con la sherpa Tenjen Lama, que han escalado los 14 ocho miles en solo tres meses o el propio Jornet que subió a los 82 picos de los Alpes de mas de 4.000 metros, en 19 dias. Los retos deportivos siguen sin tener límite, como es lógico, pero a menudo se priorizan intereses turísticos o por notoriedad personal en lugar de cuidar el cuerpo, mejorar los hábitos de alimentación y prevenir las lesiones. Las trampas también forman parte de la condición humana: desde recortar recorridos en algunas carreras, sin que nadie se dé cuenta, o aprovecharse del siempre condenable dopaje.

Ahora sabemos medir los indicadores del agotamiento para poder recuperarse mejor y no dejar secuelas en el cuerpo. Sabemos que, si desde pequeño practicas deporte saludable, de mayor no tendrás problemas para mantenerte en forma porque una actividad deportiva moderada es calidad de vida. Ahora, también, sabemos que los músculos, cuando hacemos ejercicio, segregan *mioquinas o citocinas*, unos péptidos que estimulan procesos metabólicos, como la oxidación de grasas o la captación de glucosa de las células. Estas secreciones musculares hacen que se comuniquen con otros órganos como el páncreas, el hígado, el tejido adiposo, los huesos o el cerebro y funcionen mejor.

Que hacer deporte es bueno lo dice todo el mundo, pero poca gente sabría explicar el porqué. A lo largo del capítulo encontrareis unas cuantas razones. Os señalo un primer dato científico (después señalaré más), por si todavía alguien duda de los beneficios del deporte. En el año 2014 se descubrió que tenemos un gen que, al realizar actividad física, provoca la síntesis de una proteína que favorece nuevas conexiones neurales que mejoran el aprendizaje y la memoria. Ahí queda dicho.

Dicho esto, ahora me referiré a conocimientos más recientes.

Sobre entrenamiento.

Los *test metabólicos*, que predicen cómo y cuándo se oxidan grasas, *lactatos* o carbohidratos; las *termografías* detectan anomalías en las temperaturas asimétricas de la piel y que nos pueden indicar la inminencia de una lesión. También se sabe que la fatiga por viajes baja la temperatura, y está desaconsejada la ducha fría o el baño de hielo y que es mejor un baño caliente para recuperar. Son cuestiones que empiezan a tenerse en cuenta, pero todavía son poco frecuentes. La *fatiga por sobrecarga* de competiciones o de entrenamientos, puede ser el origen de muchas lesiones. No es lo mismo una lesión en el minuto uno del partido de futbol que en el noventa, cuando influye la fatiga neuromuscular. Con la fatiga el gesto técnico de calidad y de alta intensidad se ve mermado.

Buen entrenamiento, descanso, recuperación, test metabólicos, mediciones de temperatura, el control de los electrólitos, de la nutrición, gestión de la carga de trabajo, el consumo de O2 o VO2max, el análisis de antioxidantes para ver la capacidad catabólica y ver cómo empieza la fatiga, zapatillas voladoras, sensores inteligentes, etc. Son cuestiones científicas a tener presentes.

En los años noventa llegaron aquí los *pulsómetros*, un boom científico que relacionaba el esfuerzo con la actividad del corazón y se empezó a hablar de los límites del esfuerzo, que nos marca el *umbral aeróbico y anaeróbico* aplicados al entrenamiento. Después los *watts de potencia* empleados en cada momento, que miden el rendimiento en vatios y los ciclistas comenzaron a delimitar las zonas de potencia y de metabolismo (utilizar grasas o hidratos de carbono como combustible de la musculatura) con el fin de acotar los umbrales entre los que cada uno debería entrenar o de competir.

El *entrenamiento en Zona 2*, aquella que mantiene la frecuencia cardiaca entre el 60% y el 70% de tu frcuencia cardiaca máxima (FCM), que puedes descubrir con un test de esfuerzo. Así se mejora el rendimiento a lo largo del tiempo, se consumen lentamente las grasas, sin agotar los hidratos de carbono y se reduce la incidencia de las lesiones. Puede intercalarse o combinarse con otros entrenamientos, pero siempre es recomendable que un 70%-80% sea del tipo *Zona 2*

Ahora ya no hay que pinchar la oreja o el dedo para tomar sangre, con las pegatinas puestas en la piel se pueden conocer, de manera instantánea, los milimoles de lactatos o indicadores del cansancio. *Entrenamiento por milimoles.*

Sobre algunas lesiones

Las lesiones de tendón (llamadas *tendinosis)* son las más comunes y temidas entre los deportistas: representan hasta un 60% de las lesiones deportivas. A muchos les obligan a retirarse o a dejar de competir al mismo nivel. Pero estas lesiones, relacionadas con una sobrecarga cíclica repetida debido, sobre todo, a la pérdida progresiva de la capacidad de respuesta del tendón, no sólo afectan a los deportistas, sino también a la población en general. Ahora, *un nuevo medicamento hecho de células madre mesenquimáticas* (las cuales se encuentran en la medula ósea) es lo primero que demuestra ser eficaz para curar el tendón. El fármaco no sólo elimina el dolor, sino puede regenerar el tendón roto sin secuelas y sin pasar por quirófano. El fármaco ya está en la recta final de la aprobación por parte de la Agencia Española de Medicamentos y Productos Sanitarios (AEMPS). Después de obtener células madre mesenquimales del paciente y ser debidamente cultivadas en un laboratorio durante tres semanas, se aplican en la zona del tendón o peritendón en una cirugía ambulatoria. Las lesiones de tendones aumentan con la edad y con el peso corporal y son más frecuentes en hombres. Sobre todo, los deportistas que dan saltos, la capacidad de salto reside en el tipo de colágeno, sobretodo, de su tendón de Aquiles, que será más frágil cuando más elástico sea. Tenemos ejemplos recientes de atletas saltadores con lesiones de tendón como Christian Taylor, María Vicente o Yulimar Rojas.

Radioterapia contra la fascitis plantar

El tratamiento más novedoso para el dolor de pie más común, nos lo explica Pablo Fernández de Retana, traumatólogo de la Unidad de Pie y el Hospital de Sant Pau de Barcelona. La *fascitis plantar*, que consiste en la inflamación de la fascia plantar (el tejido grueso de la planta del pie), es uno de los males más habituales en las consultas de los traumatólogos. Aproximadamente una de cada 10 personas sufre esta patología a lo largo de su vida. Las personas mayores (sobre todo con sobrepeso) y los deportistas, especialmente los corredores, son quienes más la sufren. El Hospital de la Santa Creu i Sant Pau de Barcelona ha creado un programa pionero para tratarla con radioterapia, a dosis muy bajas, de efecto antiinflamatorio, y que ha demostrado una eficacia del 80% en la mejora del dolor de personas que no mostraban ninguna mejora con el resto de los tratamientos.

Plantillas personalizadas, taloneras de silicona, férulas nocturnas, tratamientos antiinflamatorios por vía oral e infiltraciones de cortisona, así como ondas de choque (también llamadas de radiofrecuencia) y hacer ejercicios con una pelota de tenis o un rodillo, moviéndolos bajo la planta del pie, son tratamientos habituales. Sólo si fracasan todas estas opciones, el paciente es derivado a la intervención quirúrgica. Ahora la novedad es la radioterapia, que también se usa para la artritis de rodilla.

Ligamentos cruzados

Los futbolistas siempre se han lesionado, pero resulta que ahora acumulan más partidos y la presión profesional que soportan hace que las prisas sean el aliado perfecto en este tipo de lesiones.

La misma lesión, en dos cuerpos diferentes, puede evolucionar de distinta manera. Y si hablamos en el caso de hombres y mujeres, aún más. Las mujeres, por su morfología, tienen una tendencia mayor a sufrir esta lesión, 4 o 5 veces mas que los hombres, de ligamentos y, además, su tiempo de recuperación suele ser el doble que el de los hombres (necesitan más de un año). El hecho de tener la pelvis un poco más ancha, las piernas un poco más rectas y la tendencia al valguismo (porque la rodilla siempre va hacia dentro) hace que las mujeres se rompan más los ligamentos cruzados, nos dice el Dr. J: P. Monllau, que forma parte del Hospital Universitario Dexeus, de Barcelona, y que ha operado a personas conocidas como los futbolistas del Barcelona Gavi o Alexia Putellas, entre otros. Además de por su morfología, las mujeres también están condicionadas por los procesos hormonales que van de la mano del ciclo menstrual. Sabemos que los picos menstruales afectan y, en momentos en que hay una caída o una subida de hormonas, se da una mayor laxitud en los ligamentos y justo en estos días se lesionan más. Es por ello que algunos equipos deciden someter las plantillas a terapia anticonceptiva durante toda la temporada, para mantener un estatus hormonal estable durante todo el ciclo menstrual y que así no tengan estas variaciones de hormonas y que los ligamentos sean más resistentes.

Hay diferentes maneras de que un o una deportista se rompa el ligamento cruzado, pero es cierto que la mayoría se deben al mismo tipo de movimiento. Un giro mal hecho o descoordinado con el pie clavado en el suelo y, que, durante este giro, los músculos no acaben de proteger la articulación o que la torsión es tan fuerte que se acaba rompiendo el ligamento, al superar el límite de elasticidad y de resistencia.

Hace poco que las mujeres han empezado a profesionalizarse en el fútbol y apenas ha habido tiempo para hacer estudios y conocer un poco más la respuesta del cuerpo de las jugadoras. Más carga de trabajo, los desplazamientos y el descanso insuficiente provocan más propensión a las lesiones, incluidas las de ligamentos, concluía el estudio del Sindicato Internacional de Futbolistas (FIFPRO), con datos de las principales ligas de Inglaterra, Francia, Alemania y España de las temporadas 2021/22 y 2022/23.

Así, pues, el tipo de botas, de césped, las horas de competición ... no era la causa. En este caso, de hecho, las jugadoras no usaban ni las mismas botas ni se habían lesionado jugando en el mismo tipo de césped... Todo era diferente. También dice el Dr. J. Carles Monllau, que la tendencia a que vuelvas a romper el ligamento cruzado de la misma rodilla es de un 4%, pero que el que te rompas sea el de la otra rodilla es de un 7%.

Las *cámaras hiperbáricas* son cada día más utilizadas para tratar lesiones y mejorar el rendimiento, porque ayudan en la recuperación, acelerando la regeneración y aumenta la capacidad pulmonar.

A día de hoy, esta tecnología ha evolucionado hasta el punto de que la Organización Mundial de la Salud (OMS) reconoce más de 40 indicaciones médicas para el uso de la tecnología hiperbárica, basadas en criterios de evidencia clínica. Para los buceadores, este tipo de tratamiento no es nada nuevo, ya que se utiliza habitualmente para tratar el episodio de la descompresión. Según defienden desde la rama de la medicina hiperbárica, este tipo de maquinaria es capaz de aumentar la presencia de oxígeno en sangre y acelerar así la curación de los tejidos mediante la administración de oxígeno puro en una cámara presurizada, donde la presión atmosférica es mayor que la presión al nivel del mar. El problema, es que, en la mayoría de casos, estas afirmaciones parten de estudios realizados en casos muy concretos y específicos que dificultan el traslado de los resultados a públicos más genéricos de la sociedad.

La lista de beneficios que prometen las clínicas que ofrecen el tratamiento de oxigenoterapia es extensa. Aumento del oxígeno en sangre, reducción de la inflamación, aceleración de la recuperación muscular, mejora de las lesiones deportivas, cicatrización mejorada de heridas, mejora de la resistencia cardiovascular, tratamiento de lesiones isquémicas, reducción del edema cerebral...

Hasta el momento, el principal escollo de la investigación científica ha sido conseguir demostrar que el aumento de oxígeno en la cámara realmente implica un aumento útil de oxígeno en la sangre. Este parámetro, es muy difícil de cuantificar y medir. El hecho de que no haya pruebas concluyentes que indiquen que la medicina hiperbárica es más efectiva que otros tipos de tratamiento, no quiere decir que no funcione.

Eziste un estudio desarrollado con ratas publicado en la revista *Nature* recientemente que afirma que sí es demostrable que la terapia de oxigenación hiperbárica contribuya a reducir la inflamación, a la oxigenación de los músculos lesionados y a la regeneración del músculo esquelético por la activación de las células y la estimulación de los glóbulos blancos macrófagos. Así, se podría concluir que quizás todavía es pronto para afirmar que es la mejor solución para todas las cuestiones mencionadas antes, pero si es una buena herramienta que ayuda en la mejora del rendimiento deportivo.

Geles de hidratos y otros métodos para mejorar el rendimiento deportivo. ¿mito o realidad?

Son, básicamente, *dosis elevadas de hidratos de carbono* destinados a dar un empujón de energía a personas que realicen esfuerzos prolongados. Cada vez más atletas profesionales los consumen de forma recurrente y su uso se ha extendido rápidamente entre deportistas.

El caso de los deportistas de élite que realizan esfuerzos muy prolongados y exigentes no se pueden extrapolar directamente al resto de personas que realizan esfuerzos. Estos sobres calóricos acostumbran a aportar una media de entre 20 y 30 gramos de hidratos de carbono por toma, pero actualmente hay incluso de 45 a 60 gramos. Algunos aportan también un poco de sal y cafeína. Es muy importante valorar el tipo de ingesta que será necesaria para evitar consumirlos en cantidades inapropiadas.

Estos suplementos tienen también una utilidad en deportistas que necesiten recuperaciones rápidas o una altísima ingesta de calorías diaria. El consumo de estos geles durante el entrenamiento puede permitirle cubrir sus requerimientos energéticos priorizando alimentos integrales y de calidad el resto del día. Sin el consumo de estos suplementos durante el ejercicio, el volumen de alimentos que debería ingerir para llegar a sus necesidades energéticas sería más elevado que podría causar problemas digestivos.

También la utilización de cámaras de hpóxia, las pastillas de sales o el uso de bicarbonato sódico (fórmula de Maurem) para reducir el ácido láctico acumulado, etc. son métodos legales actuales para mejorar el rendimiento deportivo.

El ejercicio físico y el crecimiento de un tumor

Otro avance interesante se basa en un estudio que relaciona la práctica de ejercicio y el desarrollo de un proceso cancerígeno, debido a que algunos tumores necesitan de un aminoácido llamado *glutamina* para poder crecer. La *glutamina* constituye el 40% del conjunto de todos los aminoácidos del músculo y el 70% de la que hay circulante por el suero proviene de los músculos por lo que, si hacemos ejercicio, mucha de la glutamina se utiliza para regenerar músculo y no haber tanta glutamina disponible para el crecimiento de los tumores.

La Sociedad Española de Oncología Médica (SEOM) apuesta por prescribir a los pacientes oncológicos ejercicio físico como un tratamiento más, dado que los beneficios son muchos y mejoran la calidad de vida al disminuir los efectos secundarios de los tratamientos.

Un último estudio en ratones, publicado el 28 de mayo de 2024, en la revista *Science Advances*, por la Universidad de Soochow (China), demuestra que la actividad física refuerza la inmunidad contra infecciones víricas. Con la actividad se estimula la producción en el hígado de unas proteínas, llamadas *Interferones del tipo 1*, que ya sabíamos que están involucradas en las defensas contra los virus. El experimento, en el caso de los ratones, está hecho con una actividad de tres horas diarias en la rueda de hámster y los resultados no son inmediatos, deben de pasar varios días para notarlos. Hay que extrapolarlo a la especie humana. Se habla de crear unidades de actividad física oncológicas.

Les nuevas zapatillas para correr.

No es sólo por las zapatillas que los africanos dominan el maratón. Aspectos fisiológicos innatos, geográficos, culturales, la dedicación, el aspecto económico, el dopaje... El 80% de los corredores que marcan los mejores tiempos en esta prueba pertenecen a Kenia, Etiopía y también los de naciones limítrofes como Eritrea, Uganda, Tanzania, además de otros que, oriundos del Valle del Rift, corren nacionalizados defendiendo a otras banderas. La predisposición fisiológica, los cambios en los hábitos de entrenamiento y, a la hora de competir, la mejora en la alimentación, el dinero, la gran dedicación, la ubicación geográfica, el incremento actual del dopaje en estos países, etc. hace que la probabilidad de ser un buen corredor aumente.

Los prototipos de zapatillas están en la cima de un proceso de innovación constante, de gran inversión económica y de avances tecnológicos, para ir ajustando el patrón idóneo según las necesidades. Y todo comenzó con la llegada de las *Nike Vaporfly* que Eliud Kipchoge calzó en el *#Breaking2*, el primer intento de bajar de las dos horas en una maratón, que se celebró en el circuito de Monza en 2017. Se quedó a solo 25 segundos de conseguirlo. Dos años después, en Viena, lo batiría por 20 segundos (1h 59 minutos y 40 segundos) con las llamadas *Alphafly*, y con normativas no homologables.

Kelvin Kiptum (1999-2024), corredor patrocinado también por la marca de Oregón, corrió en Chicago en 2023, con un prototipo de otras de sus zapatillas más avanzadas, las *Alphafly de tercera versión*, que se han puesto a la venta al público en 2024.

En Berlín, en 2023, el atleta etíope Tigist Assefa calzó la nueva joya de la corona de Adidas: las *Adizero Adios Pro EVO 1*. Las principales características de estas zapatillas son la placa o varillas de carbono, la ligereza extrema de sólo 136 gramos (por 185 las de Nike), gran amortiguación con espuma protectora del impacto y un precio de 500 euros y sólo útiles para una sola maratón. Buscando ahorrar peso con una curva muy marcada hacia arriba para facilitar el efecto catapulta en la transición entre zancadas y una amortiguación más blanda y reactiva gracias también al carbono que empuja hacia adelante al corredor. En cuanto al rendimiento, estaría entre el 2% (para hombres) y 2,6% (para las mujeres), según una investigación que analizaba la progresión de los 50 mejores corredores masculinos y 50 femeninos de la serie *World Marathons Major*. En distancias de 10k y media maratón, esta ventaja podría llegar hasta el 3,31%.

Otro estudio, realizado en los primeros años de la eclosión de las zapatillas con carbono, elevó a un 4%, tanto en hombres como en mujeres, la mejora en competición calzando unas *Vaporfly*. ¿Dopaje tecnológico? *World Athletics* publicó una serie de restricciones para que se pudiera correr con ellas en los eventos oficiales: en el caso de la maratón y de las pruebas de ruta, por ejemplo, la media suela no debe superar los 40 mm de grosor.

Cierto que los aspectos sociales y fisiológicos influyen. El volumen de la pantorrilla de estos corredores (entre un 15 y 17% menor) permite un ahorro del 8% de energía por kilómetro; que en la adaptación a la altitud les permite aprovechar mejor el oxígeno que entra en los pulmones. Correr desde pequeños para ir a la escuela y ahora con mejoras nutricionales y una dedicación total al entrenamiento diario, consiguen que estas etnias alcancen límites increíbles.

En el valle del Rift, una fractura geológica que se extiende a lo largo de 4.800 kilómetros desde Mozambique hasta el mar Rojo, con altiplanos situados a más de 2.000 metros de altura, es donde nacen, viven y se entrenan la mayoría de los atletas que luego triunfarán en las competiciones atléticas de fondo. La menor presión atmosférica que existe en altitud permite, tras un proceso de adaptación gradual, mejorar su nivel de VO 2max y, con ello, el rendimiento en carrera de los corredores se ve mejorado cuando compiten a menor altura. Un clima que es ideal para entrenar largas horas a temperaturas suaves que se mantienen estables a lo largo del año (una media de máxima sobre los 25 °C y de mínima de 9 °C) y el alto grado de humedad les permite adaptarse bien para cuando compitan a nivel del mar.

Un factor que cuenta y mucho es el dinero que ganan. Hay cantidades fijas de salida y premios por cada victoria y por hacer récords en carreras de prestigio. De los países que tienen sanción por dopaje actualmente, Kenia es el tercer país del mundo con un mayor número de sancionados, después de Rusia y de India. Kenia tenía un alarmante 40% de los casos de dopaje a nivel mundial en 2023. No tengo los datos del 2024.

Dado que los demás factores, comentados anteriormente, ya existían antes de batirse los récods actuales y que también ayudaban a los kenyanos y etíopes a ganar maratones, debemos pensar que las nuevas zapatillas son, en gran parte, las principales responsables de las marcas actuales. Pero, las mayores sospechas sobre los nuevos récords recaen en ayudas que no aportan solamente las zapatillas. Tanto el último récord del mundo de maratón femenina, en que una atleta, ya con 30 años, haya rebajado cuatro minutos su marca personal y dos minutos el récord del mundo o la treintena de récords mundiales de natación batidos en los campeonatos del mundo de este invierno, nos dan motivos para dudar sobre el uso de substancias ilegales. Esa es la situación.

Xips que lo miden todo

No es fácil acabar con las trampas, pero una que yo siempre he observado, con tolerancia absoluta para sus responsables, es el caso de la marcha atlética. Yo mismo hice fotos desde el suelo a los marchadores cuando pasaban por el Paseo de la Zona Franca de Barcelona, en los Juegos Olímpicos del 1992 y era escandaloso ver cómo corrían. Han pasado más de 30 años y continúan corriendo y luciendo medallas.

Dos chips sobre la zapatilla, de once gramos cada uno, los llamados *IMU o Unidad de Medida Inercial*, miden movimiento, aceleración, velocidad, orientación o el tiempo de vuelo en que los dos pies de un marchador no tocan el suelo. La física demuestra que no se puede marchar a más de 10 km/hora sin levantar a la vez los dos pies del suelo. A 10 km/hora el tiempo de vuelo es de unos 10 milisegundos y a 15 km/hora es de 49 mili segundos. La velocidad de los marchadores masculinos es de unos 20 km/hora y de un 14 km/hora en las pruebas femeninas. Los reglamentos actuales no permiten el uso de estas tecnologías y debe ser la percepción del ojo de los jueces los que determinen la legalidad. La percepción del ojo no ve por debajo de los 60 milisegundos. Hace muchos años que, en el rugby, en el tenis, en el baloncesto, en la natación, en el vóley, en el atletismo, etc. y desde hace relativamente poco en el futbol, ya funcionan las tecnologías digitales. Estar en contra es favorecer las injusticias.

Los *sensores inerciales*, de fabricación española, se acabarán implantando en todo tipo de movimientos. Ya hay pruebas para aplicarlos en el atletismo, en el vuelo del lanzamiento del disco o la jabalina o para estudiar el impacto de una pértiga de salto sobre el cajetín. En el caso de las carreras de vallas, ya se han hecho pruebas con el campeón de España Asier Martínez. Yo soy lanzador de jabalina y constantemente veo que se dan lanzamientos válidos o nulos, de forma equivocada, porque el ojo del juez no sabe precisar la marca de la caída de la jabalina.

El protector dental y los golpes en la cabeza

Es una pieza que llevan cada día más deportistas. *El Inteligente Mouthguard* es un aparato equipado con un sensor de impactos en la cabeza, que ya es obligatorio en algunos deportes. Cuando un jugador recibe un golpe, el sensor avisa por *Bluetooth* al equipo médico. Y cuando se sobrepasa el umbral de gravedad, emite una alarma automática. También informa de la frecuencia y la gravedad de las colisiones y de otros parámetros. El protector bucal, es un muy buen ingenio para informar sobre los golpes recibidos en la cabeza, dado que la mandíbula superior está en contacto directo con el cráneo y, por tanto, con el cerebro. Ya hace muchos años leí un estudio de la Universidad de Boston, hecho para investigar la muerte prematura a los 50 años, por *encefalopatía traumática crónica*, de un importante jugador de futbol profesional americano (Mike Webster). Se observaron en 110 de los 111 cerebros de jugadores de la NFL fallecidos y que mostraban que también tenían esta demencia degenerativa provocada por la acumulación de los golpes. Se prohibió entonces tocar el balón con la cabeza a los niños hasta cierta edad. Ahora se empieza a hablar aquí de la cuestión.

¿El ejercicio es mejor por la mañana o por la tarde?

Un análisis reciente evaluó el efecto conjunto de unos estudios en los que participaron 450 personas. Los resultados revelaron que el ejercicio al atardecer resulta más beneficioso para la salud cardiovascular, con mayor reducción de triglicéridos en la sangre. En las personas con hipertensión, se produce una mayor reducción también por la noche, y en las que tienen diabetes 2, el ejercicio vespertino ayuda más a controlar el azúcar en la sangre. Para asegurarnos un descanso nocturno reparador, es recomendable que transcurran al menos dos horas entre el ejercicio vigoroso y la hora de ir a dormir.

Hay que recordar que el ejercicio siempre es beneficioso, se haga en el momento que sea, pero vale la pena conocer estos parámetros.

"Yo camino cada día", dice mucha gente

Una investigación muy reciente, en la que participaron 226.889 personas y con un seguimiento durante 7 años, evaluó el impacto en la salud de diferentes recuentos del número de pasos realizados. Hasta ahora se pensaba que el beneficio se producía cuando se caminaba haciendo 10.000 pasos cada día (unos 7 kilómetros); eso no estaba contrastado científicamente. Ahora se ha demostrado que, para empezar a disminuir riesgos, el número es de 3.964. Caminando estos 2,8 km diarios se empieza a reducir el riesgo de morir por cualquier causa. Y a partir de ese mínimo, por cada paso de más, representa un beneficio para la salud del caminante. El estudio publicado en la revista *European Journal of Preventive Cardiology*, dice que caminar 2.337 ya disminuye el riesgo sobre morir de ictus o infarto al mejorar los factores de riesgo de esta enfermedad (hipertensión, diabetes, obesidad y colesterol). Con 4.500 pasos al día se reduce un 7% la probabilidad de enfermedades cardiovasculares y con 5.000, se reduce un 15% la probabilidad de morir por cualquier causa.

Por lo tanto, caminar más mejora la salud. En los grupos jóvenes las mayores ventajas se dan al caminar entre 7.000 y 13.000 pasos, mientras que en los mayores de 60 años se situaba entre 6.000 y 10.000.

Estas indicaciones van dirigidas a la población que no tiene incorporada la actividad física a su rutina, la que no hace unos 150 minutos semanales de actividad variada (fuerza, potencia, resistencia...) y que son, al menos, un 30% de la población. Con 20 minutos de paseo diario, a paso ligero mantenido, se llega a los 4.000 pasos. Y si, además, se mueven los brazos se intensifica el trabajo.

Explico, más adelante y en este mismo artículo, que los beneficios del deporte no son iguales en hombres que en mujeres y, hasta ahora, este importantísimo detalle no se había tenido en cuenta.

¿Qué cambia en nuestros músculos a medida que envejecemos?

A medida que se envejece, muchos de los procesos biológicos que convierten el ejercicio en músculo pierden eficacia. Esto hace que resulte más difícil para los más veteranos desarrollar fuerza levantando pesos. Pero también hace que sea mucho más importante seguir haciendo ejercicio a medida que los músculos envejecen. La *sarcopenia* o pérdida de masa, fuerza y funcionamiento de los músculos a medida que envejecemos, empieza hacia los 30 años y se pierde entre un 3 y un 8% por cada década de vida.

Pero ahora sabemos más cosas. Un estudio reciente (Roger Fielding, profesor de la Tufts University Shool of Medicine) ha descubierto que, en el músculo joven, con un poco de ejercicio produce una fuerte señal para los numerosos procesos que desencadena el crecimiento muscular. Explico estas diferencias genéticas en el capítulo que os hablo de la genética. En comparación, los músculos de las personas mayores, la señal que indica a los músculos que crezcan, es mucho más débil para una cantidad determinada de ejercicio. Estos cambios se empiezan a producir en torno a los 50 años y se acentúan con el paso del tiempo.

Cuando se juntan todas las diferencias moleculares en la respuesta de los adultos mayores al entrenamiento de fuerza, el resultado es que estos no ganan masa muscular tan fácilmente como en los jóvenes. Será necesario pues con la edad, ejercitar mas la fuerza muscular. Pero esta realidad no debe disuadir a las personas mayores de hacer ejercicio. En todo caso, debería animarlos a hacer más ejercicios de fuerza a medida que envejecen. Los estudios también demuestran que las personas de más edad, con problemas de movilidad y mayor fragilidad, que participan en un programa regular de ejercicio aeróbico o de resistencia, pueden reducir el riesgo de convertirse en discapacitadas.

Actividad física y genero

Un descubrimiengto muy reciente. Las mujeres obtienen mayor beneficio de la actividad física que los hombres y tienen suficiente con la mitad de ejercicio para conseguir el mismo efecto beneficioso. Evidentemente si ellas aumentan este nivel de actividad su beneficio será aún mayor. Esto se ha visto en el estudio realizado por el Centro Médico Cedars-Sinai de Los Ángeles, con una muestra de unas 39.935 personas, hombres y mujeres, con el seguimiento de la cantidad y el tipo de actividad que hacían. El seguimiento fue durante 22 años (de 1997 a 2019) y, en febrero de 2024, se publican los resultados en el *Journal of the American College of Cardiology (JACCV)* que edita el eminente cardiólogo Valentí Fuster.

Lo que se ha analizado es el riesgo de muerte prematura que se puede evitar según la actividad física realizada. El estudio no aclara el mecanismo biológico por el que la actividad física beneficia más a las mujeres, sin embargo, apuntan los autores, que una causa podría ser que los hombres, al tener más masa muscular les supone más esfuerzo y, también, que la fisiología de las fibras musculares no es igual en los dos sexos, lo que afectaría a su diferente metabolismo y su capacidad de contracción y así influir en los efectos del beneficio sobre el organismo. En concreto: en actividad aeróbica moderada, como es caminar a paso rápido durante 300 minutos por semana (5 horas), la reducción del riesgo de muerte prematura en mujeres es del 24% y en hombres del 16%. Si la actividad es aeróbica intensa, como correr 120 minutos por semana, la reduccón del riesgo de muerte en mujeres es también del 24% y en hombres del 19%.

Es también muy reciente el descubrimiento de que los músculos de las mujeres y de los hombres responden de manera diferente al ejercicio. Un estudio, que presenta la Asociación Europea para el Estudio de la Diabetes, en septiembre de 2024 en Madrid. Haciendo biopsias musculares de hombres y mujeres de 30 años con sobrepeso y obesidad y que no hacían actividad deportiva de manera regular, se observó que en los hombres había más proteínas relacionadas con el procesamiento de la glucosa, más capacidad para hacer ejercicio usando glucosa, mientras que en las mujeres abundaban más las proteínas que regulaban el metabolismo de los ácidos grasos, usan más los ácidos grasos. Esto podría tener que ver con el desarrollo de la diabetes 2, que sabemos que se produce con una mayor frecuencia (de casi el doble) en mujeres que en hombres. Ahora la Federación Internacional de atletismo estudia implantar un test genético para competir en categoría femenina. Las mujeres de sexo biológico masculino, por poseer cromosomas XY, pero con el gen SRY , no funcional del cromosoma Y, que es quien determina el desarrollo masculino, y por lo tanto insensible a los efectos de la hormona masculina testosterona y que se han desarrollado como mujeres con genitales femeninos si podrían competir aunque hayan desarrollado también testículos internos. Deberán someterse a un test de saliva o sangre para determinar esta condición. Ya no valdrán los reconocimientos de genitales externos ni ser trans, ni tener menos de 2'5 nanomoles de testosterona por litro en su suero.

¿Cómo podemos hacer que las competiciones sean justas?

Es difícil. La respuesta no es sencilla y la solución, por ahora, no existe, solo hay que pensar en el tema del dopaje, que es una cuestión sin resolver, lo repito por si alguien aun no lo sabia. Pero también en el de la orientación sexual de cada uno, con la nueva flexibilidad del concepto de género y la cuestión biológica (cromosomas sexuales, niveles de testosterona, etc.). Separar atletas por género funciona a grandes rasgos, pero ya hemos visto que deja áreas grises.

Los Juegos Olímpicos de Paris 24 han dejado, como siempre, un puñado de imágenes para la posteridad: ejercicios impecables, récords, etc. También han puesto sobre la mesa una polémica que es más antigua de lo que parece. ¿Dónde ponemos la frontera para compensar la ventaja física de los hombres en muchas disciplinas, por el hecho de tener más masa muscular y niveles más altos de testosterona, que impide que pueda competir todo el mundo junto? Separar atletas por género funciona a grandes rasgos y en algunos deportes, donde la fuerza no importa, podría ser innecesario, como el tiro o el ping-pong. En otros deportes como el boxeo, separar las categorías según el peso es de sentido común, porque tener más masa muscular es claramente una ventaja, no hacerlo sería injusto. Hay que respetar las cualidades y los parámetros biológicos. ¿Deberíamos hacer competiciones de jugadores de baloncesto entre altos y otras competiciones para los más bajos? Pues no, los equipos mezclan capacidades de altos y bajos para poder ganar. ¿Y los corredores de fondo que tienen genes que les permiten aprovechar mejor el oxígeno de los que no? Pero no es solo eso, por mucho que unos entrenen y pongan ganas, no llegarán nunca a rendir tanto como los que han nacido con ciertas capacidades deportivas. Hay personas, sin conocimiento deportivo, que darían libertad de consumo de sustancias dopantes sin considerar que esto sería dramático para la salud de los deportistas.

En esta sociedad, sobre todo las personas que entienden poco de deporte y de biología, son las que toman más partido en estas discusiones y tienden, en general, al exceso de tolerancia. Una persona que cambia de sexo no logra cambiar todas sus características biológicas y por lo tanto no podrá competir en el género en que se haya transformado. Las competiciones deportivas justas han de ser aquellas en que los competidores actúen en igualdad de condiciones. El automovilismo o la hípica nunca deberán ser olímpicas porque son competiciones de coches o de caballos, todos diferentes. El exatleta sudafricano Oscar Pistorius, que hace unos años intentó competir en pruebas de atletismo oficial, no competía en igualdad de condiciones porque las prótesis de las piernas le ayudaban, lo lanzaban más lejos de lo que lo harían sus piernas originales. Una cuestión tan evidente y que tardó años en entenderse.

Los nuevos materiales y las nuevas tecnologías tienen mucho que decir. Además de las nuevas zapatillas, hay mucho más. Los récords más increíbles se seguirán batiendo y la ciencia está detrás. Destaco sólo dos de 2023. No se puede escalar el Muro de las Sombras, por la cara norte del pico Jannu, en el Himalaya, de 7.710 metros de altura, al más puro estilo alpino, sin material de última generación (piolets, cuerdas, crampones, ropa especial, aparatos medidores, etc.). Como tampoco se puede dar un salto Yurchenko con doble mortal en plancha, sin una preparación física personal basada en los conocimientos científicos más avanzados, aparte de las capacidades de la gimnasta Simone Biles o de los tres escaladores norteamericanos (Alan Rousseau, Matt Cornell y Jackson Marwell) que consiguieron esta fantástica escalada que os comento. Afortunadamente con las nuevas tecnologías aplicadas al deporte, se ha mejorado muchísimo. Solo los fanáticos del futbol siguen estando en contra del VAR. En otros deportes (atletismo, rugby, tenis…) funcionan sin discusión estas nuevas tecnologías (foto finish, ojo de halcón…). En atletismo ya ha funcionado, en el último campeonato de pista cubierta, en Gallur (Madrid), una sala de Var Video Referee, para controlar todas las incidencias que el ojo humano no puede ver y que ha funcionado sin incidencias ni discusiones en las 48 pruebas celebradas..

Os hablaré de un hecho que he conocido hace poco. Un sistema utilizado por algún ciclista de alto nivel para mejorar la aerodinámica en carreras de ciclismo de contrarreloj. Un estudio muy reciente, llevado a cabo con un maniquí y complicados cálculos computacionales de mecánica de fluidos en un túnel de viento en Eindhoven, por el ingeniero Bert Blochen, de la Universidad de Edimburgo, en el que se demuestra que, el hecho de llevar su radio o emisora en el pecho, envuelta y formando una pieza triangular, representaba una mejora de 20 segundos en una contrarreloj de 25 kilómetros. Jonas Vingegaard, uno de los mejores ciclistas actuales del mundo, ganó la contrarreloj del Tour de 2023, de 22 kilómetros, con este carenado más aerodinámico y ganando a razón de un segundo por km. Habría ganado igualmente, pero se deben conocer estas prácticas para competir en igualdad de condiciones, que es la esencia del deporte. Como veis, la investigación científica nos sigue aportando conocimientos sin parar.

Nuevos conocimientos para actuar sobre el cansancio, la recuperación del esfuerzo y estimular la práctica de actividad física.

FNDC o BDNF es una proteína, ya conocida desde hace tiempo, que actúa como factor de crecimiento de las células nerviosas. Su disminución en personas mayores se ha asociado con depresiones, Alzheimer y esquizofrenias. Pues ahora, una investigación realizada por la Universidad de Hong Kong y publicada en el mes de marzo de 2024, en *Science Signaling,* demuestra "en ratones" que acelera la recuperación muscular y aumenta la resistencia. Podríamos pensar que, si actuamos con un fármaco o un suplemento nutricional, que actúe como esta proteína, podría ayudar a personas con poca fuerza muscular o a personas que se cansan pronto a hacer más actividad física y también a las personas que ya hacen deporte a recuperarse más rápido. Los estudios también demuestran que esta proteína también se fabrica haciendo deporte y que es clave en la recuperación del esfuerzo. Dado que la estructura y la acción de esta *BDNF* es muy parecida entre ratones y humanos, podemos pensar, en una fecha no muy lejana, en la aprobación para su uso. En ratones ya se están probando productos sucedáneos parecidos que hay en algunas plantas *(7'8-dihidroxiflavonona)* que realizan la misma función y sin efectos secundarios.

Y una nueva alegría que nos proporciona la ciencia actual. Un equipo de investigadores, liderados por Guadalupe Sabio, del Centro Nacional de Investigaciones Oncológicas (CNIO) ha identificado el *interruptor que activa en el cerebro el deseo de moverse o hacer actividad física.* Este descubrimiento abre la puerta a desarrollar algún medicamento sintético que despierten las ganas a hacer ejercicio. Esto se produce a través de una proteína, *la interleucina 15 (IL-15)* que produce el músculo y que circula por la sangre y llega a la parte motriz del cerebro. Las personas con obesidad tienen valores más bajos de esta proteína, lo que puede estar relacionado con tener menos ganas de hacer deporte. El artículo se ha publicado en la revista *Science Advances*.

Se han publicado, en marzo del año 2024, los últimos resultados sobre la práctica deportiva de los adolescentes, realizada por el "Grupo de Investigación Psicosocial en el Deporte de INEF de la Politécnica de Madrid". Constatan que, sólo el 23% de las chicas de secundaria, alcanza el nivel de actividad física que aconseja la OMS, frente al 49% de los chicos. Ellas son más sedentarias ya desde el instituto y sabemos que es en esta etapa de la adolescencia cuando más se consolidan los diferentes hábitos. Y los jóvenes son un buen indicativo para saber por donde va la sociedad; tambén en cuanto a la práctica deportiva.

Los conocimientos sobre avances científicos en la práctica deportiva que os expongo son importantísimos, pero, repetiré siempre, si nos falla el principal motor para desarrollar esta práctica deportiva, que es la EDUCACIÓN, nunca llegaremos a disfrutar de todos sus beneficios.

CAPÍTULO 17
¿POR QUÉ LOS JÓVENES LEEN Y ESCRIBEN PEOR?

Dar amor, constituye en si, dar educación.
Eleanor Roosevelt (1184-1062)

Leer, escribir y hablar bien, menos pantallas y más papel, funcionamiento de las bibliotecas de los centros escolares, la ortografía, exposición de trabajos en público y la realización de algunos exámenes orales...

Nuestros niños y niñas de primaria no entienden bien lo que leen y la responsabilidad, no hace falta decirlo, no es suya, sino de sus referentes; ya sean sus padres, los profesores o los responsables de las políticas educativas. Los pésimos resultados en el estudio PIRLS (Progress in International Reading Literacy Study), barómetro internacional que evalúa los niveles de comprensión lectora. Mientras que el global de España obtiene una puntuación de 522 puntos, 10 por debajo de la media de la OCDE, en Cataluña esta cifra baja hasta 507.

La fluidez lectora es lo que hace que, para ti, leer no sea una carga y que lo hagas con placer. Los alumnos que no leen con fluidez tendrán problemas en toda la escolarización.

No comprender bien una frase, no saber interpretar un texto y sacar las ideas principales, ser incapaz de argumentar una opinión después de leer un relato y no distinguir una opinión de un hecho son problemas muy serios que, además, no afectan sólo a la clase de lengua. Si un alumno no es capaz de entender lo que lee, está abocado al fracaso en todas las asignaturas. Estamos hablando, pues, de un pilar fundamental del sistema educativo. La escuela no es suficiente, leer se aprende en la escuela, pero leer no es sólo una actividad académica, el papel educador de los padres es fundamental. El estudio PIRLS demuestra que, cuanto mayor es el número de libros en el domicilio familiar más alta es la puntuación media obtenida en comprensión lectora. En España, tener más de 200 libros en casa o tener menos de 10 supone una diferencia de 62 puntos en comprensión lectora.

La parte mecánica de la lectura y la escritura se trabaja en la etapa final de infantil y en el ciclo inicial (primero y segundo de primaria), pero leer y escribir va mucho más allá. Uno de los problemas es que a la escuela cada vez se le pide más: educar en la paz, en la higiene dental, en la educación medioambiental, etc.... y eso puede hacer perder el foco de la base, que es enseñar a leer y escribir.

Hay que enseñar a los niños a leer, porque existe la creencia de que el aprendizaje de la lectura ocurre de manera natural y espontánea, igual que la adquisición del lenguaje oral, y no es así.

El problema con la lectura y la escritura, con la lengua, es profundo y recorre todas las etapas educativas, incluida la enseñanza superior. No solo lo dice PIRLS (termómetro que evalúa la comprensión lectora en cuarto de primaria) o PISA (prueba que realiza el alumnado en cuarto de ESO). Un buen ejemplo: el curso 23-24, suspendieron la asignatura de catalán de primero del grado de Educación Primaria de la Universidad de Barcelona (UB) prácticamente la mitad de los matriculados; a pesar de ser un alumnado que había superado la selectividad y las Pruebas de Actitud Personal (PAP), suspendidas, a su vez, ese año, por casi la mitad de los aspirantes.

Para potenciar la competencia lectora es fundamental escribir. La única manera de desarrollar el pensamiento crítico es, precisamente, escribiendo.

Es innegable que *el abuso de pantallas*, no sólo en el aula, tiene una parte importante de culpa de la caída en picado de la comprensión lectora. Y es la escuela el lugar más adecuado para abordar la relación con la tecnología, ya que es donde su uso se puede regular mejor. El problema no se resuelve con la eliminación de la tecnología en la escuela porque aún sería peor. La voz que nos habla desde la pantalla a menudo es inadecuada, la entrada de mensajes que nos distraen, los programas curriculares demasiado amplios, las escuelas sin bibliotecas, las familias con pocos libros en casa, etc.

La tecnología expone a los alumnos a una mayor distracción, a perder privacidad, a una mayor desinformación para recibir tanta información no contrastada y también al plagio, porque el curso 2022-23 ha sido el de la incorporación del famoso *ChatGPT*. La UNESCO insta a los países a que pongan sus propias normas para que no sean las grandes empresas de tecnología las que decidan el futuro de la educación. Y es aquí donde se debe reivindicar la figura del maestro. El docente debe tener el rol central en la toma de decisiones. La pantalla no puede sustituir al maestro.

Un estudio realizado entre investigadores de las universidades de Valencia y Washington reveló que cuanto mayor es el uso de herramientas digitales en la clase de lengua para el desarrollo de actividades básicas diarias, menores son los éxitos en comprensión lectora. La responsable de *Lecxit*, una iniciativa que ya tiene doce años y que fomenta la lectura entre los niños y niñas de 4º, 5º y 6º de primaria junto con voluntarios, asegura que la lectura en papel aumenta la capacidad de concentración y, por tanto, de memorización, mejora la comunicación y la adquisición de vocabulario. La pérdida de vocabulario también se debe en parte a las pantallas; padres y profesores hablan ahora menos con sus hijos o sus alumnos, tanto en casa como en la escuela.

Sirva de ejemplo que un colegio concertado de Caldes de Montbui, Barcelona, en que empezaban a trabajar con pantallas en cuarto de primaria, haya decidido aplazar y reducir el uso de los portátiles debido a que a los alumnos de la ESO no se les entendía la letra. Y cuando llevaban un rato escribiendo decían que se les cansaban las manos. En algunas asignaturas han recuperado los libros y el bolígrafo y ya comienzan a mostrar mejoras en la caligrafía.

Una plataforma digital no puede tampoco sustituir a una biblioteca. Más de 200 investigadores defienden el libro de papel en el colegio. Se ha demostrado, este último año, que la retención de lo que se lee, la memorización, es superior si se hace sobre papel que sobre pantalla; la pantalla distrae mucho con tantas interrupciones que llegan. Por esta razón, en los cursos 2023-24 y 2024-25 se han vuelto a recuperar, en parte, los libros de texto que se habían abandonado, casi por completo. Progresivamente se va reduciendo/prohibiendo/regulando el uso del móvil en los centros escolares.

Si no regulamos, reducimos o limitamos el uso de pantallas, si no paramos esta invasión digital, los jóvenes nacidos en este mundo digitalizado, llegará un momento en que la escritura manual casi desaparecerá para ellos. Ya se empiezan a ver las ventajas de la caligrafía frente a la de escribir sólo en teclados.

Cristina Gutiérrez (1967), educadora emocional y directora de La Granja, tanto en Santa Maria de Palautordera (Barcelona) como en Fuentidueña de Tajo (Madrid), centros por los que pasan anualmente 40.000 niños y jóvenes, de entre 3 y 18 años para convivir con 50 maestros y profesionales de todo tipo, está pidiendo que se prohíba a los niños menores de 5 años la utilización de todo tipo de dispositivos móviles. Nos dice: "Las pantallas, con su color, sonido e imagen, alimentan la dopamina, que es la hormona del placer. Cuantas más horas de pantallas, más cosas quiero y, además, es tan fácil conseguirlas que nunca tengo suficiente. Y me aíslo. Y no me relaciono. Y me encierro. Y acabo teniendo miedo a lo desconocido. Es decir, a todo".

Los datos nos dicen que solo el 24% de las decenas de miles de padres consultados, reconocen que dan ejemplo de comportamiento equilibrado en el uso del móvil ante sus hijos, lo que significa que el 76%, no lo hacen.

Funcionamiento de las bibliotecas escolares

Un manifiesto exige a las administraciones una apuesta clara por recuperar y dinamizar unas agonizantes bibliotecas escolares en un momento en que la comprensión lectora se desploma. Una biblioteca escolar es mucho más que una sala con estanterías y libros, es un lugar de cruce de conocimientos, de materias de todo tipo, de todos los cursos y de todas las culturas.

Promover los 30 minutos de lectura diaria en la escuela está muy bien, pero la pregunta es: ¿cómo conseguimos que la lectura ocupe un lugar central en los centros educativos? El camino, y aquí hay bastante consenso, sería, para empezar, un plan de bibliotecas escolares ambicioso, para todas las escuelas e institutos y con una persona en cada centro al frente. Hacer que la biblioteca forme parte de lo que pasa en las aulas y, por ahora, un 40% de centros públicos no disponen de ella, aunque están obligados por ley. Y los que sí la tienen no funcionan adecuadamente.

En las bibliotecas escolares de Barcelona prácticamente no tienen libros que no sean en catalán, castellano o inglés. Y se trata de escuelas donde se hablan muchos idiomas. Hablamos mucho de la atención a la diversidad, pero un niño que solo habla urdú en su casa no encuentra en la escuela un solo libro en su lengua materna. ¿Nadie piensa que para que esta criatura se enganchara a la lectura le iría mejor empezar con un libro en su lengua?

No hay transferencia entre la comunidad científica y la educativa. Debemos garantizar la formación del profesorado. En Inglaterra, donde no ha caído la comprensión lectora, han apostado por transferir la investigación a las aulas; formando al profesorado sobre cómo enseñar a leer de la manera más efectiva. La solución planteada suena tan obvia que resulta incluso incomprensible que no se esté aplicando.

El periodo sin clases, por la COVID, tampoco lo explica todo. Los autores del informe mencionado señalan que el descenso de nivel académico podría ser consecuencia del impacto que la pandemia ha tenido sobre el funcionamiento normal de los centros escolares y, en consecuencia, sobre el proceso de aprendizaje; pero el estudio sugiere una correlación entre el tiempo en que permanecieron cerrados los centros escolares a consecuencia de la pandemia y la caída del rendimiento, con una disminución de 0,11 puntos por día lectivo de cierre. Aunque, en el caso de Cataluña, donde la caída ha sido de 15 puntos, más del doble que la española, sólo 5 puntos se relacionarían con el cierre de los centros escolares durante 45 días lectivos.

El estudio subraya también una cuestión que se ha apuntado muchas veces: el nivel educativo de los padres, madres o tutores legales tiene una influencia importante en los resultados sobre la lectura. El informe destaca que Cataluña no está entre los territorios que tienen más libros disponibles en casa: solo el 16% de las familias responde que tiene más de 200 libros en su casa.

Más diálogo con padres y profesores, más lectura, si puede ser en papel y, menos móvil, sería ir por el buen camino.

¿Y la ortografía?

Las faltas de ortografía se disparan en secundaria. El rigor de los textos de los estudiantes sufre en la última década un descenso notable, que los docentes relacionan con la escritura rápida de las redes sociales y el escaso hábito lector. Las faltas de ortografía sólo se corrigen leyendo, porque cuanto más lees, mejor escribes y, en este momento, tienen más cultura audiovisual que literaria. Los jóvenes escriben más que nunca, pero lo hacen en redes sociales y no les preocupa el rigor, sino que el mensaje se entienda. Este escaso hábito lector, especialmente afecta a la franja entre los 15 y los 30 años. La competencia comunicativa, oral y escrita, afecta a todas las asignaturas.

Los errores más frecuentes, desde infantil hasta bachillerato, son los de acentuación. La mitad de los errores (51%) que cometen los estudiantes son no ortográficos. Es decir, son errores de teclado. También están incluidos en esta categoría otros errores como, por ejemplo, poner una coma, dejar un espacio en blanco y seguir escribiendo (las comas van siempre pegadas a la última palabra y luego es cuando se deja el espacio en blanco). La otra mitad de las faltas son ortográficas. En esta categoría, los errores más habituales (30%) corresponden a la acentuación general. Esto sucede en todas las etapas educativas, desde primaria hasta el bachillerato y la FP. Así se desprende de un estudio elaborado en el curso 2022-23 entre el alumnado de más de 200 colegios y llevado a cabo por la plataforma web Aula Dictapp, que analizó los 523.382 errores registrados.

Las escuelas tienen otros problemas que deberían mejorarse para mejorar el aprendizaje o la formación de los jóvenes, en sentido amplio y que recuerdo a continuación: la mejora del calendario escolar, la climatización de las aulas, la mejora/aumento de los horarios de idiomas, de educación física y de música, también de matemáticas, la mejora de la formación profesional, reducir el abandono escolar, asignar personal preparado para impartir educación afectiva sexual y para tratar el bullying o acoso, mejorar los resultados de los informes europeos llamados informes PISA, bajar la ratio de alumnos por aula o bien contemplar la figura de profesor ayudante o de refuerzo en el aula o en el laboratorio y tantas otras cuestiones que sabemos.

Pero sería muy importante poner la lectura en el centro del aprendizaje.

El primer informe PISA, pospandemia, que es un examen al alumnado de 4º de ESO de más de 80 países realizado en marzo de 2022 y presentado a finales de 2023, nos dice que en una década (de 2012 a 2022) el alumnado catalán ha perdido 24 puntos en matemáticas, 38 en comprensión lectora y 15 en ciencias. Los resultados españoles del informe internacional PISA son malos, pero en Cataluña son catastróficos. Ya en el informe de 2018, hecho público en 2019, Cataluña tampoco salía bien parada. Perdió 15 puntos en competencia científica y 10 en matemáticas. La comprensión lectora quedó invalidada por las irregularidades en los exámenes.

En todos los países estudiados en el informe PISA, el alumnado de centros privados obtiene mejores resultados que los de centros públicos, en España y en Cataluña esta diferencia aún es mayor.

Que las agresiones físicas y verbales, de alumnos y padres, contra los profesores sigan aumentando es una demostración de que no vamos bien. Colaboran, en esto, algunas directivas de centros que prefieren tapar los casos, no hacer ruido, por el miedo a perjudicar la imagen del centro.

Ahora, deprisa y corriendo, después de PIRLS y PISA, se reúnen los mandatarios para poner remedio al próximo curso. Como si esto fuera un problema que ha aparecido de golpe. ¿Cómo es que Irlanda, tras los resultados muy malos del 2008, en estos últimos informes PISA, ha quedado entre los mejores? ¿Cómo es que los inmigrantes de Australia, en este caso procedentes de Asia, sacan mejores resultados, en el mismo informe, que los alumnos nacidos en Australia?

No puedo dejar de comentar que, aparte de saber leer y escribir bien, para comunicarse mejor es necesaria otra cuestión, la de saber hablar en público. La buena oratoria no es un tema menor y no se enseña lo suficiente. Desde la etapa educativa mas temprana, la comunicación oral, que es fundamental en nuestra vida y, por supuesto, en el futuro profesional de las personas, debería ser obligatoria. La nueva Ley de Educación, la LOMLOE del 2020, contempla competencias específicas estrictamente orales, pero muchos profesores aun se resisten a este tipo de prácticas. Hay que sistematizar la competencia oral. Una buena práctica se consigue con normalizar la realización de algunos exámenes orales, que a mi siempre me han gustado y también las exposiciones de los trabajos delante de los compañeros, que sirven de entrenamiento.

Al comienzo del curso 2024-25, Cataluña da permiso a la OCDE para que colabore con su Consejeria de Educación para mejorar el nivel educativo, sobretodo, en lectoescritura, matemáticas y razonamiento científico. Ya era hora de empezar a copiar de los que lo hacen bien.

No debemos permitir que nuestros alumnos o nuestros jóvenes, en general, tengan tan bajo nivel en lectoescritura, en oratoria, en ortografía, en vocabulario y, como consecuencia, en capacidad crítica.

Como dijo el periodista Carles Capdevila: "El activo más importante de una sociedad es el estado de ánimo de los profesores".

CAPÍTULO 18
HABLEMOS DE CIENCIA
Y TAMBIÉN DE GÉNERO

No hay ciencia ni docencia sobre la diferencia entre hombres y mujeres.
Carme Valls (1945)

Unas cuantas cifras, diferente salud de mujeres y de hombres, ciencia y actividad física femenina, otros condicionantes femeninos, valoración de la mujer científica, programa Hypatia-STEM…

En la mayoría de países de la EU27, hay una menor proporción de mujeres que trabajan como científicas o ingenieras que de hombres en la misma situación. Portugal y Dinamarca son la excepción.

En la actualidad, en el mundo, las mujeres representan el 28% del alumnado en carreras científicas, según la UNESCO. Descubres a través de los datos, del Ministerio de Educación, que en las carreras STEM -acrónimo de Ciencia, Tecnología, Ingeniería y Matemáticas-que es en estas grandes áreas donde hay una proporción menor de mujeres. En medicina las mujeres siguen teniendo una buena representación, pero en los estudios más tecnológicos es donde la desigualdad es enorme y la tendencia no va a mejor. Algo estamos haciendo mal. Un desequilibrio de hoy en los estudios STEM en la universidad es un desequilibrio de mañana en los puestos directivos y de decisión.

También en el mundo digital se habla de la existencia de una brecha de género desde la infancia. Un reciente estudio centrado en la percepción de las habilidades digitales, muestra que las chicas reconocen depender de la tecnología en mayor medida que los chicos, pero son más conscientes de aspectos relacionados con la ciberseguridad, mientras que los chicos se consideran mucho más hábiles que ellas en aspectos técnicos y comunicativos y mantienen una actitud ante la tecnología ligeramente más positiva. Estas diferencias aumentan conforme avanzan los ciclos de la enseñanza secundaria, y son más significativas en el bachillerato.

Lo resumiré con algunas cifras. En las Universidades Españolas actualmente hay el 55,2% del alumnado que son mujeres. En Informática, las mujeres suponen alrededor de un 15% del alumnado. En las Ingenierías el 32% son mujeres. En matemáticas no llegan al 40%. En Física, en los últimos 20 años se ha mantenido constante en torno al 20-30%. En Química, el 62% son mujeres. En Farmacia, en España, hay 72.500 alumnos y el 71,6% de ellos son mujeres. En Astrofísica, un 27% de los profesionales de la Astronomía y la Astrofísica en España son mujeres. En Medicina, actualmente, el 78% de los estudiantes son mujeres. En Enfermería, según los últimos datos disponibles del Instituto Nacional de Estadística, el 84,3% (266.020) de los profesionales son mujeres, mientras que los hombres representan el 15,7% (50.074). Y, os comento finalmente que, en Psicología, en las 52 facultades españolas de Psicología hay aproximadamente 12.000 personas cursando este grado, y de ellas, aproximadamente, el 75% son mujeres. La brecha de género está instalada en las carreras universitarias, los casos más extremos son en este momento, que recojo las cifras, año 2023, en Educación Infantil con el 92% de mujeres y en Informática con el 86% hombres. Son cifras impropias del siglo XXI.

¿Sabías que sólo el 7,6 % de los referentes incluidos en los materiales educativos de la ESO corresponden a mujeres? A las niñas no se les regalan grúas, robots o videojuegos, ni se favorece su interés por la tecnología. Es necesaria una perspectiva de género en la orientación pedagógica de los centros escolares, en los medios de comunicación y en los espacios dedicados al ocio, la cultura y el deporte. Es importante visibilizar con cierta frecuencia referentes científicos femeninos como Marie Curie, Emily Noether, Rosalind Franklin, Lise Meitner, Ada Lovelace, Rita Levi Montalcini, Katalin Karicó o también españolas como Margarita Salas, Maria Blasco o Margarita del Val, por nombrar algunas.

El efecto Matilda debe su nombre a Matilda Joslyn Gage (1826-1898) una activista norteamericana del siglo XIX que luchó por el sufragio femenino, y que fue la primera en denunciar que a las mujeres investigadoras se les negaban sus aportaciones. La autoría de sus descubrimientos se pasaba a sus compañeros de investigación o maridos. La campaña de la AMIT (Asociación de Mujeres Investigadoras y Tecnólogas) #NoMoreMatildas tiene como objetivo aumentar la presencia de mujeres científicas olvidadas en los textos escolares y fomentar así las aspiraciones profesionales de las niñas. La campaña denuncia la falta de referentes femeninos en la ciencia y a través de tres cuentos nos invita a reflexionar de cómo habría sido la vida si Albert Einstein, Alexander Fleming y Erwin Schroedinger hubieran nacido mujeres.

La idea de que las mujeres tienen menos talento que los hombres en algunos ámbitos se repite mucho en los entornos familiares, en los modelos educativos, en los medios de comunicación, en las redes sociales o en los videojuegos. Hay que cambiar estos estereotipos. A modo de ejemplo recuerdo que, en el año 2014, la iraní Maryam

Mirzakhani (1977-2017), profesora en Stanford, fue la primera mujer que ganó la medalla Fields, el equivalente al Nobel de las matemáticas.

La salud de los hombres y las mujeres tampoco es igual.

La investigación en salud masculina y femenina no se ha tratado de forma diferenciada historicamente y eso conlleva consecuencias importantes.

Los hombres presentan, predominantemente, patologías agudas y utilizan más los servicios hospitalarios, mientras que las mujeres presentan, predominantemente, patologías crónicas con demandas más relacionadas con el dolor y el cansancio y utilizan más los servicios asistenciales ambulatorios. Por cierto, el hecho de que la fatiga y el dolor afecte más a las mujeres, es un hecho que, justo ahora, se empieza a estudiar. Esto hace que se les recete muchos ansiolíticos, calmantes o barbitúricos. Al 38% de las mujeres de entre 15 y 80 años se les receta psicofármacos. El *infarto de miocardio*, que se da en un 4% de hombres y un 2% de mujeres, no se manifiesta con los mismos síntomas y mueren más mujeres que hombres, según el Instituto Nacional de Estadística.

Dado que las mujeres siguen estando menos representadas en los ensayos preclínicos y clínicos (según la revista *The Lancet*, sólo entre un 20% y un 25% son mujeres), en los electrocardiogramas de los infartos de hombres siempre aparece un segmento de onda *ST*, mientras que en mujeres aparece sólo alguna vez, por lo tanto, son diferentes.

Un estudio diagnóstico, realizado ya en 2008 en Estados Unidos, certificó que, ante unos mismos síntomas, a un 56% de los hombres se les diagnosticaba un infarto frente a un 15% de mujeres que recibían la misma valoración. Por lo tanto, la educación de pacientes y de sanitarios y priorizar la investigación por sexos en las enfermedades cardiovasculares, es una recomendación urgente.

La *fibromialgia* es más frecuente en mujeres. El *hipotiroideismo* es del 3,5% en hombres y del 17,5% en mujeres. De hecho, *todas las enfermedades endocrinas* (de la tiroides, el páncreas y las suprarrenales) presentan una alta prevalencia en el sexo femenino, así como las *enfermedades autoinmunes, la depresión y el Alzheimer*. El cáncer, en general, es primera causa de muerte en hombres y segunda en mujeres. Otro dato interesante: las mujeres, en España, sabemos que viven más que los hombres y, aunque tienen mejores hábitos de vida saludable (beben y fuman menos), tienen menos años de vida saludable después de la jubilación (8'9 años) que los hombres (9'5 años), mientras que, en Francia, Reino Unido, Alemania o Suecia, después de la jubilación, tienen más años de buena calidad de vida que los hombres. Por lo tanto, todas estas desigualdades tienen su explicación, lo que pasa es que no siempre las conocemos. También en los estudios realizados sobre la incidencia de la COVID, en los miles de informes presentados, sólo el 4% tenían en cuenta el factor de género (según dice Sabine Oertelt-Prigione, una de las autoras de los estudios).

También se ha descubierto que un gen del cromosoma X, incrementa el riesgo de padecer enfermedades autoinmunes como *el lupus o la esclerosis*: 4 de cada 5 casos de estas enfermedades, son de mujeres.

Nos dice la cardióloga Begoña Benito que, si bien es cierto que en la investigación se ha introducido la perspectiva de género, esto no quiere decir que se haya llegado a la equidad. Eso si, el hecho de que en los últimos años se haya visibilizado perfectamente cuál es la situación de las mujeres en la *enfermedad cardiovascular*, hace que todo el mundo haya tomado conciencia. Antiguamente, incluso, sólo se experimentaba con animales machos y hoy ya no es así.

El sexo de una persona incide en cómo duerme, en el funcionamiento de su reloj biológico, en su metabolismo y esto debería tenerse presente en el momento de los tratamientos. Ahora se ha descubierto que los *ritmos circadiarios* de las mujeres van unos 6 minutos más deprisa que los de los hombres. Ellas tienen más probabilidad de sufrir *insomnio*, ellos, apnea de sueño. Ellas entran antes en la fase REM, de alto nivel de actividad cerebral. Estas diferencias llevan asociadas problemas de salud mental diferentes, como *la ansiedad o las depresiones*, que son dos veces más comunes en mujeres que en hombres, según el artículo publicado en *Sleep Medicine Reviews*, por las Universidades de Southampton, Stanford i Harward.

¿Y que ocurre en el mundo del deporte?

También en este campo hay diferencias significativas. En el capítulo sobre la ciencia y el deporte, explico que las mujeres obtienen un mayor beneficio de la actividad física que los hombres y tienen suficiente con la mitad de ejercicio para conseguir el mismo efecto. Hasta ahora tampoco eso se sabía.

La mayor cantidad de grasa corporal las hace tener mayor resistencia en esfuerzos largos, cuando se agotan los otros nutrientes calóricos. Esto lo demostró y constato, en su tesis doctoral, la bioquímica y campeona del mundo de carreras de resistencia Emma Roca

(1973-2021). Hombres y mujeres con un buen entrenamiento para estas pruebas, tienen diferentes prestaciones a medida que avanza la carrera. Los primeros días son los hombres los más fuertes, pero al tercer o cuarto día las reservas de grasa corporal femenino ayuda y el rendimiento se equilibra.

Otros condicionantes femeninos

Cuestiones femeninas como la menstruación, la menopausia, la endometriosis, los quistes, los pólipos, la gestación, el aborto, los ritmos circadiarios, etc. son hechos que se pueden transformar en inconvenientes para realizar muchas de las actividades de su vida. Y que, con los conocimientos científicos actuales, deberían poder resolverse mejor. Doy más explicaciones en el capítulo sobre la sexualidad.

Sabemos que ser blanco o negro no puntúa igual en esta sociedad. También los hombres, pero sobre todo muchas mujeres negras africanas, utilizan una buena colección de productos, la mayoria tóxicos, como *remedios para aclararse o blanquear su piel.* Con esta práctica pretenden ser más atractivas y conseguir mejor trabajo. Esto no es ninguna broma, es una realidad. Sabemos que *los matrimonios y embarazos forzados, las agresiones sexuales, las mutilaciones, la esclavitud sexual, la prostitución, la violencia de género o los trabajos y los sueldos peores*, afectan sobre todo a las mujeres y esa es la gran injusticia.

Valoración de la mujer científica

Me gusta explicar un experimento, precisamente el año que murió la gran científica Rita-Levi Montalcini, en 2012, realizado por la Universidad de Yale, Jennifer y Jhon eran dos estudiantes de ciencias que solicitaban una plaza de encargado de laboratorio. Sus currículos fueron evaluados por 127 catedráticos y catedráticas de Biología, Física y Química que pertenecían a 6 universidades americanas, tres privadas y tres públicas. En una escala del uno al diez, Jhon sacó un punto más que Jennifer. Además, se les pedía a los profesores que dijeran qué salario merecían, y ofrecieron 30.328 dólares anuales a Jhon y 26.508 a Jennifer. Hasta aquí todo normal. El estupor comenzó cuando supimos que Jennifer y Jhon no existían y que los currículos eran absolutamente idénticos. Increíble, ¿verdad?

En España empezamos a tener algunes mujeres en trabajos de relevancia científica, como son la física Fabiola Gianotti (1960), la primera mujer directora general del CERN, el Laboratorio Europeo de Física de Partículas o de Caterina Biscari (1957, italo-española), directora del Sincrotrón ALBA de Cerdanyola, una de las instituciones científicas más importantes de España y de Europa o también el que ha tenido la química Rosa Menéndez (1956) presidenta del CSIC de 2017 a 2022. La primera mujer, después de 18 hombres.

Las mujeres son más de la mitad (54%) del alumnado de Bachillerato, pero son minoría (47%) en la rama científica. Su presencia en la rama tecnológica de la Formación Profesional tiende a ser testimonial: representan, por ejemplo, el 6% en Automatización y Robótica Industrial. Y el hecho de ser mayoría entre los estudiantes de carreras universitarias (55%), no impide que su peso caiga por debajo del 40% en el ámbito de las ciencias Físicas, Matemáticas y Estadísticas y en las ingenierías. En los años noventa, cuando la carrera de Matemáticas estaba asociada fundamentalmente a la salida laboral de la docencia en institutos, hubo paridad e incluso mayoría de mujeres entre el alumnado. Pero años más tarde los titulados en

Matemáticas comenzaron a ser demandados por empresas tecnológicas, que ofrecían salarios más altos y entornos más competitivos, el equilibrio se rompió y comenzó un proceso de masculinización.

En el año 2015, la Comisión Europea puso en marcha el proyecto *Hypatia* con el objetivo de favorecer el acercamiento de las jovenes a las ramas de conocimiento conocidas como STEM (como ya he dicho antes, Ciencia, Tecnología, Ingeniería y Matemáticas). Proyectos que valoren por igual los roles de masculinidad y feminidad. Se necesitan proyectos también que valoren los roles de la masculinidad, no sólo en los aspectos profesionales y de conocimientos, sino también en aspectos sociales y familiares. Como, tambén he dicho, los referentes cercanos son necesarios para inspirar a las científicas del futuro, porque las niñas pueden ser lo que ellas quieran, pero los estudios STEM no consiguen atraer a niños y niñas de la misma manera. Y ahora, estos estudios, representan poco más del 20% en las mujeres.

Como dice el director de la Cátedra de Neuroeducación de la UB David Bueno, el lo dice en catalan: *"encara STEM com estem"* que viene a decir que "aun estamos como estamos" o "estamos donde estamos".

CAPÍTULO 19
¿QUE NOS DEPARA
EL FUTURO?

La esperanza y la curiosidad sobre el futuro me parecían mejores
que lo seguro del presente. Lo desconocido fue tan atractivo para mi...
Hedy Lamarr (1914-2000)

De las transformaciones energéticas, de la salud, del mercado laboral, sobre la
próxima pandemia, la exploración del espacio, el móvil, el futuro será cuántico
y fotónico...

S i el siglo XIX nos aportó la teoría de la evolución o descubrir
que las enfermedades infecciosas eran causadas por microorganismos, la fotografía, la locomotora, la anestesia... y el siglo XX fue
el de la revolución genética con la estructura del ADN, la electricidad, la televisión, *Internet*... Los retos científicos del siglo XXI, seguro que serán igual o más espectaculares. Para llevarlos a cabo se ne-
cesitarán proyectos científicos mayores que los de Charles Darwin
o los de Louis Pasteur.

El futuro pasa por completar las transformaciones o transiciones
en diversos campos, no sólo el de la energia, que he tratado en todo
un capítulo, también la demográfica, la industria aeroportuaria, la
ferroviaria, la hidráulica, la turística, la alimentaria o la industrial. Y

todas deberán ser sostenibles. La ciencia y la tecnología actual, por sí solas, no pueden frenar el cambio climático, hacen falta cambios políticos, económicos y sociales.

Ni Maxwell ni Einstein, descubridores del electromagnetismo y la relatividad, solucionaron nada de forma inmediata, fue mucho después cuando estos descubrimientos se concretaron en la aparición de aparatos tecnológicos (bombillas, GPS...), tan importantes para nuestro bienestar. Predecir el futuro es muy difícil.

A menudo no sabemos ni entender el presente. Os pongo un ejemplo: la humanidad todavía no sabe en qué época geológica vive actualmente. El *antropoceno*, ¿es una nueva época o un acontecimiento geológico? Los humanos ya hemos alterado notablemente los ciclos naturales de la Tierra desde mediados del siglo XX y esta palabra lo expresa muy bien. Pero, ¿qué dicen los geólogos? ¿Hemos superado el *Holoceno* y estamos en esta nueva época? Pues no lo sabemos. Últimamente los geólogos niegan el *Antropoceno* como etapa geológica al hablar de los estratos o capas de terrenos donde nos situamos en la escala geológica y consideran que todavía estamos en el *Holoceno*. Ya veis.

Podemos pensar que el crecimiento económico del futuro será bajo, si hacemos referencia a la demografía. Si nos llegaran pocos inmigrantes, como ocurre en el País Vasco, habría más automatización que mejoraría la productividad, pero no se daría mucho crecimiento y, si llegáran muchos, como ocurre en Andorra, la fuerza laboral cualificada creceria poco y el PIB también aumentaría lentamente. Eso lo dice el economista Miquel Puig (1954), en su libro: *Transiciones en el horizonte 2050*, de 2023.

Deberan crecer las vías ferroviarias, como mínimo duplicando las ya existentes y abriéndose nuevas, que son vitales para poder construir nuevas viviendas fuera de áreas metropolitanas, como ocurre en muchas ciudades europeas. Cataluña, por ejemplo, necesita un nuevo aeropuerto para grandes aeronaves, pero ¿dónde se construirá? La falta de agua es una amenaza, sobre todo, para la planificación urbanística futura. La regeneración, el aumento de las reservas, el ahorro de agua y las infraestructuras de los trasvases son urgentes.

¿Y el turismo? Pues también necesita de una reconversión. Mejora de espacios públicos y de instalaciones, recargo en el impuesto con estancias en establecimientos turísticos y se deben poner limitaciones en algunas actividades turísticas. El comercio y el turismo deben perder peso en beneficio del sector industrial, que sufre una falta de mano de obra especializada.

Inundaciones, olas de calor, sequías o incendios forestales, ocurren cada día que pasa, con mayor agresividad. Si el uso de los combustibles fósiles continúa aumentando, su impacto sobre la agricultura o sobre la salud también aumentará. Hay que ser valientes para desviar el dinero que va a los subsidios de los combustibles fósiles hacia las energías limpias y a la eficiencia energética. Por ejemplo, con la reforma del sector agroalimentario, encaminada a reducir el consumo de carne y otros productos perjudiciales para la salud y el medio, se pueden llegar a salvar 10 millones de vidas al año, solo gracias a el hecho de que hagamos unas dietas más sanas.

En primer lugar: el futuro de las transformaciones energéticas:

- *Se producirá energía por fusión nuclear.* Es el proceso por el que se genera energía en las estrellas. Ya se han conseguido pequeñas ganancias energéticas en experimentos de fusión. No será fácil conseguir un reactor de fusión y por eso todavía es un reto de primera magnitud.

- *Nuevos superconductores a temperatura ambiente.* Los primeros fueron descubiertos en 1911 y funcionaban a centenares de grados bajo cero. Los de 1986 ya lo hacían a decenas de grados bajo cero. Los cables superconductores refrigerados ya se utilizan para gestionar picos de demanda energética.

- *Superbaterías.* Baterías para almacenar energía para cuando las fuentes naturales fallen. También deberán ser ligeras y pequeñas para utilizarlas en vehículos. Hechas con materiales más comunes que el litio o el cobalto.

- *Placas solares más eficientes.* La eficiencia actual es del 18% y el máximo del 33%. Además, el silicio actual, muy puro, es muy caro. Habría que sustituirlo por *perovskita*, pero sin plomo, porque este es muy tóxico. Eso sería una solución.

- *Hidrógeno verde.* Baterías de hidrógeno obtenido con la hidrólisis del agua utilizando energías no contaminantes.

Todavía no sabemos imitar la fotosíntesis que hacen los vegetales. Habría que capturar más CO_2 de la atmósfera. Las plantas lo hacen con una molécula, llamada *Rubisco (ribulosa 1-5 bifosfato Carboxilasa-Oxigenasa)*, que es la proteína más abundante que hay en la Tierra. Utilizan fotones o impactos de luz como fuente energética. La fotónica será también la clave para progresar en eficiencia energética (como explico al final)

Las centrales nucleares irán cerrando, pero las de ciclos combinados de gas todavía tienen larga vida como energía de apoyo.

Mientras tanto, habrá que seguir invirtiendo en ciencia básica y en pensar cómo cambiar los hábitos de nuestra sociedad en el caso de que no lleguen alguna de estas soluciones tecnológicas y, naturalmente, con una buena gestión política. Estas son algunas de las soluciones más importantes.

En segundo lugar y con referéncia a la salud:

- *La edición genética aplicada a muchas enfermedades.* Reescribiendo el código genético, borrando y corrigiendo los errores del libro de instrucciones del ser humano, que es el ADN. Así se podrían modificar genes defectuosos.

- *Células madre para la enfermedad de Parkinson.* La mayoría de los ensayos clínicos que tratan el Parkinson estudian pacientes con enfermedad avanzada. El ensayo *STEM-PD* parte de un enfoque diferente, al centrarse en las primeras etapas de la enfermedad. Las células madre están elaboradas a partir de la piel o las células sanguíneas del propio paciente y la idea es que reemplacen en el cerebro las neuronas que se van perdiendo con la enfermedad. En febrero de 2023 se comenzó a hacer con pacientes de 50 a 75 años con la enfermedad moderada. Los primeros resultados preliminares llegarán pronto.

- *Vacuna de células T contra el VIH.* Intenta obtener una fuerte respuesta inmunitaria basada en células T que supuestamente evitarían la infección por VIH. Se probará en pacientes no infectados y en pacientes seropositivos con un seguimiento opcional de tres años. El virus del SIDA, con una gran capacidad de mutación, y extraordinarias habilidades para escaparse del sistema inmune, ha frustrado durante 40 años la creación de una vacuna efectiva. Contra el VIH tenemos que confiar en la mejora que representa el nuevo medicamento lenacapavir, que con un solo pinchazo protege durante 6 meses.

- *Ensayo de una vacuna contra la malaria* en niños africanos de cinco a 36 meses de edad en Burkina Faso, Kenia, Tanzania y Mali. Uno de los principales problemas de las vacunas contra la malaria, y una de las razones por las que se ha tardado más de 100 años en desarrollar una, es que se necesita una respuesta de anticuerpos para que funcione. Este año, una de ellas, la *R21/Matrix-M*, entra en la tercera fase de desarrollo.

- *Una app para tratar la depresión perinatal.* Irritabilidad, apatía, trastornos del hambre, sueño o depresión, son algunos de los síntomas que algunas mujeres sufren durante la etapa perinatal, la etapa comprendida entre el inicio del embarazo y el primer año después del parto. Un equipo dirigido por la Universidad de Liverpool ha desarrollado una aplicación que permite a una mujer, de la misma comunidad, sin experiencia previa en atención sanitaria, una intervención basada en terapia cognitiva aplicada a mujeres en el segundo o tercer trimestre de embarazo con depresión grave. Puede ser un primer paso que ponga el foco en un problema que ha sido invisibilizado durante años, especialmente en contextos de pobreza y en países en vías de desarrollo. En España, se calcula que el 15% de las madres la sufre.

- *Machine learning para evaluar los riesgos de muerte.* El ensayo clínico *MARS-ED* evalúa los beneficios de un modelo de IA que predice el riesgo de mortalidad a 31 días de los pacientes atendidos en un servicio de urgencias. La herramienta se desarrolló y evaluó en cuatro hospitales neerlandeses, por los que pasaron 266.327 pacientes con 7,1 millones de resultados de laboratorio disponibles. El *Risk Index* superó a los especialistas en medicina interna en su análisis, pero aún se desconoce si estos modelos de IA tienen un valor beneficioso en la práctica clínica.

- *El proyecto 4-IN THE LUNG RUN, para detectar el cáncer de pulmón.* Es un ensayo controlado en el que participan 24.000 personas con el objetivo de evaluar cuándo es seguro aumentar los intervalos del cribado. Comparará si el cribado cada dos años (mediante tomografía computerizada) es tan eficaz como las pruebas anuales, para quienes no presentan anomalías en su primera exploración.

- *El ensayo NADINA para tratar el melanoma.* Pretende comparar la eficacia del *Ipilimumab neoadyuvante* con la del *Nivolumab adyuvante* en el melanoma en estadio III, para determinar cuál de estas dos inmunoterapias puede ser más efectiva.

- *Ensayo combinado de anticuerpo y fármaco (ADC)* para pacientes con cáncer de mama. Se diagnostican 36.000 casos al año en España. El 80% lo supera, pero hay casos en los que se extiende de forma imparable. La metástasis cerebral es un problema importante en el cáncer de mama avanzado. *DESTINY-Breast12* es un estudio internacional que evalúa la eficacia y seguridad del *Trastuzumab deruxtecan (Enhertu)*, un conjugado de anticuerpo y fármaco en pacientes con cáncer de mama, con y sin metástasis.

- *¿Un anticonceptivo masculino?* Pues podría ser una realidad en un par de años. Un hidrogel que se inyecta a través del escroto, en los conductos deferentes que transportan el esperma y el resultado es que, al cabo de 30 días, tras la inyección el hielo, había reducido más de un 99% el número de espermatozoides en movimiento y sin efectos secundarios. Unos 20 minutos en el consultorio médico, con anestesia local y sin bisturí. Es un producto no hormonal, de larga duración (aún sin concretar) y reversible. Actualmente, sin embargo, la reversibilidad solamente está demostrada en perros.

- *La IA, con el producto Telepatía.* Está diseñado para las personas con discapacidades y contempla la interacción entre el cerebro humano y la IA, para mejorar nuestras capacidades cognitivas y comunicarnos con el pensamiento. La IA, ya en manos del tecnocapitalismo, está más pendiente de ganar dinero que de ser un beneficio para la humanidad. Oiremos hablar mucho más de los chips cerebrales.

- *En cuanto al cáncer, el futuro está en la inmunoterapia, en las terapias dirigidas, en las células CAR-T y en los recientes mapas de los diferentes cánceres.* En un futuro, no lejano, las vacunas curaran enfermedades no infecciosas. Son vacunas personalizadas que ya se encuentran en fases de investigación avanzadas. Utilizando material genético, que una vez inyectado envía información a las células para fabricar una proteína que despierta la respuesta inmunitaria contra el tumor, al que atacará sin actuar sobre las células sanas. Esta gran noticia nos la transmite Rafael Fariñas, director del Instituto de Inmunologia Clínica y Enfermedades Infecciosas de Málaga, durante el congreso celebrado en Málaga en noviembre del 2024. Las terapias CAR-T que ya se utilizan para tratar leucemias, linfomas y mielomas múltiples, podrán ser utilizadas en todo tipo de cánceres; también los tumores cerebrales. Nos lo dice Carl Rune, que salvó en 2012 a una niña de seis años para la que no quedaba ninguna otra opción. Y las terapias dirigidas son únicamente para aquellos cánceres donde se conoce la mutación y hay un fármaco para ella. Los nuevos atlas que van apareciendo sobre los diferentes tipos de cáncer aportan información para mejorar los tratamientos.

Hoy por hoy, probablemente la quimioterapia se utilice más que las otras terapias juntas, porque hay muchísimos tumores y muchísimas mutaciones para las que no hay fármacos. Eso nos lo dice el gran oncólogo Mariano Barbacid. El problema de que las técnicas con las células CAR-T u otras parecidas se vayan aplicando dependerá de la bajada del precio. Parece ser que una compañía biotecnológica india está produciendo una versión propia, llamada *NexCAR19*, a un precio 10 veces inferior que el original de Novartis (de 300.000 a 30.000 euros) y con resultados mejores, como el de la desaparición de la leucèmia, en 19 de 33 pacientes y de 4 pacientes más con reducción.

Estos son algunos estudios de ensayos científicos, aplicados en el campo de la salud que, la revista *Nature Medicine* también ha destacado y a los que hay que estar atentos.

¿Cuales seran las ocupaciones del futuro?

La sociedad actual, digital y tecnificada, necesita de centenares y de miles nuevos técnicos en ingenierías, matemáticas, biotecnologías, informáticos y otras muchas especialidades científicas. Esta, la cuarta revolución industrial, en poco tiempo el 40% de los trabajos estarán relacionados con temas digitales como *Internet* de las cosas, robótica, nuevos materiales, nanotecnología, microchips, baterías...

- *Ingeniero de nuevas energías.* El objetivo principal del ingeniero es desarrollar fuentes de energía más eficientes y sostenibles para una mayor eficiencia energética, minimizando al máximo el impacto medioambiental. Una profesión que será fundamental para la transición energética global.

- *Arquitecto e ingeniero de Smart Cities y casas inteligentes.* El objetivo es crear ciudades y casas inteligentes que sean sostenibles económica, social y medioambientalmente.

- *Especialista en transformación digital.* Adecuar y transformar el modelo actual de negocio y la cultura empresarial para convertirlo en un modelo digital eficaz, rentable y sostenible.

- *Guardián del clima.* Controlador de la huella de carbono. Hasta ahora, muchas organizaciones no disponían de sistemas fiables de medición de sus emisiones.

- *Analista de Big Data.* Todo ello con el objetivo de extraer, procesar, agrupar y analizar datos para generar informes con conclusiones claras sobre las nuevas formas de consumo.

- *Ingeniero de biotecnología.* Mediante el uso de técnicas de biología molecular, microbiología y bioquímica, se producen nuevos medicamentos, plantas y alimentos. Todo ello, con la manipulación de biomoléculas y microorganismos.

- *Internet de las cosas (IoT)*. Un área que se centra en los sistemas de redes interconectadas. En este caso, el profesional aplica la estrategia más adecuada para cada sistema, aprovechando el potencial de los dispositivos inteligentes

- *Experto en cifrado y ciberseguridad*. Convertirán los datos legibles en un formato codificado, de manera que sólo tendrán acceso las personas que dispongan de las claves para descifrarlos.

- *Ingeniero de nuevos materiales*. Como, por ejemplo, nanorobots y grafeno.

- *Ingeniero de Fintech* (Finanzas + tecnología). Ingenieros, informáticos y expertos en finanzas se unen para ofrecer innovadores productos financieros de una manera eficiente, ágil y cómoda, usando avanzadas tecnologías digitales.

- *Experto en IA y aprendizaje automático*. Realiza mejoras operativas basadas en el aprendizaje automático de las máquinas gracias al *Machine Learning*.

- *Ingeniero de transporte inteligente*. Para ello, monitorean las condiciones de tráfico, velocidad de circulación, peso de los vehículos y condiciones meteorológicas, entre otros.

Pero ojo, de manera inmediata los cinco trabajos donde más trabajadores se necesitan son los de programadores, panaderos, conductores, camareros y obras y mantenimiento.

¿Cuando vendrá la próxima pandemia?

Desde hace no muchos años, el SIDA, la gripe aviar, la gripe porcina en 2008, el MERS, la Zika, la COVID... Muchas de ellas, ocasionadas por virus prácticamente desconocidos. Los brotes epidémicos se están incrementando de forma exponencial. Entre 1980 y 2020 se han multiplicado casi por 6. Tres de cada cuatro nuevas enfermedades descritas en humanos, la majoria son infecciones que nos transmiten los animales. El propio virus de la COVID-19 también lo fue, como también lo son el dengue o la malaria.

Las predicciones estadísticas nos dicen que en los próximos años la probabilidad de vivir una nueva pandemia de alta gravedad puede llegar a ser de un 80%.

El cambio climático y la mayor movilidad de los humanos generan el entorno ambiental propicio. La deforestación, los cambios de usos de la tierra, la aproximación de las especies exóticas a los humanos al ser expulsadas de sus hábitats habituales, la intrusión turística en ambientes exóticos y el tráfico de animales hacen que sea más fácil el paso del virus desde el animal al ser humano.

Ahora, el cambio climático hace que facilite la supervivencia y reproducción de los vectores portadores del virus, antes inexistentes en latitudes como la nuestra, por ejemplo, el asentamiento del mosquito tigre (*Aedes albopictus*) en Cataluña que en 17 años ha invadido prácticamente todo el territorio. Este insecto puede transmitir dengue, zika, chikungunya... Otro mosquito, el *Aedes aegypti*, puede transmitir además la fiebre amarilla.

Nos dice la viróloga Nerea Irigoyen (1981, Universidad de Cambridge) que si no hacemos nada, pronto el dengue o el Zika serán endémicos en Europa.

El cambio climático es difícilmente reversible y tendremos más pandemias. ¿Estamos preparados? ¿Nos ha servido de algo la reciente y dolorosa experiencia de la COVID-19? Elhadj As Sy, del organismo conjunto de la OMS y el Banco Mundial para la respuesta a emergencias, opina que "hay pocas pruebas de que hayamos aprendido las lecciones adecuadas de la pandemia".

Con unos 30 millones de muertos, el mundo parece que no ha aprendido nada porque las negociaciones del acuerdo multilateral de pandemias van por mal camino. Está en juego la posibilidad de evitar que la próxima crisis infecciosa global se convierta en otra catástrofe colectiva. Nos lo advierte también, el director general de la OMS, Tedros Adhanom Ghebreyesus que describió las negociaciones del nuevo acuerdo multilateral de pandemias como un torrente de noticias falsas y de mentiras. Un potencial fracaso por el que las futuras generaciones podrían no perdonarnos.

Y en eso España no es una excepción. La evaluación de la respuesta del Sistema Nacional de Salud ante la pandemia, que fue encargada en 2021 a expertos independientes, tardó un año y medio en llegar y terminó en un cajón durante ocho meses, para ser publicada en diciembre del 2023, sin ninguna consecuencia aparente en el debate público. Se necesitan mecanismos más justos e inteligentes para desarrollar, producir y distribuir vacunas y otros productos esenciales. Como señalan los autores de una carta firmada por medio centenar de líderes científicos, políticos y sociales, alarmados por el estado de las negociaciones. Una nueva amenaza pandémica es inevitable, pero no lo sería si actuáramos ahora.

La próxima pandemia puede venir de algún virus del *permafrost*, el suelo que está helado en los polos, sobre todo en el Ártico, y que ahora, cada año, con el aumento de las temperaturas, queda en buena parte, al descubierto. Tres son las razones que apuntan los científicos: que en el *permafrost* hay muchos virus desconocidos, que cada año se descongela más superficie y que el número de personas que se mueve por estas zonas crece. Tardaríamos bastante tiempo en fabricar vacunas para estos virus desconocidos.

Las recomendaciones de grupos de expertos son claras:

- Una mejora de la vigilancia epidemiológica para poder dar la alarma de manera rapida y tener un cuerpo de profesionales suficientes y muy formados.

- Disponer de suficientes laboratorios bien equipados, con reservas estratégicas de material, especialmente equipos de protección.

- Conseguir fondos financieros para responder a la nueva pandemia y, sobre todo, coordinaciones y liderazgos internacionales y locales fuertes.

- Reforzar los servicios de salud pública y de atención primaria y dedicar fondos suficientes en la investigación. Y todo ello desde una perspectiva que tenga en cuenta la salud ambiental, salud animal y salud humana.

Pero las enfermedades infecciosas no son nuestra única preocupación. Los fenómenos naturales extremos como los fuegos descontrolados, las sequías o las inundaciones derivadas del cambio climático, los conflictos bélicos o los accidentes bioquímicos y radiactivos pueden poner contra las cuerdas los sistemas de salud más sofisticados. Pero también abundarán las noticias falsas (*fakes news*) y las falsedades profundas (*deepfake*, en forma de archivos de fotos o vídeos).

Hoy, la Tierra con mas de 8.000 millones de personas, somos los habitantes de un planeta que en solo 50 años ha visto duplicarse la población, que tenía en 1974. Seguir avanzando requerirá mejorar la vida de todas las edades y el reparto de responsabilidades entre lo público y lo privado, lo individual y lo colectivo. Estos tendrían que ser los asuntos que deberían estar ocupando la atención y la planificación de las próximas décadas.

Las nuevas tecnologías nos ayudarán en las exploraciones, la prevención y los tratamientos. Habrá robots que harán la función de médicos, que nos harán las preguntas en el consultorio y decidirán sobre el diagnóstico para la enfermedad que nos han detectado. El robot-explorador *AMIE*, que, entrevista a pacientes, ya ha demostrado que supera a los médicos de atención primaria diagnosticando enfermedades. Este y otros robots ya son útiles actualmente en medicina y lo serán más.

La exploración del espacio

Además de lo que nos pueden deparar las nuevas observaciones con el moderno telescopio *James Webb*, lanzado el 25 de diciembre de 2021, hay proyectos bastante inmediatos con nuevas generaciones de misiones extraterrestres. Proyectos lunares como el proyecto tripulado *Artemis de la* NASA, misiones robóticas (*proyecto WIPER*), el primer vuelo espacial de *Polaris Dawn* y el de la empresa de Jeff Bezos, *Blue Origin*, para enviar turistas al espacio, el lanzamiento de la misión europea *Hera*, hacia el asteroide Dimorphos, dos sondas americanas hacia el planeta rojo, en el marco de su proyecto *Esca-PADE*. La sonda *Odyseus* ya ha alunizado en el mes de febrero del 2024. Nuevas generaciones de cohetes, como el *Arianne 6 europeo* o el *H3 japonés* o el *Vulcan de Boeing y Blue Origin*.

El *telescopio Euclid*, de la Agencia Espacial Europea, lanzado en 2023, enviandonos imágenes espectaculares que nos revelarán nuevas propiedades físicas del Universo. Creará un mapa del Universo en tres dimensiones que nos ayudará a explorar sus ocultos secretos (ver *Abell 2390, Messier 78, NGC6744, Abell 2764 o galaxias Dorado*).

La Agencia Espacial Europea (ESA) ha conseguido lanzar con éxito (9 de julio de 2024) su nuevo cohete *Ariane 6*. El nuevo gran vehículo ha despegado desde el puerto espacial europeo de Kourou, en la Guayana Francesa, sobrevolando el planeta a unos 580 kilómetros de altura y que ha desplegado con éxito un total de ocho misiones científicas en el espacio, entre las que destacan dos proyectos españoles. Se trata del cohete más grande y potente construido hasta ahora en Europa. Mide más de 60 metros, el equivalente a un edificio de 20 pisos de altura.

Se construirán grandes telescopios astronómicos. El *Observatorio Vera C. Rubin* para fotografiar el cielo y el telescopio terrestre más potente, el *Extremely Large Telescope*, en el desierto chileno de Atacama, que aun no está operativo. Se construirá un nuevo acelerador de partículas en Europa, circular y subterráneo de 91 kilómetros, que ayudará a conocer mejor el cosmos, etc.

El móbil del futuro

La industria de la telefonía móvil cree estar ante un nuevo momento iPhone. El caso más evidente es el de Samsung. A mediados de enero de 2024, el gigante surcoreano presentó el *Galaxy S24*, su smartphone de última generación y el primero que incorpora *Gemini*, el potente modelo de IA de Google. Esta alianza se traduce en nuevas funciones que pueden ser muy prácticas, como un sistema de traducción de idiomas y transcripción en tiempo real, pero también mejoras en el buscador.

Hay incluso quien los imagina sin una pantalla física que ocupe nuestras manos. Es el caso de Humane, una compañía norteamericana que a finales del año pasado sorprendió al mundo con el lanzamiento del *AI Pin*. Este pequeño gadget, que se engancha a una prenda que lleves puesta, funciona a través de tu voz y puede ejecutar las órdenes que le pidas, como enviar un mensaje de texto, llamar a un contacto, hacer una foto, traducir lo que dices a otros idiomas o proporcionarte información sobre un tema. El dispositivo cuenta con un láser que puede proyectar estos resultados en la mano.

Otras compañías optan por la innovación en otros formatos. La compañía norteamericana Motorola también está exponiendo un móvil con una pantalla tan flexible que se puede doblar por la mitad y modelarlo hasta convertirlo en un brazalete, como si no fuera un dispositivo electrónico lleno de complejos circuitos integrados. Otras marcas como la china Lenovo o Samsung también están experimentando con conceptos similares que se presentaron en el MWC del año pasado y que en la edición de 2024 se han podido ver y tocar. La también china ZTE ha presentado un plegable que se comercializará pronto. Por ahora, y por mucho que se estén vendiendo como los inventos que jubilarán el móvil, estos modelos alternativos están lejos de popularizarse entre las masas. No obstante, pueden ser la primera fase de la evolución que puede seguir la indústria de la telefonia en la próxima década.

¿El futuro, será cuántico y fotónico?

La computación cuántica está a punto de revolucionar el mundo. Esta nueva tecnología abrirá nuevas posibilidades. Explorar lugares por ahora inaccesibles, modular una reacción biomolecular, enviar información confidencial segura, diagnosticar de forma rápida y precisa las enfermedades, etc. Según los expertos las aplicaciones se resumen en tres tipos: *simulación* (de moléculas o de materiales), *computación* (respuestas rápidas en finanzas, IA y aprendizaje) y *comunicación* (desarrollo de redes seguras e indestructibles). Quien antes domine la computación cuántica tendrá un control científico-técnico sin precedentes y por ahora China y Estados Unidos son los líderes absolutos de esta carrera. Profetas, pitonisas o astrólogos han existido siempre y, el mejor consejo es el de desconfiar de sus pronósticos.

La fotónica ofrece una manera diferente de transmitir y procesar información. Los circuitos integrados fotónicos utilizan la luz en vez de la electricitat, Los fotones viajan a la velocidad de la luz, y pueden transportar mas información que con los electrones actuales y sus chips consumen menos energía. El Instituto de Ciéncias Fotónicas de Cataluña (ICFO) ha sido seleccionado para liderar un proyecto europeo de creación de chips fotónicos y así no depender de EEUU y China en esta tecnología emergente.

Y ahora, en diciembre del 2025, ya ha llegado al Barcelona Supercomputing Center (BSC) el primer ordenador cuántico de España con tecnología 100% europea, el MareNostrum-Ona y que se integrará en la supercomputadora mas grande que tenemos, el MareNostrum 5. Con todo esto pueden mejorar, sobretodo, las comunicaciones, pero también la medicina, la conducción autónoma de vehículos o la ciberseguridad. Y también se renovará el acelerador de electrones ALBA. Se llamará ALBA II y se llegará a una resolución o visión de dos o tres nanómetros y experimentos mas rápidos, de horas a minutos. Entraría en servicio el 2032.

Para predecir el futuro sólo la ciencia nos puede ayudar a pensar lo que puede pasar.

Cuando Dmitri Mendeleiev ordenó todos los elementos químicos conocidos, se dio cuenta de que había un lugar, en su ordenamiento, que le faltaban 4 para que el encaje fuera perfecto. Predijo la existencia de 4 que aún no se habian descubierto y que él ya describió sus propiedades. Efectivamente, con el tiempo eran el escandio, el galio, el tecnecio y el germanio, que hoy ya encontramos en la Tabla Periódica. Es otra predicción científica.

No hace falta decir que aparecerán nuevas vacunas, nuevos medicamentos, nuevas terapias, nuevos proyectos espaciales, nuevos aparatos electrónicos, nuevas ocupaciones, nuevos materiales, nuevas pandemias; eso es interminable y yo he recogido algunos de estos hechos que son previsibles y que me han parecido muy importantes y actuales.

Hablar de futuro no deja de ser un atrevimiento por mi parte. Yo os he indicado algunas de las cuestiones de las que pienso que, relacionadas con el mundo científico actual, ya las tenemos cerca de nosotros y que nos podrían aportar grandes beneficios para vivir mejor.

CONCLUSIONES

Conserva celosamente tu derecho a reflexionar, porque incluso el hecho
de pensar erróneamente es mejor que no pensar en absoluto.
Hipatia de Alejandría (siglo IV)

En el libro he recogido y hablado de muchos avances científicos recientes y de muchos otros conocimientos actuales que son importantes para poder saber por dónde va la ciencia actual. Tenemos problemas importantes de salud, de cambio climático, de desigualdades sociales, del uso de las nuevas tecnologías, de algunas modas tóxicas, de la falta de agua, de los residuos contaminantes, del nivel de comprensión lectora de nuestros jóvenes, etc. Y para afrontarlos deberíamos saber actuar mejor. Y yo me pregunto y os pregunto: ¿cómo es que las decisiones políticas no se basan mucho más, sobre todo, en lo que la ciencia sabe?

En primer lugar, celebro que el presidente Pedro Sánchez, por fin, en febrero de 2024, haya propuesto crear una oficina de asesoría científica y que, en junio de este año, haya contratado a medio centenar de científicos para asesorar a los ministros en las cuestiones donde la ciencia tenga algo que decir, que son muchas.

Pondré tres ejemplos, para que podamos reflexionar cómo funciona la ciencia y, a la vez, la sociedad.

El primero hace referencia a las células de un tumor del cuello de útero que mataron, en 1951, a Henrietta Lacks, en el único hospital de Baltimore que admitía personas negras. La extracción de estas células dió lugar a poder estudiar con una línea de células humanas inmortales, llamadas *HeLa*, en su honor. Sin pedirle permiso, se extrajeron y cultivaron estas células en el laboratorio. Estas células humanas, que se multiplicaban sin parar, por ser cancerígenas, eran inmortales en el laboratorio, han servido para salvar millones de vidas con los ensayos que se han podido hacer en el campo de las vacunas y del cáncer. En 2023, después de más de 70 años, la familia de Henrietta ha conseguido ser indemnizada por las compañías que se han enriquecido con esta investigación. Hoy todavía se utilizan para experimentar los efectos de toxinas, de hormonas o de virus en el crecimiento de células cancerosas sin tener que experimentar con seres humanos. La sociedad, a menudo en manos de grandes compañías y de los políticos de turno, no han sabido aceptar y reconocer el valor de investigaciones como ésta, con células humanas procedentes de una biopsia hecha para investigar en salud. Es un caso de investigación sin permiso, pero que ha sido de una utilidad extraordinaria para la humanidad. A veces no se permite que la ciencia pueda investigar, por cuestiones éticas o morales y que, por otra parte, se pueda hacer en algunos países y en otros no y que, en muchos casos, nos pueden aportar grandes beneficios, como el caso que os explico. Podéis pensar, en lo que a menudo ocurre con la experimentación con animales, con células madre embrionarias, en manipulaciones genéticas, clonaciones, etc.

El segundo caso que os quiero explicar es para entender cómo funciona la naturaleza y por tanto, la vida. Todos sabéis que los girasoles giran su cabeza del este hacia el oeste, siguiendo diariamente la posición del sol. Hasta hace poco se pensaba que, simplemente, era debido a su sensibilidad o atracción por la luz, el llamado *fototropismo o heliotropismo positivo*. Con el tiempo, se ha ido descubriendo que hay muchos otros factores, como son: las células motoras que tienen bajo la cabeza que aumentan o disminuyen su turgencia, que también dependen de sus ritmos circadiarios, o de ciertas hormonas de crecimiento, o de las diferentes temperaturas a un lado u otro de la planta, o que sólo giran cuando son jóvenes, o que no responden a toda la luz en general y sólo lo hacen a la luz azul, etc. Hoy, también sabemos que hay 73 especies de girasoles y que las semillas, que llamamos pipas, tienen una disposición que responden a criterios matemáticos (*Fibonacci o Áurea*). Durante el día les crece mas el tallo de la parte orientada al sol y se van doblando hacia el oeste hasta la puesta de sol. Al llegar la noche, el tallo, que crecía durante el día deja de hacerlo y, ahora crece la parte del oeste para así, acabar mirando nuevamente hacia el este, justo antes de empezar el día. Este movimiento giratorio, no pasa con girasoles cultivados en el laboratorio, iluminados las 24 horas, pero cuando se sacaban del laboratorio y los ponían en contacto con la luz solar, desde el primer día, empezaban a girar como lo hacen los que viven en el exterior. Todavía no se han identificado los genes implicados en el heliotropismo de las plantas exteriores, pero, tarde o temprano, se conocerán. Esta capacidad de seguir al sol, es exclusiva de los girasoles jóvenes y cuando son más viejos se quedan mirando al oeste siempre, hasta que mueren. Si les variamos las horas de iluminación, los giros empiezan a ser erráticos. Ser girasol viejo también tiene sus ventajas, porque cuando dejan de girar empiezan a desprender un calor adicional que los hace más atractivos para los insectos polinizadores y permite al girasol viejo reproducirse. Increíble, ¿no? Ya veis, creíamos que todo era más sencillo.

Y, todavía un tercer ejemplo. Ciudades grandes, como Barcelona, que a menudo supera los límites de contaminación atmosférica y que no tiene el mínimo de espacios verdes y zonas peatonales que, según las recomendaciones de la OMS, nos dicen que para que una ciudad sea saludable debe tener al menos el 25% de espacio verde accesible, de manera que todos los ciudadanos tengan uno, al menos uno de estos espacios y a menos de 500 metros. Ahora sólo el 11% de la superficie de Barcelona está dedicada a zona verde (si se incluye la Sierra de Collserola y los metros cuadrados de césped por donde pasa el tranvía). Pues hay vecinos que, por razones políticas, en este caso contra la exalcaldesa Ada Colau, denunciaron proyectos de creación de zonas verdes y peatonales (como la superilla del Eixample, pagada íntegramente con dinero europeo) y que cuando la justicia les ha dado la razón por sus protestas, se volvieron atrás y dicen que no hay que renunciar al logro conseguido de espacios verdes y sin coches porque han visto que resulta rentable para los comercios y en general para los vecinos. En este caso la política municipal estaba por las mejoras del bienestar ciudadano, pero los ciudadanos, increíblemente, lo rechazaron porque sólo era una actitud política contraria a la alcaldesa. Ada Colau aplicó sentido común a la situación de una ciudad que pide espacios peatonales, menos coches y más espacios verdes. Ahora con otro recurso presentado, la justicia le ha dado la razón a la exalcaldesa. Es un ejemplo de falta de sentido común.

Criterios éticos para poder investigar sin el permiso pertinente con las *células HE-LA*, entender el funcionamiento de los girasoles con las nuevas aportaciones científicas o posicionarse sobre los espacios urbanos más humanizados (las supermanzanas de Barcelona), son tres casos que pienso que nos pueden hacer reflexionar.

Conocer estas y otras cuestiones es lo que nos enseña cómo funciona la vida en la naturaleza de la que nosotros formamos parte.

Para *Science*, el avance científico de 2023, han sido los medicamentos contra la obesidad, y también destaca la reducción de accidentes cardiovasculares y las posibilidades que se abren en campos tan dispares como las adicciones, el Alzheimer y el Parkinson. En cambio, *Nature* opta por nombrar a los científicos que lo han llevado a cabo. Y por primera vez, en 2023, se ha elegido entre sus científicos del año a un ente no humano: el *ChatGPT*. De todo esto hablo en el libro.

Science, del 2024 destaca como mayores avances: el fármaco lenacapavir para el VIH, la immunoterapia con células Car-T, el telescopio James Webb, la información que se puede extraer del ADN antiguo, los plaguicidas de ARN, etc

Los científicos de épocas pasadas, descubridores del ADN, de la electricidad, de los antibióticos o de las vacunas, estoy seguro de que pensaban que estaban ayudando a mejorar el mundo, los científicos de hoy, que también han hecho y están haciendo muchos descubrimientos bien intencionados, también tienen ese objetivo, pero saben que las generaciones futuras pagarán los excesos que la humanidad actual está haciendo con la gestión del Planeta. Es muy posible que las generaciones futuras nos vean como ignorantes o como arrogantes, irresponsables y egoístas por el hecho de dejar el mundo como se lo hemos dejado. Aquí añado que ellos, los jóvenes y no tan jóvenes, también colaboran, deslumbrados por las nuevas tecnologías y pensando y haciendo poco por un planeta mejor y por las desigualdades crecientes.

Como hemos visto, la ciencia avanza sin parar, pero para garantizar un sistema social más justo y sostenible, que a buen seguro la mayoría defendemos, será necesario que cambiemos el modelo de sociedad actual, este modelo de poseer y consumir sin límites, que nos lleva a tirar alimentos, aparatos o ropa y a producir más y más residuos, a destruir el medio ambiente, a aumentar las desigualdades, etc. Hay que crecer menos para crecer mejor. Buscar ganancias económicas para luego invertirlas en más negocios rentables, no soluciona ni el problema que tenemos con el cambio climático ni las desigualdades. La obsesión por mejorar continuamente el Producto Interior Bruto es un error. Para ayudarnos a reflexionar sobre el futuro de nuestra sociedad, os quiero hablar de este mito, el del PIB. Porque cuando nos hablan de progreso nos lo resumen hablando del PIB. El PIB no mide el progreso, por no considerar aspectos esenciales como son el bienestar humano, las desigualdades o la sostenibilidad ambiental. Tampoco habla de la distribución de riqueza, ni de las relaciones humanas, ni de los trabajos del hogar... Y es esta obsesión la que nos ha metido de lleno en el cambio climático, en la deforestación, en el agotamiento de los suelos, en la sobreexplotación de los océanos, en la pérdida de biodiversidad, en las grandes desigualdades, etc.

Por fin, las Naciones Unidas se han planteado, en la *Cumbre del Futuro* de final del año 2024, con nuevas formas de medir el desarrollo, superando las limitacions del PIB, que nos invita a imaginar un futuro sostenible. Las brechas o distancias entre países ricos y pobres continúan aumentando, como también aumentan entre los ricos y pobres de un mismo país, aunque siga aumentando su PIB, como está pasando en España. Otros indicadores son necesarios, como el Índice de Desarrollo Humano, el Índice de Pobreza

Multidimensional, el Índice Mundial de la Felicidad o el Índice para una Vida Mejor de la OCDE. Hay que cumplir con los 17 Objetivos de Desarrollo Sostenible de las Naciones Unidas (ODS). Los países que más los cumplen son los de mayor Índice de Felicidad (Finlandia, Dinamarca, Islandia y Suecia). Sería idóneo adoptar un sistema de medición para el progreso que esté basado en los ODS como marco de referencia centrado en las personas y en el medio ambiente.

Como ya os expliqué en el artículo de la sostenibilidad, los habitantes de las Canarias son 2 millones y en 2023 recibieron 16,3 millones de turistas. El turismo en las Islas Canarias representa el 35% de su PIB, cuando en España representa alrededor del 13%. El 40% del empleo se lo proporciona el turismo, pero resulta que tienen una tasa de paro del 16%, muy superior a la española, tienen los sueldos más bajos de España, tienen el 33% de la población en riesgo de pobreza y deficiencias graves para tener vivienda, les falta agua y también tienen una sanidad muy deficiente. ¿Me podeis explicar porqué los canarios se han tirado a la calle en manifestaciones contra el turismo? Por si quereis una respuesta rápida, os la digo yo: los beneficios del turismo no repercuten sobre sus necesidades, las que os acabo de comentar. No confundamos a los culpables que, evidentemente, no son los turistas, sinó los gestores de los beneficios.

El hecho de pensar que toda actividad debe de ser rentable es un gran error. ¿Verdad que los servicios públicos, como son un hospital, una escuela o las fuerzas de seguridad deben mantenerse, aunque no sean rentables?

Estados Unidos y la Unión Europea apuestan por el crecimiento verde, ir cambiando los combustibles fósiles por energías limpias, pero sin que el PIB pierda protagonismo, que no pare de crecer. Otra cuestión es que los países pobres, los que no han llegado al límite del desarrollo suficiente, sí deben seguir creciendo hasta conseguirlo. Pero no es nuestro caso.

A mí me gustaría que los habitantes del primer mundo defendiéramos el lema de "crecer menos para crecer mejor". Sino, con todos los avances científicos que vamos teniendo, seguiremos cometiendo los mismos errores que hemos cometido hasta ahora. La clave, como siempre, está en la educación que se debe impartir para poder hacer una buena gestión acorde con lo que nos indican los conocimientos científicos.

Este sería el camino principal para solucionar los problemas que tenemos nosotros, la sociedad y el planeta.

BIBLIOGRAFIA

ARSUAGA, Juan Luis; MILLÁS Juan José. *La vida contada por un sapiens a un neandertal.* Madrid, Alfaguara, 2020.

ARSUAGA, Juan Luis; Millás Juan José. *La conciéncia contada por un sapiens a un neandertal.* Madrid, Alfaguara, 2024.

BLANCO PÉREZ, Carlos. *Las fronteras del pensamiento.* Madrid, Dykinson, 2022.

BUENO I TORRENS, David. *Neurociència per a educadors.* Barcelona, Rosa Sensat, 2017.

BUENO I TORRENS, David. *100 coses que cal saber sobre el cervell.* Valls, Cossetània, 2020.

BUENO I TORRENS, David. *Hereta't.* Barcelona, Ed Universitat de Barcelona, 2021.

CARBONELL ROURA, Eudald. *El Futur de la Humanitat.* Barcelona, Ara Llibres, 2022.

CASANOVA ROCA, Jordi. *Dones? Homes? Sexe i gènere, biologia i cultura.* Barcelona, Edicions de la Universitat de Barcelona, 2023.

CHARRO, Elena. *El impacto ambiental de la moda.* Editorial Académica Española, 2021.

CHÓLIZ, M; MARCOS, M. Y LÁZARO-MATEO, J. *The risc of online gambling: a study of gambling disorder prevalence rates in Spain.* International Journal of Mental Health and Addiction. 2019.

CLIMENT, Gema. *Viaje a tu cerebro. Barcelona,* Ed. Penguin Llibres, *2024.*

CREASE, Robert P. *Los científicos y el mundo.* Barcelona, Critica, 2020.

DAWKINS, R. *The Blin Watchmaker.* Barcelona, Tusquets, 1986.

DE MANUEL BARRABIN, Jordi; PURROY, Jesús. *100 qüestions per identificar la pseudociència.* Valls, Cossetània, 2021.

DURAN ESCRIBÀ, Xavier. *L'imperi de les dades.* Alzira, Bromera, 2018.

EHRLICH, P. *The population bomb.* Sierra Club/Ballantine Books. 1968.

ESCRIVÀ, Andreu. *Contra la sostenibilitat.* Barcelona, Arpa Editores, 2023.

ESTELLER, Manel; MACIP, Salvador. *El secreto de la vida eterna.* Barcelona, Grijalvo, 2023.

FERNÁNDEZ-VIDAL, Sònia. *La porta dels tres panys.*Barcelona, Estrella Polar, 2024.

FUSTER, Valentín; SAMPEDRO, José Luis. *La ciència y la vida*. Barcelona, Debolsillo, 2016.

GALBRICH, J.K. *Desigualdad*. Barcelona., Deusto, 2017.

GATO RIVERA, Beatriz. *Antimateria*. Madrid, Ediciones CSIC, 2023.

GÓMEZ ROMERO, Pedro. *Creadors de futur*. Alzira, Bromera, 2016.

HARAI, Yuval Noah. *Lessons for the 21st Century*. Spiegel & Grau, 2018.

HUXLEY, A. *Un mundo feliz*. Barcelona, Edhasa,2007.

KARA, Siddhart. *Cobalto rojo*. Madrid, Capitan Swing Libros, 2024.

KUHN, Thomas. *La estructura de las revoluciones científicas*. Madrid, Fondo de Cultura Economica, 2014.

LALUEZA FOX, Carles. *La desigualdad: Una història genética*. Barcelona Crítica, 2023.

LÓPEZ DE MANTARAS I BADIA, Ramón. *100 coses que cal saber sobre intel·ligència artificial*. Valls, Cossetània, 2023.

MACIP, Salvador. *Què ens fa humans*. Barcelona, Arcàdia, 2022.

MARINA TORRES, José Antonio. *Proyecto Centauro*. Madrid, Edelvives, 2024.

MARINA TORRES, José Antonio. *El deseo interminable.* Barcelona, Ariel, 2022.

MITJÀ Oriol. *El món que ens espera.* Ed. Barcelona, Columna, 2022.

MORÁN, Laura. *Perfectamente imperfectas.* Barcelona, Destino, 2023.

PIKETTY, Thomas. *Capital e ideología.* Barcelona, Deusto, 2021.

PIKETTY, Thomas. *El capital del siglo XXI.* Madrid, Fondo de Cultura Económica, 2013.

PILLING, D. *El delirio del crecimiento.* Barcelona, Taurus, 2020.

PUIG RAPOSO, Miquel. *Transicions: algunes mutacions de l'economia catalana en l'horitzó 2050.* Barcelona, Estudi publicat pel Departament d'Empresa i Treball de la Generalitat de Catalunya, 2023.

QUIAN QUIROGA, Rodrigo. *Cosas que nunca creeríais. De la ciencia ficción a la neurociencia.* Barcelona, Debate, 2024.

REEVES, Richard V. *Hombres.* Barcelona, Deusto, 2023.

ROS i ARAGONéS, Joandomènec. *La saviesa combinada.* Barcelona, Universidad de Barcelona, 2016.

SUÁREZ GARCIA, Manuel. *La ciència, tard o d'hora, ho explica tot.* Barcelona, Ed. Stonberg., 2016.

SUÁREZ GARCIA, Manuel. *Deporte y salud. ¿Qué dice la ciència?* Barcelona, Universidad de Barcelona. 2018 y 2024

SUÁREZ GARCIA, Manuel. *Somos herencia. Somos educación.* Barcelona, Horsori, 2022.

TERRADES SERRA, Jaume. *Ecologia viscuda.* València, Universitat de València, 2010.

TREJO, José Luis; SANFELIU, Coral. *El cerebro en movimiento.* Barcelona, CSIC, 2024.

TURKLE, Sherry. *En defensa de la conversación.* Barcelona, Atico de los libros, 2015.

VILLENA MOYA, Alejandro. *¿POR qué NO? Como prevenir y ayudar en la adicción a la pornografia.* Barcelona, Alienta. 2023.

ŽIŽEK, Slavoj. *Hegel y el cerebro conectado.* Barcelona, Paidos, 2023.